R/RStudioでやさしく学ぶ
プログラミングと
データ分析

掌田津耶乃［著］

JN082220

マイナビ

■ 本書のサポートサイトについて

本書のなかで使用されているサンプルファイルは以下のURLからダウンロードできます。また、発行後の補足情報や訂正情報なども、以下のURLに記載していきます。

https://book.mynavi.jp/supportsite/detail/9784839982836.html

● サンプルファイルのダウンロードにはインターネット環境が必要です。

● サンプルファイルはすべてお客様自身の責任においてご利用ください。サンプルファイルを使用した結果で発生したいかなる損害や損失、その他いかなる事態についても、弊社および著作権者は一切その責任を負いません。

● サンプルファイルに含まれるデータやプログラム、ファイルはすべて著作物であり、著作権はそれぞれの著作者にあります。本書籍購入者が学習用として個人で閲覧する以外の使用は認められませんので、ご注意ください。営利目的・個人使用にかかわらず、データの複製や再配布を禁じます。

注　意

● 本書は2023年4月段階での情報に基づいて執筆されています。本書に登場するソフトウェアのバージョン、URL、製品のスペックなどの情報は、すべてその原稿執筆時点でのものです。執筆以降に変更されている可能性がありますので、ご了承ください。

● 本書は、Windows 10、R version 4.2.2、R 2022.12.0の環境で解説しています。環境が異なると操作や結果が異なることがあります。

● 本書に記載された内容は、情報の提供のみを目的としております。したがって、本書を用いての運用はすべてお客様自身の責任と判断において行ってください。

● 本書の制作にあたっては正確な記述につとめましたが、著者や出版社のいずれも、本書の内容に関して何らかの保証をするものではなく、内容に関するいかなる運用結果についても一切の責任を負いません。あらかじめご了承ください。

● 本書中の会社名や商品名は、該当する各社の商標または登録商標です。本書中では™および®マークは省略させていただいております。

はじめに

初めて「統計」「R言語」「プログラミング」を学ぶ人へ
全部を一度に学ぶのは、大変です！

　なぜだかわかりませんが、世の中には「理系の人はみんなプログラミングができる」という不思議な誤解が蔓延しています。プログラミングはできるはずだし、知らなくてもすぐに分かるはずだし、わかればスラスラとプログラムを書けるはずだ、という奇妙な誤解が。

　けれど、実際に学校で理系科目を学んでいれば誰でもわかることですが、プログラミングなんて勉強しなければ誰だってわかりません。まぁ、これが理系でなく、この先も特にプログラミングを必要とすることがない人なら、できなくとも何の問題もないでしょう。が、理系、中でも数学や情報処理系の人はそうはいきません。最悪なのが、プログラミング経験がないまま、統計の授業が始まってしまうことです。

　現在の統計学では、ほぼ間違いなくPythonやR言語といったプログラミング言語を使って統計解析について学びます。この瞬間から、あなたは「統計」と「PythonまたはR言語」と「プログラミング」を同時に学ばなければいけなくなってしまうのです。

　Pythonには、まだ多くの情報があり、たくさんの入門書も用意されていて救いがあります。しかし「R言語」は統計解析の専用言語であるため、本格的な統計解析の解説書はありますが、「統計もR言語もプログラミングもまったくわからない人のための入門書」は皆無に近いのが現状でした。

　これらをまとめて一冊で学べるようなものがあれば——そんな思いから本書を上梓しました。本書は理系の学生のためのものというわけではありません。世の中に大勢いるはずの「プログラミング未経験で、かつ業務などで統計処理を今すぐ学ぶ必要がある人」のためのものでもあります。本書では、データの基本的な扱い方から、平均・分散・偏差といった統計の基礎、データの視覚化、回帰分析、機械学習といったものまで、R言語を使ってプログラムを作成しながら説明をしていきます。

　「とりあえず統計・R言語・プログラミングの基礎を今すぐ頭に詰め込みたい！」と言う人。とりあえずなら、この一冊があれば大丈夫、きっと何とかなりますよ。

2023.4　掌田津耶乃

Contents

Chapter 3　複雑なデータの扱い方 　　　　065

Chapter 5　**plotによるデータの視覚化**　139

Chapter 6　その他のグラフ機能 173

Chapter 7 統計処理の基本 205

Chapter 8　データ分析の基本　　　　　　　　　　　　　237

Chapter 9　回帰分析と予測　　273

Rの環境を整えよう

この章のポイント

・R言語がどのようなものかを知り、実行環境を整えよう。

・「RStudio」を用意し、基本的な使い方を覚えよう。

・新しいR実行環境「Google Colaboratory」を使ってみよう。

計算とプログラミング言語

| 難易度：★☆☆☆☆ |

この本に興味を持って手に取った、ということは、皆さんはおそらく統計分析の学習をしているか、これからする予定の人たちでしょう。そうした皆さんに、一つ質問をしてみます。

皆さんは、どのようにして統計分析を行っているでしょうか？

おそらく多くの人は、表計算ソフトなどを使って作業していることでしょう。表計算ソフトを使えば多量のデータをわかりやすく整理できますし、統計関数も用意されています。それらを利用すれば、基本的な統計処理は行えるようになるでしょう。しかし、より複雑な処理や多量のデータ処理などが必要になると、簡単な式で行える計算では限界があります。

こうなったら次は「プログラミング言語」の出番となります。プログラミング言語を使えば、より複雑で高度な計算、あるいは膨大なデータの処理なども行えます。ただし、プログラミング言語を使えば誰でも簡単に複雑な処理を行えるのか？　といえば、そうとも限りません。

プログラミング言語を使う利点とは？

表計算ソフトの式ではなくプログラミング言語で計算を行う利点というのはどういうものなのでしょうか。

複雑な処理を作成できる

これは単に「複雑な計算式」が実行できるというだけではありません。例えば状況に応じて異なる処理を行ったり、同じ処理を何度も繰り返し実行したりすることがプログラミング言語では簡単にできます。プログラミング言語は処理を制御するための構文を持っており、状況に応じて柔軟に処理を行わせることができます。

さまざまなソースを利用できる

データというのは、常に「決まったフォーマットのファイル」として用意されるわけではありません。ときにはデータベースからデータを取得したり、ネットワーク経由でAPIからデータを取得することもあるでしょう。こうした幅広いデータソースに対応していることもプログラミング言語の強みといえます。

優れた拡張性

一般にプログラミング言語は各種の統計処理などの関数を備えてはいますが、それだけでなく、ライブラリなどを追加することで機能を拡張していくことができます。汎用的な機能については、無料でライブラリが配布されていることも多く、必要に応じて費用を気にせず機能拡張できる言語もたくさんあります。

こうした「高機能さ」「柔軟性」などから、扱いの簡単な表計算ソフトなどでなく、プログラミング言語で計算処理を行わせるケースは非常に多いのです。

とはいえ、一口にプログラミング言語といってもたくさんの種類があり、どれを利用すればいいのかわからない、という人も多いでしょう。統計や解析などを行うのに最適な言語は何なのでしょうか。

「R」言語とは?

| 難易度：★☆☆☆☆ |

現在、統計解析の分野でもっとも広く使われているプログラミング言語は「Python」と「R」でしょう。皆さんの中には、学校でプログラミングの学習が始まったり、会社で統計解析が必要な業務を担当することになった、などの理由で、統計解析のためのプログラミングを学ぼうと思っている人もいるはずです。おそらくそうした方々の多くは、学校や会社で学ぶべき言語として「Python」か「R」を提示されたことでしょう。

なぜ、この2つの言語が多用されるのでしょうか。理由があります。

膨大なライブラリを持つPython

Pythonが使われる最大の理由は「充実したライブラリ」にあります。特に数値計算に関するライブラリの充実ぶりは他の追随を許さないものがあります。数値演算の世界で著名なライブラリの多くはPythonで実装されており、他の言語では使えないことも多いのです。

それに加えて、言語文法のわかりやすさ、習得のしやすさなどから、学生や社会人のプログラミング入門言語として広く利用されています。「初めて学んだ言語がPython」という人は、そのまま統計解析でもPythonを利用するのは自然な流れでしょう。

Rは統計解析に特化した言語

では、「R」という言語は、なぜ多用されているのでしょうか。それは、このRが「統計解析に特化した言語」であるためです。

Rには「ベクトル」と呼ばれる構造を持ったデータ型が用意されており、これにより複雑な構造のデータを標準で扱うことができます。これは単に値を使えるというだけでなく、Rに用意されている演算や関数などでそのままベクトルが使えるように設計されています。これにより、膨大なデータや複雑な構造を持ったデータを簡単に演算処理することができます。

こうしたRの特徴により、同じ処理でもPythonよりも遥かに簡単にコードを作成することができます。Pythonでは何十行も書かなければいけない処理がRでは数行で済んでしまう、といったこともよくあるのです。

理系の学生・社会人に必須の言語

こうしたことから、PythonとRは統計解析を行う場合に選択されることが多いのです。例えば大学で理系の学部学科の学生であれば、プログラミングを学ぶことになることが多いでしょう。中でも数学科などで統計解析と合わせてプログラミングを学ぶことになる場合、まず間違いなくこの2つの言語（あるいはそのどちらか）を学ぶことになります。

本書では、その中でも特に統計解析で重視されている「R」という言語について基礎から学んでいきます。Rは統計解析に特化しているだけあって、使えるようになれば各種の分析を簡単に行えるようになります。統計の分野に進もうという人にとって「R」は必須の言語といってもいいでしょう。

プログラミングの考え方も学ぼう

皆さんの中には、大学や企業内ですでにRを学び始めている人もいるかもしれません。このとき、注意しなければならないことは「R言語や、統計解析の手法を学ぶだけでなく、『プログラミング』という技術とその考え方も初歩から学んでいく必要がある」という点です。

例えば、理系の学生が統計などの数学を学ぶのにPythonやRを学習するとしましょう。その場合、統計の手法やRの使い方については詳しく説明を受けるでしょうが、「プログラミングの考え方」についてはほとんど触れられていないのではありませんか？

「PythonやRで統計解析を学ぶ」ということは、「Python、Rの使い方」「統計解析の手法」「プログラミングの考え方」をすべて同時に学ぶ必要がある、ということなのです。プログラミング言語は、「言語」とはいっても日本語や英語のようなものとは違います。この世界特有の考え方というのがあり、それを踏まえて使い方を覚えていかないといけません。

理系、特に数学を重視して学んできた学生や社会人の人は、世の中から奇妙な偏見の目で見られることもあるかもしれません。「数学を学んでたんだから、プログラミングぐらいわかる」という偏見です。しかし、実際にやってみればわかりますが、数学とプログラミングは全く別のものです。どんなに数学の知識があっても、それだけでプログラミングがわかるようにはなりません。プログラミングの世界特有の考え方をきちんと理解する必要があります。

本書ではRについて説明をしていきますが、同時に「プログラミングの考え方」についてもきちんと理解していくようにしましょう。

Rを使うための環境

| 難易度：★☆☆☆☆ |

「R」という言語は、どのようにして使うのでしょうか。実をいえば、Rを使える環境というのは複数あるのです。もっともよく使われているのは以下の3つのものでしょう。

いろいろなRの実行環境

「R」（GNU R）

「R」というプログラミング言語のソフトウェアのことです。正式名称は「GNU R」ですが、一般に「R」で通用します（本書でも「R」と表記します）。R言語の実行環境であり、基本はこれだけあればRは使うことができます。

Rには、命令を入力し実行するプログラムが用意されているので、編集用のエディタなどを別途用意しなくともすぐにRを使い始めることができます。

「RStudio」

RStudioは、Rをプログラミングし実行するためのIDE（Integrated Development Environment／統合開発環境）です。Rに用意される実行環境は必要最低限の機能しかないため、本格的にRでプログラミングをする人の多くは、RStudioを利用しています。

RStudioでは、専用のエディタを使い、Rのスクリプト（Rで書かれたプログラムリスト）をその場で記述し実行できます。また実行中のプログラムの状況（作成された変数など）を表示したり、プログラムの実行によって作成されたプロット（グラフ）を表示するなどの機能が統合されています。またMarkdownを使ってドキュメントやレポート、プレゼンテーションなどを作成する機能も備わっています。

Rの利用は、R単体で使っている人よりも、このRStudioでプログラミングを行っている人のほうが多いかもしれません。「Rの標準IDE」と考えていいでしょう。

「Google Colaboratory」

これはGoogleが提供するプログラムの実行環境です。これは、ソフトウェアではなく、Webアプリケーションです。WebブラウザでColaboratoryのサイトにアクセスすると、その場でプログラムを作成し実行することができます。

標準で対応する言語はPythonですが、アクセスする際に使用言語のオプションをURLに追記するだけでR用のファイルを作成でき、WebブラウザからRのスクリプトを実行できるようになります。Webベースなので、学校でも会社でも自宅からでも、Webにアクセスできる環境さえあればいつでも利用することができます。

基本はR + RStudio

おそらく学校の授業や、企業での利用環境としては、「R + RStudio」が基本となっているはずです。RとRStudioはほとんどセットで使われており、Rの標準環境と考えていいでしょう。

ただし、ソフトウェアをインストールして利用する方式は、インストールしたコンピュータでしか利用できません。作

成したスクリプトもファイルで保存され、他のマシンで使うためにはいちいちファイルを共有するなどの作業が必要になります。

こうした「ローカルに環境をセットアップするわずらわしさ」から、最近ではColaboratoryでプログラミングする人も増えています。ColaboratoryならWebブラウザさえあればいつでもどこでも利用できるため、「学校で書いたプログラムの続きを家でやる」といったことも簡単に行えます。R＋RStudioとは別の「第2のR環境」として、その使い方ぐらいは覚えておきたいですね！

どれを使えばいいの？

ここまでの説明で、「結局、3つのうちのどれを使えばいいんだ？」と悩んでいる人もいることでしょう。

3つとも、「Rのスクリプトを書いて実行する」という基本機能はだいたい同じです。RとRStudioはRコンソールを使い、Colaboratoryはセルを使って実行するという違いがあるくらいです。どれを選択すべきか？　は、皆さんがどういう状況でRを学ぶことになっているのか、によります。

学校や勤め先でRを学ぶから勉強したい、という人は、何よりもまず「そこで使う環境」を重視してください。講義で「RStudioを使う」というなら、そのままRStudioを用意しましょう。会社で「Rを推奨」というなら、その通りにしましょう。

学校や会社で自分のノートパソコンを使っている場合、好きな環境を選択できます。おそらくRで最も多くの人が使っている「RStudio」が一番使いやすいでしょう。作業スペースの変数管理や、プロットやビューの表示を独立したペイン（小さなウィンドウ）で扱えるなど、機能的にはもっとも強力です。書籍やネットのR関係の情報も、RStudioベースで説明されているケースが圧倒的に多いでしょう。

学校や会社ではそこで用意されたコンピュータを使い、自宅に戻ったら自分のパソコンを使う、というような場合。こういうケースこそ、「Colaboratory」の出番です。

Colaboratoryは、ファイルをGoogleドライブに保存します。どこからでもGoogleアカウントでログインし、保存されたファイルを開けば、いつでもColaboratoryでRプログラミングを再開できます。

Chapter 1-04

Rをインストールしよう

| 難易度：★☆☆☆☆ |

Rのダウンロード

では、Rの環境を整備していきましょう。まずは「R」本体のインストールからです。Rは、以下のWebサイトで公開されています。

● **https://www.r-project.org/**

図1-4-1　RのWebサイト

ここから、左側の「Download」という項目にある「CRAN」リンクをクリックしてください。CRAN（Comprehensive R Archive Network）はRのアーカイブネットワークのことで、世界中にあるRのミラーサイトのリンクが表示されています。この中から適当なものをクリックすると、そのサイトのRダウンロードページに移動します（「どれを選べばいいかわからない」という人は、「Japan」のhttps://cran.ism.ac.jp/ を選んでおきましょう）。

```
                        CRAN Mirrors

The Comprehensive R Archive Network is available at the following URLs, please choose a location close to you
Some statistics on the status of the mirrors can be found here: main page, windows release, windows old relea

If you want to host a new mirror at your institution, please have a look at the CRAN Mirror HOWTO.

0-Cloud
        https://cloud.r-project.org/            Automatic redirection to servers worldwide, currently
                                                sponsored by Rstudio
Argentina
        http://mirror.fcaglp.unlp.edu.ar/CRAN/  Universidad Nacional de La Plata
Australia                                       いずれかをクリック
        https://cran.csiro.au/                  CSIRO
        https://mirror.aarnet.edu.au/pub/CRAN/  AARNET
                                                School of Mathematics and Statistics, University of

        https://cran.mirror.garr.it/CRAN/       Garr Mirror, Milano
        https://cran.stat.unipd.it/             University of Padua
Japan
        https://cran.ism.ac.jp/                 The Institute of Statistical Mathematics, Tokyo
        https://ftp.yz.yamagata-u.ac.jp/pub/cran/ Yamagata University
```

図1-4-2　ミラーサイトのRダウンロードページ

ダウンロードページには、Linux、macOS、Windowsのダウンロードページへのリンクが用意されています。ここでリンクをクリックすると、そのプラットフォーム用のRのダウンロードページに移動します。

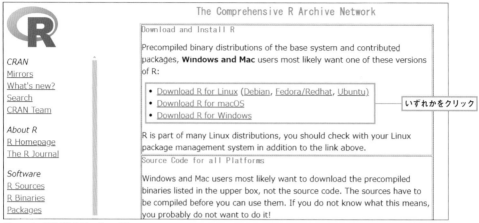

図1-4-3　Rのダウンロードページ

Windowsのインストール

Windowsの場合、いくつかのパッケージが用意されています。まずは「base」というリンクから基本のパッケージをインストールしましょう。専用のインストーラがダウンロードされるので、そのまま起動してインストールを行いましょう。

起動すると、まず利用する言語を選択するダイアログが現れます。ここで「日本語」を選んでおけば、日本語でインストール作業を行えます。

図1-4-4　使用する言語を選択する

1. 情報

インストーラが起動すると、ウィンドウにライセンス情報が表示されます。ここに表示された内容に一通り目を通したら、「次へ」ボタンで次に進みましょう。

図1-4-5　ライセンス情報が表示される

2. インストール先の指定

インストールする場所を指定します。デフォルトでは
「Program Files」フォルダ内に「R」というフォルダを
作り、その中にインストールします。特に問題なければ
そのまま次に進みましょう。

図1-4-6　インストールする場所を指定する

3. コンポーネントの選択

インストールするソフトウェアを選択します。これはデ
フォルトですべての項目のチェックがONになっていま
すから、そのまま先に進めばいいでしょう。

図1-4-7　コンポーネントを選択する

4. 起動時オプション

起動時のオプションをカスタマイズするか尋ねてきま
す。これは「いいえ」を選んでおけばいいでしょう。
Windowsのプログラムについて詳しく理解している場
合は「はい」でカスタマイズを選択できます。

図1-4-8　起動時オプションは「いいえ」を選ぶ

5. スタートメニューフォルダーの指定

スタートメニューに用意されるフォルダ指定です。デフォルトでは「R」というフォルダが作成されるようになっています。特に問題なければそのまま次に進みましょう。

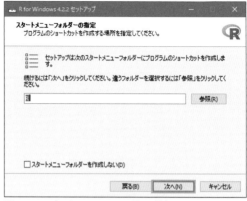

図1-4-9　スタートメニューフォルダーの指定

6. 追加するタスクの選択

その他、実行させたい項目を選択します。これもデフォルトのままでいいでしょう。各項目の働きがわからない場合は変更しないでおきましょう。そのまま次に進むとインストールを開始します。

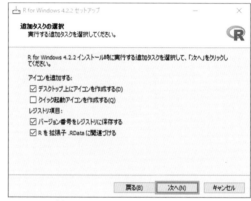

図1-4-10　追加するタスクの選択

7. セットアップウィザードの完了

インストールが完了すると、このような画面になります。そのまま「完了」ボタンを押してインストーラを終了しましょう。

図1-4-11　完了したらインストーラを終了する

macOSのインストール

macOSでは、pkgファイルの形で公開されています。従来のインテルMac用と、AppleシリコンMac用が用意されています。ファイル名に「arm64」とあるのがAppleシリコン用です。間違えないようにしましょう。
pkgファイルをダウンロードしたら、ダブルクリックして起動し、インストールを行いましょう。

1. ようこそ R for mac インストーラへ

起動すると、「ようこそ R.4.x.x インストーラへ」と表示されたウィンドウが現れます。これがインストーラの画面です。そのまま「続ける」ボタンで次に進んでください。

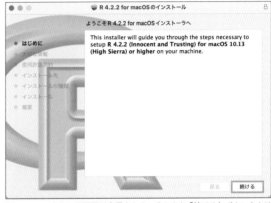

図1-4-12　ようこそ画面が表示される。そのまま「続ける」ボタンをクリックする

2. 大切な情報

最初に、Rのバージョンとその内容に関するドキュメントが表示されます。これはそのままざっと目を通り、「続ける」ボタンで次に進みます。

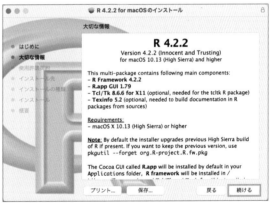

図1-4-13　Rの情報が表示される。そのまま次に進む

3. 使用許諾契約

Rの使用に関する許諾契約の表示です。表示されている文面（英語）にざっと目を通し、「続ける」ボタンを押してください。画面に、契約に同意するかどうかを確認するアラートが表示されます。ここで「同意する」ボタンを押してください。

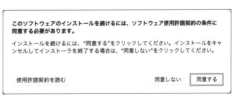

図1-4-14　使用許諾契約の画面で「続ける」を押すと、確認のアラートが表示される

4. インストール先の選択

インストールする場所を指定します。システムが
入っているハードディスクが選択されているので、
そのまま次に進めばいいでしょう。

図1-4-15　インストールするハードディスクを選択し次に進む

5. "〇〇"に標準インストール

インストール内容が表示されます。そのまま「イ
ンストール」ボタンをクリックすればインストー
ルが始まります。後は待つだけです。

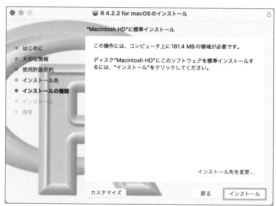

図1-4-16　「インストール」ボタンでインストールを開始する

6. インストールが完了しました

インストールが終了したら、「閉じる」ボタンでイ
ンストーラを終了してすべて終わりです。

図1-4-17　インストールが完了したら「閉じる」ボタンで終了する

Chapter *1-05*

Rを使ってみよう

| 難易度：★☆☆☆☆ |

Rの起動

では、実際にRを使ってみましょう。Rのアプリケーションを起動してください（R.4.x.xといった名前のアプリケーションです）。

起動すると、大きなウィンドウ内に小さな内部ウィンドウが組み込まれたような表示が現れます。これは「R Gui」というアプリケーションです。

このR Guiアプリは、大きなウィンドウの中に小さなウィンドウが開かれた形になっています。この小さなウィンドウは「Rコンソール」と呼ばれるもので、ここでRの命令を実行します。このようなUIは「MDI（Multi Document Interface）」と呼ばれます。以前は、Windowsなどでよく使われてきましたが、最近はほとんど見られなくなりました。R Guiアプリは、このMDIの方式でウィンドウを管理します。

このR Guiアプリでは、Rコンソールの他にも、Rのスクリプトファイルを開いて編集することもできます。同時に複数のファイルを編集することもあるため、このように内部ウィンドウを開いて操作するようなUIになっているのですね。

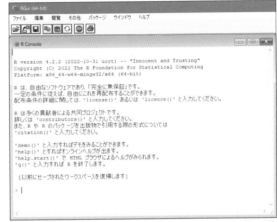

図1-5-1　Rは、ウィンドウ内にRコンソールの内部ウィンドウを開いて操作する

Rコンソールを使う

R Guiアプリの基本は「Rコンソール」です。これは、Rの命令文をその場で実行するものです。まだRという言語については何も知らないので複雑なことはできませんが、簡単な計算ぐらいならすぐに使うことができます。

例えば、Rコンソールに以下のように記入してみましょう。一番下の「>」に続けて入力します。

```
10 + 20 + 30 + 40
```

これを記入して［Enter］キーを押すと、この式を実行し、「100」と結果を表示します。まだRはわからなくとも、これぐらいの四則演算ならすぐに実行できますね。

図1-5-2　式を書いて［Enter］キーを押すと計算結果が表示される

なお実行結果には［1］というように番号が表示されますが、これは出力内容に割り振られる行番号です。

Rコンソールは、このように「命令文を書いてはEnterで実行する」ということを繰り返していきます。Rコンソールは、長く複雑なプログラムを実行するのにはあまり向いていません。短い命令を繰り返し実行するようなときに使います。

スクリプトを作る

では、長い処理を実行させたいときはどうするのでしょうか。どんなに長いものでも、Rコンソールに1行ずつ入力し実行していくことは可能です。けれど、これはかなり大変ですし、長くなってくると「前に何を実行したか」「次に何をすべきか」といったことが次第に把握しきれなくなってくるでしょう。

長く複雑な処理は、エディタなどで実行する文をファイルに記入し、それを読み込んでまとめて実行する、といったやり方をします。Rでは、実行する処理をRで記述したテキストファイルを「スクリプト」と呼んでいます。このスクリプトのファイルを作成することで、長く複雑な処理を記述し、いつでも実行することができます。

スクリプトは、「ファイル」メニューの「新しいスクリプト」を選んでみてください。R Guiアプリのウィンドウ内に、新しいウィンドウが現れます。

図1-5-3 「新しいスクリプト」メニューで新しいウィンドウが開かれる

このウィンドウは、スクリプトを記述するための専用エディタウィンドウです。ここに複雑な処理などを記述していけます。例として、以下のようなスクリプトを書いてみましょう。なお、説明はこの後で行いますので、今は内容の意味など考えず、正しく書くことだけ心がけてください。

リスト1-5-1

```
01  a <- 100
02  b <- 200
03  c <- 30
04  (a * b) / c
```

図1-5-4 新しいスクリプトのウィンドウに命令文を記入していく

スクリプトを実行する

記述したら、書いたスクリプトをマウスでドラッグして選択してください。そして右クリックして現れるメニューから「カーソル行または選択中のスクリプトを実行」を選んでみましょう。選択されたスクリプトが実行され、Rコンソールに結果が出力されます。

図1-5-5　記述したスクリプトを選択し、右クリックして現れるメニューを選ぶ

スクリプトの実行は、このように実行したい部分を選択して行えます。この他、「編集」メニューにある「すべてを実行」を使うと、開いているスクリプトを最初から最後まですべて実行させることもできます。

さて、実行したRコンソールの出力を見ると、右のような内容が出力されていることがわかるでしょう。

出力

```
> a <- 100
> b <- 200
> c <- 30
> (a * b) / c
[1] 666.6667
```

この>で始まる出力は、「この文を実行しました」ということを示すものです。選択したスクリプトを1文ずつ実行していることがこれでわかります。長い処理も記述できますが、実行はやはり1行ずつ行っているのですね。

記述したスクリプトは、「ファイル」メニューの「保存」または「別名で保存…」でファイルとして保存することができます。また、保存したスクリプトファイルは、「ファイル」メニューの「スクリプトを開く…」メニューで開いて利用できます。

作業スペースについて

Rでは、スクリプトで使ったさまざまなデータなどを「作業スペース」と呼ばれるものに保管しています。例えば、先ほど簡単なスクリプトを実行しましたが、これにより「a」「b」「c」といった変数(値を保管してあるもの。もう少し後できちんと説明します)を作り利用しています。この変数は、作業スペースに保管されているのです。

統計解析などでは、読み込んだデータを元にいろいろと試行錯誤することがよくあります。このようなとき、「前回、作成したデータを使って続きの作業をしたい」ということはあるでしょう。そんなとき、作業スペースを保存して再利用できれば、現在の実行状況をいつでも再現できるようになります。

これは、実は簡単に行えます。R Guiアプリのクローズボックスをクリックしてアプリを終了しようとすると、「作業スペースを保存しますか?」という確認アラートが現れます。ここで「はい」を選択すれば、現在の作業スペースを保存してからR Guiアプリを終了します。

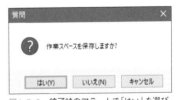

図1-5-6　終了時のアラートで「はい」を選び、作業スペースを保存する

R Guiアプリを再度起動すると、保存された作業スペースが自動的に読み込まれ、保存したときのR言語の状況が再現されます。例えば、Rコンソールから「ls( )」と記入し、[Enter]キーで実行してみましょう。すると、こんな値が出力されます。

出力

```
[1] "a" "b" "c"
```

これは、a、b、cという3つの変数が作業スペースに保管されていることを示しています。作成された3つの変数が、次に起動したときにもちゃんと保持されていることがわかります。

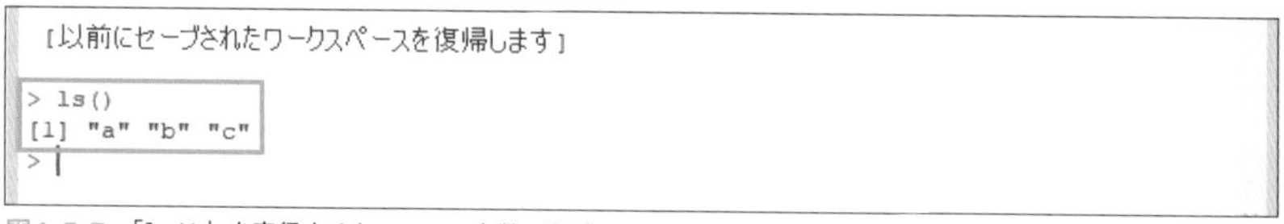

```
  【以前にセーブされたワークスペースを復帰します】

> ls()
[1] "a" "b" "c"
>
```

図1-5-7 「ls()」を実行すると、3つの変数が用意されていることがわかる

この作業スペースは、アプリ終了時に自動保存する他、必要に応じてファイルとして保存することもできます。「ファイル」メニューには以下のような作業スペースに関するメニューが用意されています。

「ファイル」メニューに用意されているメニュー

作業スペースの読み込み...	作業スペースを読み込みます。メニューを選ぶと、ファイルを開くためのダイアログが現れます
作業スペースの保存...	現在の作業スペースをファイルに保存します。メニューを選ぶとファイルを保存するためのダイアログが現れます

これらのメニューを使って、必要に応じて作業スペースを保存しておけば、いつでもRの実行環境を再現できます。例えばよく使うデータなどを読み込んだ作業スペースをファイルに保存しておけば、いつでもそれらのデータが準備された状態でRを使える、というわけです。

この作業スペースについては、実際にRを使うようになると少しずつ働きがわかってくるでしょう。今は「そういう機能がある」ということだけ知っておけば十分です。

Chapter *1-06*

RStudioをインストールしよう

| 難易度：★☆☆☆☆ |

RStudioのダウンロード

続いて、「RStudio」です。RStudioは開発会社の名称が「Posit」に変わりました。以下のURLで公開されています。

● **https://posit.co/**

図1-6-1　RStudioの公開サイト

RStudioのダウンロードもこのサイトから行えます。以下がRStudioのダウンロードページになります。
このページを少し下にスクロールした「All Installers and Tarballs」というところに、各プラットフォーム用の
RStudioのダウンロードリンクがまとめられています。ここからリンクをクリックすれば、RStudioのインストーラが
ダウンロードされます。

● **https://posit.co/download/rstudio-desktop/**

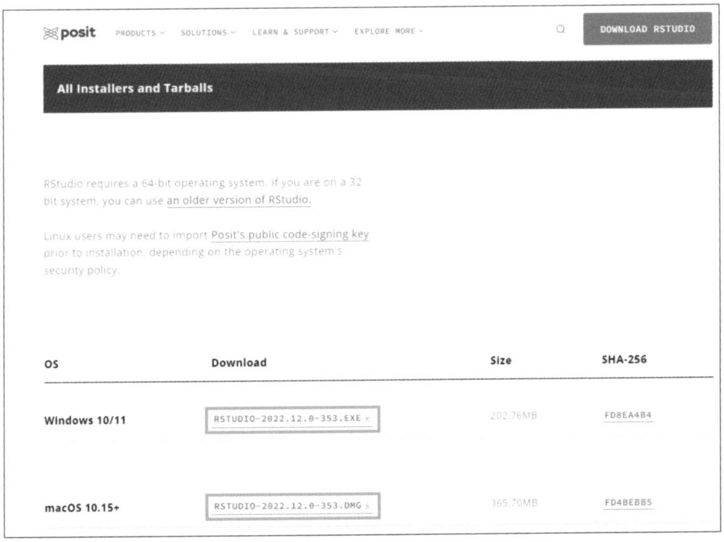

図1-6-2　ダウンロードページ

なお、このRStudioも内部ではRを利用しているので、必ずRもインストールし使える状態にしておいてください。RStudioだけでRがないと動作しないので注意しましょう。

Windowsのインストール

Windows版は、専用インストーラの形で配布されています。ダウンロードされたEXEファイルをダブルクリックすると、インストーラが起動します。

1. RStudio セットアップへようこそ

インストーラが起動すると、まず「ようこそ」という画面が現れます。これはそのまま「次へ」ボタンで次に進んでください。

図1-6-3 「ようこそ」画面。次に進む

2. インストール先の選択

インストールする場所を指定します。デフォルトでは「Program Files」内の「RStudio」フォルダになります。特に問題なければそのまま次に進みましょう。

図1-6-4 インストールする場所を指定する

3. スタートメニューのフォルダの選択

スタートメニューにショートカットを用意するためのフォルダを指定します。デフォルトでは「RStudio」フォルダを追加するようになっています。そのまま「インストール」ボタンをクリックすればインストールを開始します。

図1-6-5 スタートメニューに追加するフォルダを指定する

4. RStudioセットアップの完了

インストールがすべて終わると、この画面になります。そのまま「完了」ボタンでインストーラを終了しましょう。

図1-6-6　そのまま「完了」ボタンで終了する

macOSのインストール

1. ダウンロードしたデータを確認

macOSのインストールは簡単です。ダウンロードしたディスクイメージを開くと、そのままRStudioのアプリケーションが入っています。

図1-6-7　ディスクイメージをダブルクリックして開く

2. ドラッグしてインストール

これを「Applications」フォルダにドラッグしてコピーすればインストール完了です。

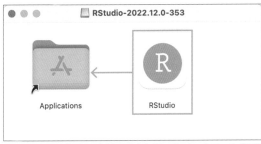

図1-6-8　RStudioのアプリをそのまま「Applications」フォルダにドラッグ＆ドロップする

RStudioを使おう

難易度：★☆☆☆☆

RStudioの起動

では、RStudioを使ってみましょう。

初めて起動するときに、「Choose R Installation」というアラートが表示されるかもしれません。これは、どのR言語を使うかを指定するもので、パソコンにインストールされているものを利用するか、その他のものを使うかを指定するものです。デフォルトのままOKすれば問題ありません。

図1-7-1　Rを選択するダイアログでは、デフォルトのままOKする

RStudioが起動すると、**図1-7-2**のようなウィンドウが現れます。RStudioは、ウィンドウ内にいくつかの四角い領域を組み合わせたような表示になっています。これらは「ペイン」と呼ばれるもので、さまざまな表示を組み合わせてRの開発を行うようになっています。

デフォルトでは、ウィンドウは左側と右側の上下の3つの領域に分かれており、それぞれの領域に複数のペインが表示されています。

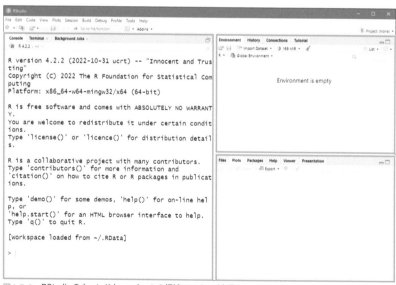

図1-7-2　RStudioのウィンドウ。いくつかの領域にペインが表示されている

ペインは、1つの領域に1つしか表示されないわけではありません。複数のペインが同じ場所に配置されることもあります。このような場合、領域の上部に各ペインのタブが表示され、このタブをクリックしてペインを切り替えられるようになっています。

では、各ペインの働きを簡単に紹介しておきましょう。あらかじめいっておきますが、今ここで、各ペインの具体的な使い方などまで覚える必要はありません。RStudioの画面をざっと眺めて、「なるほど、これが○○ってペインだな」と確認だけしておけばいいでしょう。

ウィンドウ左側の領域

まずはウィンドウ左側の領域を見てください。ここには、Rの実行に関するペインがまとめられています。この部分は、実際にRのプログラミングを行うときはさらに上下に分かれ、上の領域でスクリプトを編集し、下の領域でコンソールなどの操作をするようになります。ここには以下のペインが配置されています。

「Console」ペイン

これは、R GuiアプリにあったRコンソールと同じものです。表示の一番下に「>」という記号が表示されており、ここにRの命令文を直接記入して［Enter］キーを押せば命令を実行できます。最初のうちは、このConsoleがRの命令を実行するための基本UIと考えていいでしょう。

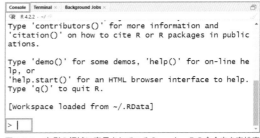

```
Console  Terminal ×  Background Jobs ×
R R 4.2.2 · ~/
Type 'contributors()' for more information and
'citation()' on how to cite R or R packages in public
ations.

Type 'demo()' for some demos, 'help()' for on-line he
lp, or
'help.start()' for an HTML browser interface to help.
Type 'q()' to quit R.

[Workspace loaded from ~/.RData]

> |
```

図1-7-3　左側の領域に表示されているConsole。Rの命令文を直接実行する

「Terminal」ペイン

WindowsのコマンドプロンプトやmacOSのターミナルに相当するものです。コマンドを実行するためのものです。ConsoleのようにR言語の命令ではなく、OSに用意されているコマンドを実行します。

```
Console  Terminal ×  Background Jobs ×
Terminal 1 ×    MINGW64:/d/tuyan/Desktop
$ cd ..

tuyan@PAPA-Notebook MINGW64 /d/tuyan
$ cd Desktop

tuyan@PAPA-Notebook MINGW64 /d/tuyan/Desktop
$ ls
'1216_ASP.NET 7初校-済.pdf'
'ASP .net core7改訂-20221111T090209Z-001.zip'
 cursor_arrow.gst
 cursor_hand.gst
 desktop.ini
 GraphQL_app/
 groovyapp/
 images/
 kotlinapp/
 Rサンプル.R
'sample data'
 sample1.txt
 samplefluxapp/
 SampleRazorApp/
'Spring Boot 3改訂(共有)-20221216T080313Z-001.zip'
'Spring Boot Projects'/
 temp/

tuyan@PAPA-Notebook MINGW64 /d/tuyan/Desktop
$
```

図1-7-4　Terminalは、OSに用意されているコマンドを実行する(これは簡単なコマンドを実行した状態)

「Background Jobs (Jobs)」ペイン

バックグラウンドで実行するスクリプトを管理する
ものです。ここで特定のスクリプトをバックグラウ
ンドで実行させたりできます。これは、実行に長い
時間がかかるスクリプトなどを背後で実行させたり
するのに利用できます。まだプログラムをそれほど
作成していないうちは、使うことはないでしょう。

図1-7-5　Background Jobsは、スクリプトをバックグラウンドで実行で
きる。これはいくつかのスクリプトをバックグラウンドで実行させた状態

デフォルトでは「Console」ペインが選択された状態になっています。このConsoleが、おそらくもっとも多用され
るペインでしょう。その他のものは、ビギナーのうちは利用することはあまりないので、使い方など今すぐ覚える
必要はありません。「そういうものがある」程度に理解しておけば十分でしょう。

ウィンドウ右上の領域

右上には、実行環境に関するペインが配置されています。これは、実際にRのプログラムを実行するようになると重
要になってくるでしょう。中でも「Environment」ペインはこれからよく利用することになるはずです。

「Environment」ペイン

このペインは、Rの実行環境に関するものです。デ
フォルトでは、Rの作業スペースに保管されている
変数などがリスト表示されます。
皆さんの中には、ここに「a」「b」「c」といった項目が
表示されている人もいることでしょう。先にR Guiア
プリを実行した際、作業スペースを保存していると、
それがそのままRStudioでも読み込まれ作業スペー
スが再現されます。このため、R Guiアプリで保存
した変数の情報が表示されていたのです。
ペインの上部に見えるホウキのようなアイコン

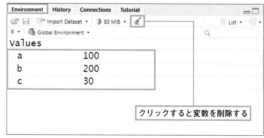

図1-7-6　Environmentには、作業スペースに保管されている変数の情
報が表示される

（「Clear objects from the workspace」アイコン）をクリックすると、作業スペースに保管されている変数などをす
べて消去することができます。

「History」ペイン

実行した命令の履歴を表示するものです。RStudioを起動してからConsoleで実行したRの命令文がここにリストで
表示されます。命令文を選択し、右クリックして現れるメニューで命令文をコピーしたり、ウィンドウ上部の「To
Console」ボタンで命令文をコンソールに送って再実行したりできます。前に実行した長く複雑な命令を再度実行す
るようなとき、Historyを使えば簡単に全く同じ命令を簡単に実行できます。

図1-7-7
Historyでは、実行した命令の一覧があり、
ウィンドウ上部のメニューから再実行できる

「Connection」ペイン

外部の機能(データベースやファイルなど)との接続
を管理するためのものです。外部にアクセスする必
要がないうちは使いません。

図1-7-8　Connectionはデータベースなどの接続を開始するためのも
の。当面は使わない

「Tutorial」ペイン

Rのチュートリアルを表示するものです。ペインを開
くと、説明のテキストが表示されます。ここからリ
ンクをクリックして、チュートリアル利用に必要な
パッケージをインストールすると、チュートリアル
が使えるようになります。
チュートリアルは、説明を読みながら実際に簡単な
文を入力し実行してRの使い方を学ぶことができま
す。ただし、表示はすべて英語のみです。

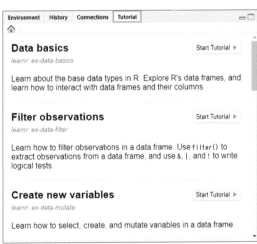

図1-7-9　Tutorialは、表示された説明にあるリンクをクリックしてパッ
ケージをインストールすると使えるようになる。各種のチュートリアル
が用意されている

右下には、その他のペインが各種まとめて表示されています。実は、ここにあるものがもっとも重要で利用することの多いものかもしれません。これらも順に説明しましょう。

「Files」ペイン

これは、「ドキュメント」フォルダ(macOSであれば、ホームディレクトリにある「Documents」フォルダ)内のファイル類をリスト表示するものです。例えばRのスクリプトファイルなどのテキストファイルは、クリックするとその場で開いて編集することができます。

フォルダは、クリックするとそのフォルダ内に移動できます。ペインの上部には、現在表示している場所がわかるようにフォルダ名のリンクが表示され、クリックして上の階層に戻ることができます。

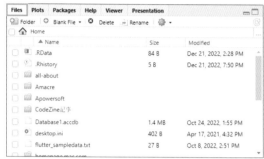

図1-7-10 「File」ペインでは、ドキュメントフォルダ内のファイルをリスト表示する

「Plots」ペイン

Rでは、データを分析した結果をプロット(グラフ)として表示することがよくあります。この「Plots」ペインは、プロットの実行結果を表示するものです。デフォルトでは何も表示されていませんが、プロットの描画を行う命令文を実行すればここにグラフなどが表示されます。

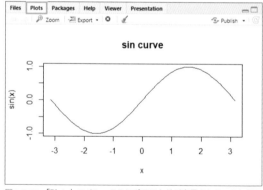

図1-7-11 「Plots」ペイン。ここにグラフなどが表示される。これは正弦曲線をプロットした例

「Packages」ペイン

「パッケージ」とは、Rで利用できるライブラリのことです。使いたい機能があれば、そのパッケージをプログラムに追加して利用します。この「Packages」ペインでは、標準で用意されているパッケージのリストが表示され、使用するパッケージを管理できます。

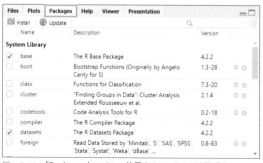

図1-7-12 「Packages」ペイン。使用するパッケージを管理する

「Help」ペイン

RとRStudioのヘルプです。Webページのようにリンクがまとめられており、ここからリンクをクリックして各種のヘルプを読むことができます。

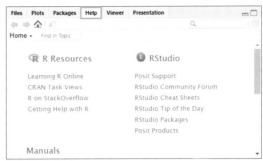

図1-7-13 「Help」ペインでは、RとRStudioのヘルプを表示する

「Viewer」ペイン

これは、さまざまなコンテンツの表示を行うのに使われるものです。Plotsはプロットの表示を行いますが、Rではそれ以外にもさまざまなコンテンツを作成し表示します。このような場合に、Viewerは用いられます。主にHTMLをベースとするWebページのコンテンツ表示に用いられています。

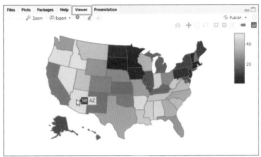

図1-7-14 「Viewer」ペイン。サンプルとして米国のマップによるデータの表示をViewerで表示させた例

「Presentation」ペイン

Rには、「Rプレゼンテーション」という機能があり、プレゼンテーションデータを作成してその場で表示することができます。この「Presentation」は、プレゼンテーションをプレビューする際に用いられるものです。
なお、このペインは新しいバージョン(2023.03.0)では表示されません。

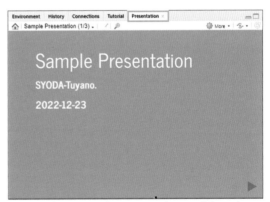

図1-7-15 「Presentation」ペイン。サンプルとして作成したプレゼンテーションデータを表示した例

これらのペインも、最初からすべて使いこなす必要はありません。「Files」「Plots」「Packages」「Help」といったペインの役割がわかっていれば、今は十分です。それ以外のものを利用することは本書ではありません。

では、実際にRStudioでRのスクリプトを実行してみましょう。RStudioでも、スクリプト実行の基本は「Console」ペインによるRコンソールです。では、「Console」ペインに先ほど実行した**リスト1-5-1**を記入して実行してみましょう。

リスト1-7-1

```
01  a <- 100
02  b <- 200
03  c <- 30
04  (a * b) / c
```

1行ずつ書いて［Enter］キーを押すたびにその文が実行されます。使い勝手は、Rコンソールと全く同じことがわかるでしょう。

図1-7-16 「Console」ペインで命令を実行していく

RStudioでも、本格的なプログラムの作成と実行は「スクリプトファイル」を作成して行います。これは「File」メニューの「New File」のサブメニューから「R Script」を選んで作成します。

これを選ぶと、左側の領域が上下に分かれ、上の部分にファイルを編集するエディタが表示されます（左側にあったペイン類は下半分に表示されます）。このエディタにRのスクリプトを記述していくのです。

図1-7-17 「File」メニューの「New File」から「R Script」を選ぶ

TIPS

プロンプトが ＞ から ＋ に変わってしまった！

コンソールにスクリプトを記入しているとき、［Enter］してもスクリプトが実行されず、左端のプロンプトが［>］から［+］に変わってしまうことがあります。この［+］プロンプトは「入力途中」であることを示すものです。スクリプトの文を最後まで入力せずに［Enter］してしまったりすると、このように［+］が表示され、「まだ途中ですよ」ということを教えてくれます。

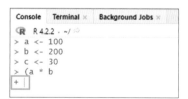

図1-7-18 プロンプトが［+］になった状態

このようなときは、慌てずにそのままスクリプトの続きを記入して［Enter］すれば問題なく動作します。あるいはスクリプトを書き間違ってしまったようなときは［Esc］キーを押せば入力を取り消すことができます。

エディタの支援機能

このエディタは、ただのテキストエディタではなく、Rのスクリプトを記述するための支援機能がいろいろと組み込まれています。例えば、数値やテキストなどの値を、色を分けて表示したり、「(」をタイプすると自動的に「)」もセットで入力されるようになっています。

また入力中、[Ctrl] キーを押したままスペースバーを押すと、候補となる単語がポップアップ表示されます。例えば「c」とタイプして [Ctrl] ＋スペースを押すと、cで始まる命令や関数などがすべて現れます。この候補から項目を選べば、

その命令や関数が書き出されます。うろ覚えの命令なども、この機能を利用すれば正確に記述できます。作成したスクリプトは、実行したい部分を選択して、ペイン上部に見える「Run」というボタンをクリックすればその場で実行されます。またペイン上部の「Save current document」アイコン（フロッピーディスクのアイコン）をクリックすれば、ファイルに保存できます。

図1-7-19　Rのエディタでは、入力を支援する機能がいろいろと組み込まれている

では、先ほど実行したサンプルコード（**リスト1-7-1**）を記入してください。そしてスクリプトを選択し、エディタの上部に見える「Run」ボタンをクリックしましょう。これでスクリプトが実行され、結果が「Console」ペインに表示されます。

Consoleの表示を見ると、スクリプトに記述した文が1行ずつ実行されていくことがわかります。スクリプトファイルを使っても、実行は1行ずつRコンソールで行われていることがわかるでしょう。RStudio

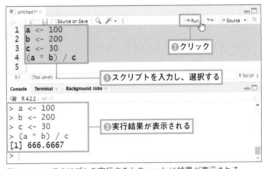

図1-7-20　スクリプトを実行するとConsoleに結果が表示される

も、Rの実行に関する部分はR言語のプログラムがそのまま使われています。従って、実行の方法についてはどちらも違いはないのです。

最低限の機能だけしっかり覚えよう

Consoleによる命令の実行と、スクリプトファイルの作成・編集・実行といった操作ができれば、もうそれだけでRStudioは使えるようになります。

RStudioにはたくさんのペインが並んでいて、「いろいろと覚えないと使えないのでは？」と感じた人も多いでしょう。しかし、RStudioは、すべての機能を覚えないと使えないわけではありません。

RStudioは、Rでプログラミングするためのツールです。Rでスクリプトを書き、実行できれば、それで十分プログラミングはできるようになります。最初からあれこれ欲張って覚えようとせず、「必要最低限のことだけ覚えれば十分」と割り切って使いましょう。

Colaboratoryを利用しよう

| 難易度：★☆☆☆☆ |

Colaboratoryを開く

RとRStudioは、R言語を利用する際の標準的な環境です。それに対し、「Google Colaboratory」（以後、Colaboratoryと略）は、新しいRのプログラミング環境といえます。しかし、ソフトのインストールなど一切必要とせず、ただWebブラウザで開くだけでプログラミングし実行できる手軽さから、ColaboratoryはPythonやRのプログラマの間で着実に広まりつつあります。

Colaboratoryを使うには、Webブラウザから以下のURLにアクセスするだけです。

- https://colab.research.google.com/notebook#create=true&language=r
  （短縮URL　https://bit.ly/r-lang）

Colaboratoryは、普通にアクセスをするとPythonを利用するように設定されますが、上記のURLにアクセスをすると、R言語を利用するように設定されたファイルが作成されます。画面の上部に「Untitled0.ipynb」といったテキストが表示されていますが、これが作成されたColaboratoryのファイル名です。この部分をクリックして名前を入力しておきましょう（ここでは「Rサンプル」としておきます）。

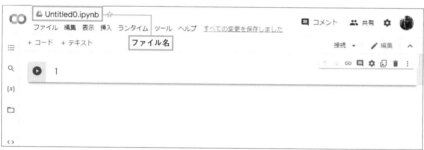

図1-8-1　Colaboratoryにアクセスしたところ

セルについて

Colaboratoryの画面には、左側にアイコンが縦に並び、中央には横長の入力エリアが表示されています。この入力エリアは「セル」と呼ばれるもので、ここにRのスクリプトなどを記述していきます。

Colaboratoryは、RやRStudioと実行のやり方が少し違っています。R/RStudioは、基本的に「Rコンソール」に1行ずつ命令文を書いて実行をしました。スクリプトファイルを作成することもできましたが、これもスクリプトの中から実行したい部分を選択し、Rコンソールで1行ずつ実行するようになっていました。

が、Colaboratoryは違います。セルに実行したいスクリプトを記述し、完成したところで実行ボタンを押せば、記述したスクリプトがその場で実行されます。1行ずつRコンソールに送られることもなく、実行するとセルの下に実行結果が表示されます。

実際にやってみましょう。用意されているセルに、先ほどの**リスト1-5-1**を記述しましょう。

chapter
1-08

リスト1-8-1

```
01  a <- 100
02  b <- 200
03  c <- 30
04  (a * b) / c
```

記述したら、セルの左端に見える「セルを実行」ボタン ⊙ をクリックしてください。その場でセルに書いたスクリプトが実行され、結果が下に表示されます。

❷クリック

```
1  a <- 100
2  b <- 200
3  c <- 30
4  (a * b) / c
```

❶スクリプトを入力する

666.666666666667

❸実行結果

図1-8-2　セルにスクリプトを書いて実行すると、下に結果が表示される

初回に実行するときだけ、実行結果が表示されるまで少し待たされます。これは、Rのランタイム環境を起動するためです。Colaboratoryは、Googleのクラウド内にRの実行環境を起動し、そこにセルのスクリプトを送信して実行し、結果を受け取り表示します。つまり、パソコンの中ではなく、すべてクラウドで動いているのです。

クラウドで動いているため、例えば「パソコンにインストールしたRが壊れて動かなくなった」などということはありません。またパソコンにコーヒーをこぼして動かなくなった、などというときも、他のパソコンやタブレットなどでColaboratoryにアクセスすれば、問題なく続きの作業を行えます。

TIPS

環境によって結果が異なる？

リスト1-8-1のサンプルを実行してみて、その結果にちょっと疑問を持った人もいるかもしれません。これまで、RのアプリやRStudioでは、以下のような結果が表示されていたことでしょう。

```
666.6667
```

それが、Colaboratoryで実行すると、以下のような値が表示されます。

```
666.666666666667
```

小数点以下の桁数が違っていますね。なぜこんなことになるのか？　それは、Colaboratoryで実行されるRの環境が異なるためです。

WindowsなどのRは、実数の値（double型と呼ばれるもの）はIEEE 754準拠であり単精度32bitで扱われます。Google ColaboratoryではIEEE 754-2008準拠となっており単精度64bitで扱われるのです。Colaboratoryのほうが有効桁数が大きいため、このような違いが生じます。

セルの使い方

セルは、1つだけでなく、いくつで
も作成することができます。セル
が表示されている領域の一番上に
「＋コード」「＋テキスト」といった
表示が見えるでしょう。この「＋
コード」をクリックすると、Rのス
クリプトを記述するセルが作成さ
れます（「＋テキスト」は、Markdown
によるドキュメントを書くセルを作
成するものです）。

図1-8-3　セルの表示領域上部やセルの下部にある「＋コード」をクリックすると、新しいセルを作成できる

また、セルの下部にマウスポインタを移動すると、そこにも「＋コード」「＋テキスト」といったボタンが表示されます。これをクリックしても、同じように新しいセルを作ることができます。

各セルはそれぞれ独立しており、1つずつ個別に実行させていくことができます。一度実行したセルも、内容を編集して再度実行できます。Colaboratoryでは、このように多数のセルを作成し、必要に応じて編集したり再実行しながらRを使っていくのです。

各セルには、右側上部に小さなアイコンが並ぶバーが表示されています。これにより、セルを操作することができます。各アイコンの役割を簡単にまとめておきましょう（左から順）。

図1-8-4　セルに用意されているアイコンバー

セル右側上部のアイコンと役割

セルを上に移動	上にあるセルと位置を入れ替えます
セルを下に移動	下にあるセルと位置を入れ替えます
セルにリンク	セルのURLを表示します。クリックするとパネルが現れ、このセルのURLをコピーできます
コメントを追加	セルにコメントを追加します。クリックすると、セルの右側にコメントの入力欄が現れます
エディタ設定を開く	エディタに関する設定を行うパネルを呼び出します
タブのミラーセル	右側にサイドバーを開き、このセルをミラーリングするタブを表示します。ここにスクリプトを入力すると、元のセルのスクリプトも更新されます
セルの削除	このセルを削除します
その他のセル操作	クリックするとメニューがプルダウン表示されます。セルをコピー＆ペーストしたり、フォームと呼ばれる入力項目を作成したりできます

セルの上下の移動、不要になったセルの削除、と言った操作がわかれば、当面は十分でしょう。それ以外のものは、使う必要はしばらくないでしょう。

サイドパネルについて

画面の左側に並んでいるアイコンは、サイドパネルと呼ばれる表示を呼び出すものです。サイドパネルは、画面の左右に表示される縦長の領域です。画面の左端にあるアイコンは、左側にサイドバーを開き、そこに各種のツールを表示するためのものです。ここで用意されているパネルについて簡単に説明しておきましょう（それぞれ、左側に見えるアイコンの上から順に説明します）。

「目次」

Colaboratoryのファイルには、Markdownによるドキュメントを記述するセルも用意できます。この「目次」サイドパネルは、ドキュメントに書かれている見出しなどを整理し表示するものです。ファイル全体の内容を整理して表示する働きがあります。

図1-8-5 「目次」パネルは全体の構造を整理するのに役立つ

「検索と置換」

スクリプトの検索置換を行うためのものです。検索テキストと置換テキストを入力するフィールド、検索置換のボタンが用意されています。またアルファベットの大文字小文字を区別するためのチェックボックス、検索に正規表現のパターンを使えるようにするチェックボックスも用意されています。

図1-8-6 「検索」パネルは検索置換を行うためのもの

「ファイル」

ファイルを管理するためのものです。Colaboratoryは、GoogleのクラウドにRの実行環境を用意しています。この「ファイル」で表示されるのは、クラウド上で動いている実行環境のディレクトリです。デフォルトで「sample_data」というフォルダが用意されていますが、これは機械学習などに使うサンプルデータをまとめてあるものです。
パネルの上部にはいくつかのアイコンが並び、ファイルのアップロードが行えます。Rのスクリプトからファイルを利用するときは、ここでアップロードすればいいのです。また、「ドライブをマウント」というアイコンをクリックすると、Googleドライブをマウントして利用することもできます。

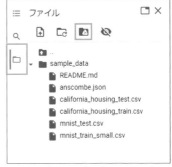

図1-8-7 「ファイル」パネルは、ファイルの管理を行う

この他、画面の下の方にもアイコンが並んでいますが、これらはRで利用する場合、ほとんど使うことはないでしょう。上にある3つのアイコンのパネルだけ使い方を覚えておきましょう。

Colaboratoryのファイルはどこにある？

Colaboratoryは、新しいファイルを作成してそこにセルを作りスクリプトを実行します。このファイルは、Colaboratoryのサイトで見ることができます。以下のURLにアクセスしてください。

● **https://colab.research.google.com/**

アクセスすると、画面にファイルを選択するパネルのようなものが現れます。そこに、作成したColaboratoryのファイルがリスト表示されます。パネルの上部には「例」「最近」「Googleドライブ」といった切り替えリンクが表示されており、デフォルトで選択されている「最近」では、最近作成編集したものから順にファイルが表示されます。ここから、使いたいファイルを選択すれば、そのファイルが開かれ利用できるようになります。

図1-8-8　Colaboratoryのサイトで表示されるファイル選択パネル

Colaboratoryのファイルは、Googleドライブに保存されています。ですから、Googleドライブからファイルを開くこともできます。Googleドライブにアクセスし、左側に表示されている「マイドライブ」をダブルクリックして開いてください。その中に「Colab Notebooks」というフォルダが作成されています。これを選択すると、このフォルダの中にColaboratoryのファイルが保管されています。

図1-8-9　Googleドライブの「Colab Notebooks」フォルダにファイルがある

このファイルを使いたいときは、ファイルを右クリックし、現れたメニューから「アプリで開く」内にある「Google Colaboratory」を選んでください。これでファイルがColaboratoryで開かれ、使えるようになります。
これで、いつでもColaboratoryのファイルを開いて利用できるようになりました！

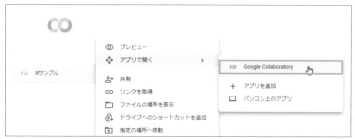

図1-8-10
右クリックして現れるメニューから
「Google Colaboratory」を選ぶ

Chapter 2

値・変数・制御構文

この章のポイント
・値と変数の使い方をしっかり覚えよう。
・条件分岐と繰り返しの構文を使えるようになろう。
・関数の仕組みと使い方を理解しよう。

Rの「値」について

では、実際にRのプログラミングについて基礎から学んでいくことにしましょう。まず、学習を始める前に、Rの実行環境を起動して使えるようにしてください。RのRコンソールでもいいですし、RStudioでConsoleに入力しても構いません。あるいは、WebブラウザでColaboratoryを開き、セルを用意してもいいでしょう。なお、本書では基本的にRStudioを使って説明していきますので、「本書掲載の内容通りに進めたい」という人はRStudioを利用してください。

準備できたら、必要に応じてスクリプトを記述して実行し、動作を確かめながら学習していきましょう。くれぐれも「ただ読むだけ」にしないでください。必ず「読む→書く→実行」という3つをセットで行いながら学んでいきましょう。

Rの基本ルール

Rについて説明を始める前に、「Rのスクリプトを書くときの基本ルール」について説明しておきましょう。Rのスクリプトは、以下のようなルールに沿って記述します。

1. Rの文は基本「すべて半角文字」

Rでは、記述する記号や命令などの文は基本的にすべて「半角英数字」で記述します。アルファベットや数値だけでなく、＋や＝といった記号などもすべて半角文字で記述してください。また、値や記号などの間に空けるスペースも必ず半角スペースを使います。全角のスペースは、スペースとして認識されません。

2. スペースは考慮されない

例えば、「10 + 20」というように式を書いたとき、間のスペース部分は、基本的に無視されるようになっています。ですから「10+20」のようにスペースを空けずに書いても問題なく動作します。

3. コメントは#をつける

Rコンソールやスクリプトファイルなどでは、記述した文は基本的にすべてRの文として実行されます。余計なメモなどは書いてはいけません。

もし、実行する文ではなく、メモや注意書きのようなものをスクリプトに書いておきたい、というときは、冒頭に半角の#記号を付けてください。#をつけると、その後にあるテキストは、改行するまですべてコメントとして扱われ、実行されません。

この3つのルールは「Rの基本」としてしっかり頭に入れておいてください。基本ルールがわかったところで、Rの説明に入ることにしましょう。

プログラミングとは「値」を操作すること

さて、Rの学習を開始する準備はできましたか？　では、皆さんに質問です。

「プログラミング」とは、何をするものでしょう？

コンピュータで動くプログラムを作ることだろう、と思った人。では、その「プログラム」って、何をするものですか？
　「CPUに命令を送って……」、いえ、だからそうやって「何をする」のですか？
プログラミングで行うこと、それは突き詰めればこうなります。

「値を操作すること」

実は、これがすべてです。コンピュータのメモリにさまざまな値を記録し、その値を使って計算してその結果の値を
別の場所に記録し、記録した値を元に命令を実行し……。プログラミング言語にあるさまざまな命令や関数、構文、
それらは「いかにして思い通りに値を操作できるようにするか」だといっても過言ではありません。皆さんが使って
いるパソコンやスマホのOSも、アプリも、Webサイトも、ゲームも、ビジネスソフトも、すべて内部で膨大な数の
値を操作することで動いているのです。
まずは「値」についてしっかりと理解することが、プログラミングの第一歩といえるでしょう。

値には「型」がある

Rの値について理解するとき、最初に頭に入れておきたいのは「値には型がある」という点です。「型」というのは、「種
類」と考えていいでしょう。つまりRの値には、いくつかの種類があるのです。そして種類が異なれば、性質や値の
扱い方も変わってくるのです。
とはいえ、「値の種類って？」と頭に疑問符が浮かんだ人も多いことでしょう。皆さんが普段使っている値も、実は
種類があるはずです。例えば「数字」と「テキスト」は同じではありませんよね？　数字は足し算や引き算できますが、
テキストはできません。ということは、これらは「異なる種類の値」である、ということが想像できるでしょう。
こんな具合に、Rという言語で使える値にはいくつかの種類があるのです。では、どんな種類（型）があるのでしょうか。
基本的な型について簡単に整理してみましょう。

Rで使える型

integer	整数型。整数の値のことです。小数点以下を含まない値のことですね。正（プラス）の整数、負（マイナス）の整数、ゼロがあります
double	実数型。数字全般。実数はもちろん、整数も含みます。整数の値でも、例えば「1.0」のように小数点がつけられていると実数として扱われます
complex	複素数型。複素数（虚数を含む値）を扱うものです。複素数は、実数と虚数を組み合わせて表現される値のことです
character	文字型。テキストはすべてこの型です
logical	論理型。正しいか否か、という二者択一の値です

数字の型について

数字に関するものは、integer、double、complexと3つの型があります。complexは複素数ですから特殊なケー
スにしか使わないでしょう。integerとdoubleは、よく使われます。
これらの値は、次のように記述します。

integer	整数の値の最後に「L」をつけるとinteger型の値になります
double	普通に数字をかけば、基本的にすべてdouble型の値になります
complex	虚数を示す「i」を使った値はcomplex型の値になります

値の例

123L	integer型
100	double型
0.001	double型
1.23E4	double型
12+3i	complex型

ここで注意したいのは、「integer」です。普通に「123」というように書くと、それはdouble型になります(double型には整数の値も含まれます)。最後に「L」をつけるとinteger型になります。

これはつまり「Rでは、数字というのは基本的にdouble型の実数として扱われる」ということです。整数のinteger型は、数字の最後に明示的に「L」とつけないと認識されません。整数型というのは、「整数だけを扱うもの」という特殊なもの、と考えていいでしょう。

Rは、さまざまな分析などを行います。このような計算で「整数だけしか使わない」ということはあまりありません。必ず実数の値が使われることになります。ですから、Rでは「実数(double)型が基本」なのです。整数(integer)型は、「整数を使う理由がある場合にのみ使われる」と考えていいでしょう。

さまざまな数値の書き方

実数の値は、普通に「1.23」というように小数点を付けて書くのが基本です。しかし、その他にも書き方があります。非常に桁数の大きい値は、「○○かける10の××乗」というような書き方ができます。これは「E」という記号を使います。例えば、こんな具合です。

```
1.234E5  →  123400
```

わかりますか?　これは「1.234×10の5乗」を示しています。従って、123400と同じ値になります(整数の値ですが、もちろんdouble型です)。なお、このEは、大文字でも小文字でも構いません。1.234E5でも1.234e5でも値は同じです。

テキストの型について

テキストを扱うのが「character」型です。これは、値となるテキストの前後にクォート記号(' や"記号)をつけて記述します。こんな具合です。

```
'abc'  "あいう"
```

使う記号は、シングルクォート(')でもダブルクォート(")でも構いません。ただし、前と後は同じ記号でないといけません。例えば、'abc"というような書き方はできません。

「なぜ、シングルクォートとダブルクォートがあるのか？ 両者は何が違って、どう使い分けるんだ？」と思った人。両者に違いはありません。どちらを使ってもいいですし、「こういうときはこっちを使う」というような使い分けのルールもありません。

では、なぜ2つの記号があるのか。それは、「クォートを含むテキスト」を作成することを考えるとわかります。

```
'say "Hello".'
```

これは「say "Hello".」というテキストの値です。これは、シングルクォートを使って書かないといけません。"say "Hello"."とすると、"say "と"."というテキストの値と、その間にあるHelloというなんだかよくわからない値が書かれている、と認識してしまい、エラーになってしまうのです。

こういう「クォート記号を含むテキスト」というのはよく使われます。例えば「Taro's pen」というテキストは、"Taro's pen"と書かないといけません。'Taro's pen'ではエラーになってしまいますから。

TIPS

"を文字として使いたいときは?

クォート記号が2種類ある理由は何となくわかったでしょう。では、「"と'の両方があるテキスト」は、どうやって書けばいいんでしょう？

実は、クォート記号のように「そのままではテキストに含めることができない文字」を書く方法があるのです。それは「バックスラッシュ」記号を使う方法です。例えば「\"」というように書くと、\の後にある"記号を文字として扱ってくれます。

'say "Hello".'は、"say \"Hello\"."というように書けば、ちゃんと「say "Hello".」というテキストとして扱ってくれます。ただし、この書き方は結構面倒ですし、書き間違いも多いので、どちらか片方の記号だけをテキストに含めるなら、もう一方のクォート記号でテキストをくくって書くのがいいでしょう。

なお、このバックスラッシュは日本語環境の場合、PCで使われる文字コードによって表示が変わることがあるので注意してください。ユニコードに対応しているアプリケーションでは「\」になりますが、対応していないアプリでは「¥」として表示されます。どちらで表示されても（文字の値としては同じものなので）問題なく使えます。

論理型について

logicalという型は、プログラミングの世界でしか使われないものかもしれません。これは「正しいかどうか」を表すもので、「TRUE」と「FALSE」という2つの値しかありません。これは、テキストではないので、"TRUE"というように書いてはいけません。また、trueやTrueのように書いてもいけません。必ずTRUEとすべて大文字で記述します。

HINT

なお、論理型はけっこう頻繁に利用する値のため、TRUE、FALSEと書くのは面倒になってくるかもしれません。そこでRでは「T」「F」と大文字1文字だけでもTRUE、FALSEとして値を認識するようになっています。

この論理型は、どうやって使うのか、今はピンとこないかもしれません。これは、構文というものを使うようになる

と必要になります。今は使い方などわからなくてもいいので、「こういう値がある」ということだけ覚えておきましょう。

値の型を確認しよう

型について簡単に説明をしましたが、中には「自分が書いた値は何の型なのか？」がよくわからないという人もいるでしょう。特に数字に関する型は3つもあるので、「この値は整数なの、実数なの？」とよくわからなくなってしまうこともあるでしょう。

そんなときには、値の型を調べる方法がちゃんと用意されています。これは、以下のように記述します。

書式 値の型を調べる

```
typeof( 値 )
```

typeofというものの後に( )をつけて、ここに値を書けばいいのです。こうすると、( )に書いた値の型を出力します。では、実際に試してみましょう。Rコンソール（あるいはColaboratoryのセル）に以下のスクリプトを書いて実行してみてください。

リスト2-1-1

```
01  typeof(123)
02  typeof(123L)
03  typeof(1.2E3)
04  typeof(12+3i)
05  typeof("123")
06  typeof(TRUE)
```

これを実行すると、( )に書いた値の型を次々と出力していきます。使い方がわかったら、typeofでさまざまな値の型を調べてみてください。値と型の関係が少しずつわかってくるでしょう。

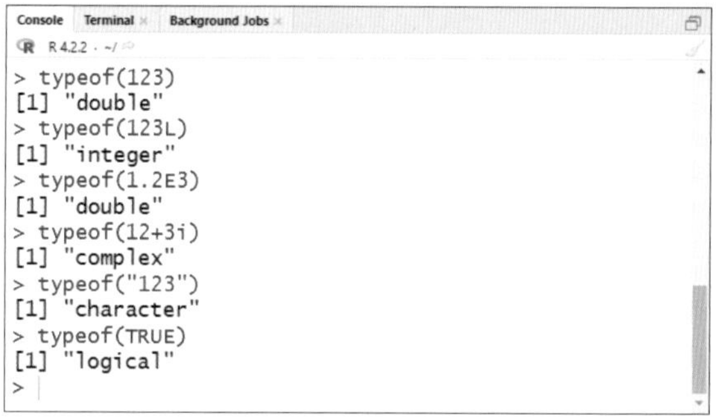

```
Console  Terminal ×  Background Jobs ×
R 4.2.2 · ~/
> typeof(123)
[1] "double"
> typeof(123L)
[1] "integer"
> typeof(1.2E3)
[1] "double"
> typeof(12+3i)
[1] "complex"
> typeof("123")
[1] "character"
> typeof(TRUE)
[1] "logical"
>
```

図2-1-1　typeofを使うと、値の型を調べることができる

値の演算について

| 難易度：★★☆☆☆ |

値というのは、そのまま使うことはあまり多くありません。特に数値などは、値を使ってさまざまな計算を行うのに利用することが多いでしょう。

数値の計算は、「四則演算子（あるいは算術演算子）」と呼ばれるものを使って行います。「演算子」というのは、プログラミング言語特有の言葉で「演算（計算）のための記号」のことです。Rの数値では、四則演算の記号として右のようなものが用意されています（それぞれAとBという2つの値を計算する形で記述しておきます）。

四則演算子

A + B	AとBを足す
A - B	AからBを引く
A * B	AにBをかける
A / B	AをBで割る
A ^ B または A ** B	AのB乗
A %% B	AをBで割った余りを得る
A %/% B	AをBで割った整数の商を得る

一般の四則演算の他に、べき乗や剰余、整数の商などを得るための演算子も用意されています。これらの記号を使って、さまざまな計算を行えます。

では、実際に演算子を使って計算を行ってみましょう。以下のスクリプトを実行してみてください。

リスト2-2-1

```
01  10 + 20
02  30 - 20
03  10 * 20
04  3 ^ 4
05  123 / 45
06  123 %% 45
07  123 %/% 45
```

実行すると、記述した式の結果が表示されます。Rでは、こんな具合に式を書いて実行するとその式の計算結果が得られるようになっているのです。

とりあえず、値と演算子がわかれば、それだけでRを「電卓」として使えるようになりますね！

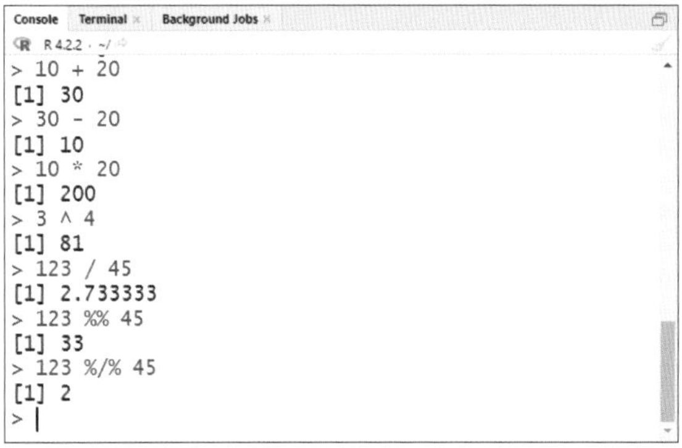

図 2-2-1　演算子を使った計算を行う

変数を使おう

難易度：★★☆☆☆

値は、計算をするのに使いますが、ただ「10 + 20 + 30」といった計算をする使い方しかしないわけではありません。もっと複雑な計算をするためには、さまざまな計算結果を記憶しておき、それを利用できるようになっていないといけません。「Aの式を計算する」「Bの式を計算する」「AとBの結果を元にCの式を計算する」というように、計算結果を使ってさらに別の計算をする、ということがプログラミングではよくあるのです。

このようなとき、値を一時的に保管しておくために用いられるのが「変数」です。

変数は、値の「保管庫」

変数というのは、さまざまな値を保管しておくために用意された保管庫のようなものです。これは、以下のような形で使います。

＝を使って値を変数に保管する

```
変数 ＝ 値
```

<- を使って値を変数に保管する

```
変数 <- 値
値 -> 変数
```

＝は、右側にある値を左側の変数に保管します。<-や->は、値が保管される方向を示す矢印だと考えるとわかりやすいでしょう。「A <- 1」なら、1という値がAという変数に保管される、というわけです。これは「1 -> A」でも同じです。どちらでも働きは全く同じです。

値を変数に保管するとき、まだ指定した名前の変数がなかった場合は、その場で変数を作成して値を保管します。すでに指定した名前の変数があった場合は、その変数の値を書き換えます（つまり、それまで保管されていた値は上書きされます）。

このように、変数に値を保管することを、プログラミング用語で「代入」といいます。「X <- 1」というのは、「変数Xに1を代入する」というように表現します。

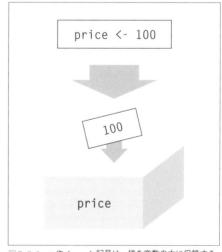

図 2-3-1　＝や<-、->記号は、値を変数の中に保管する

TIPS

＝ と ＜- 、どっちを使うべき？

＝と＜-は、どちらも「変数に値を代入する」というもので、働きに違いはありません。では、どちらを使ったほうがいいのでしょうか。

Rの場合、代入には＜-を使うことが推奨されています。＜-を使うことにより、コードがわかりやすくなりますし、もともと＜-が代入の唯一の演算子であって、＝は後から追加されたものであるため、コミュニティやライブラリ、Webや書籍のサンプルなども＜-を使っていることが多いからです。本書でも特に理由がない場合は＜-を利用していきます。

変数は、値と同じ

この変数は、普通の値と同じように扱うことができます。例えば計算式の中で、値と同様に使って式を作成することができます。

例えば、こんな具合にスクリプトを実行してみましょう。

リスト2-3-1

```
01  A <- 10
02  B <- 20
```

これで、AとBという変数に、それぞれ10と20の値が代入されました。これらAやBという変数は、10や20という値と同じものとして扱えるようになります。

リスト2-3-2

```
01  A + B
02  A - B
03  A * B
04  A / B
```

このようにすると、それぞれの式の結果が表示されます。AとBという変数が、10、20という値と同じように使えることがわかるでしょう。

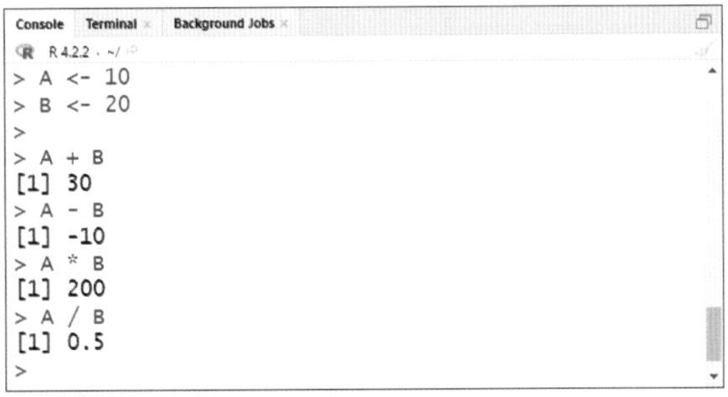

```
Console   Terminal ×   Background Jobs ×

R  R 4.2.2 · ~/
> A <- 10
> B <- 20
>
> A + B
[1] 30
> A - B
[1] -10
> A * B
[1] 200
> A / B
[1] 0.5
>
```

図 2-3-2　変数AとBを使って式を実行する

では、この変数というのは、勝手に名前をつけて作ってしまっていいんでしょうか。それとも、どういう名前を付けるのか、ルールのようなものがあるんでしょうか。

Rの変数名は、基本的には自由に付けられます。しかし、完全に自由というわけではありません。いくつかの決まりがあります。以下に簡単にまとめておきましょう。

● **変数名は、半角のアルファベットと数字、アンダーバー（ _ ）、ドット（ . ）の組み合わせでつけること。それ以外の記号類は使えない**
● **アンダーバーと数字は、変数名の最初の文字には使えない**

これらの決まりに従って名前をつければ、どんなものでも基本的に問題はありません。「日本語の名前は使えないの？」と思った人。実は、使えます。例えば「あ <- 10」というようにすれば、変数「あ」に10を保管できます。

ただし！「使える」ことと、「使ってもいい」ことは別です。Rの変数名には、全角文字や日本語などの文字は使わない、と考えてください。日本語は「2バイト文字」といって、半角アルファベット2文字分のデータで1文字を表しており、内部に制御コードなど問題となる記号のコードを含むことがあるのです。また何種類も文字コードがあったり、半角文字と全角文字があったり、似たような漢字がいくつもあったりして間違えやすいのですね。

こうした問題から、日本語を変数名に使うのはリスクが大きいのです。

グローバル変数の働き

Rコンソールでは、Rの文は1行ずつ実行されています。先ほどのサンプルリストも、やはり1行ずつ書いては実行されていました。ということは、文を実行した後も、作成された変数はずっと記憶されていることになりますね？

これが、Rの特徴です。多くのプログラミング言語は、実行する文をファイルなどにすべて記述し、実行します。そこで使った変数などは実行中のみ記憶され、終了するとすべてキレイに消えてしまいます。

しかし、Rの場合は、コンソールから実行して作成された変数は、Rコンソールを終了するまで作業スペースに記憶され続けており、いつでも利用することができます。こうしたRの変数は、Rコンソール上で実行されるすべてのスクリプトから利用することが可能です。

こうした変数をRでは「グローバル変数」と呼びます。Rコンソールで作成される変数は、基本的にグローバル変数なのです。これは、Rコンソールに直接入力したものだけでなく、例えばスクリプトファイルにスクリプトを書いて実行したような場合も同じです。スクリプトの中で作成された変数はすべてグローバル変数として作業スペース内に保管され、Rコンソールや他のスクリプトファイルなどからも利用することができます。

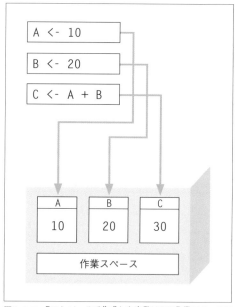

図2-3-3　Rコンソールで作成した変数はRの作業スペースに保管され、いつでも使うことができる

保管されている変数をチェック

この「作った変数は常に作業スペース内に保管され、いつでもどこでも使える」というのは、大変便利なようでいて、実は問題となることもあります。重要な結果を保管してある変数を知らずに書き換えてしまったり、変数名を勘違いして作業スペースにある全然別の値を計算で利用してしまったり、ということだってあり得るでしょう。「常に変数が保管されている」というならば、保管されている変数を安全に利用するために、どんな変数が保管されていてどういう値が入っているのか、チェックできる仕組みが必要です。

RStudioならば、これは非常に簡単に確認できます。RStudioには、「Environment」というペインがありましたね。このペインの上部にあるプルダウンメニューで「Global Environment」という項目が選択されていると、保管されているグローバル変数の名前と値がリストにまとめて表示されます。これを見れば、どんな変数があるのか一目瞭然です。

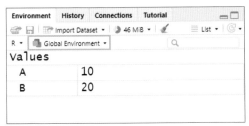

図2-3-4　Environmentペインでは、グローバル変数をすべて表示できる

では、RStudio以外の環境を利用している場合はどうすればいいのでしょうか。この場合、前出の「ls()」を使って、グローバル環境に保管されている変数を知ることができます。以下のような文を実行してみましょう。

書式 グローバル変数を確認する

```
ls()
```

すると、記憶されている変数名がすべて出力されます。それぞれの変数の中身は、実際に変数を実行しないとわかりませんが、「どんな変数が保管されているのか」はこれでわかります。

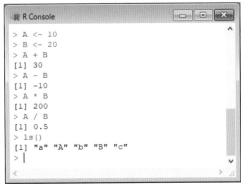

図2-3-5　Rコンソールで、ls()で保管されている変数を出力する

043

Rでは、大文字と小文字は別の文字

ls()を実行したとき、どのような値が出力されたでしょうか。おそらく以下のように表示された人が多かったことでしょう。

```
"a" "A" "b" "B" "c"
```

前章で、a、b、cという変数を使いましたね。そして先ほど、AとBという変数を使いました。それらすべてが記憶されていたなら、このように表示されるはずです。

ここで重要なことは「aとAは別の変数である」という点です。ですから、変数Aのつもりで「A」と書いてしまうと、正しく動いてくれないでしょう。大文字と小文字は「同じ文字」と考えてしまいがちです。Rにおいては別の文字なのだ、ということは忘れないでください。

変数をクリアするには?

グローバル変数は、必要な値を乗じ保管できて大変便利です。けれど、膨大なデータなどを使うようになると、多数の変数が作成されるでしょう。そんなとき、「もう使わないのに膨大な量の値を保管している変数」などがあるのは困ります。

こんなときは、不要な変数を消去することができます。RStudioの場合、Environmentペインの上部にあるホウキのようなアイコン 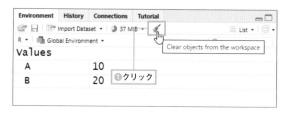 (「Clear objects from the workspace」アイコン)をクリックしてください。画面に確認のアラートが現れるので、「Yes」ボタンをクリックすれば、すべてのグローバル変数が消去されます。

図2-3-6
Environmentのホウキのアイコンをクリックし、アラートで「Yes」を選ぶと変数がすべて消去される

それ以外の環境の場合、あるいは特定の変数だけを消去したい場合は、「rm」というものを使います。これは、以下のように利用します。

書式 変数の値を消去する

```
rm(変数)
```

これで、( )に指定した変数が消去されます。例えば、こんな具合に利用することができます。

```
rm(A)
rm(a,b,c)
```

1行目の文では、Aという変数を消去します。2行目では、a、b、cの3つの変数を消去します。複数の変数を消去するときは、こんな具合に変数名をカンマで区切って記述します。

では、RStudioのホウキアイコンのように、すべての変数を消去したいときは？　これは、以下のような文を実行します。

```
rm(list = ls())
```

( )内にある「list = ls()」というのが何をするものかわからないでしょうが、これは「関数」について学んでからでないと説明が難しい部分です。関数についてはもう少し後で説明しますので、今は深く考えず「この通りに書けば動く」と覚えてしまってください。

これで、すべての変数が消去されます。「指定した名前で消去」「すべて消去」の2つの方法は、この先もよく使うことになるでしょう。ここでしっかりと覚えておきましょう。

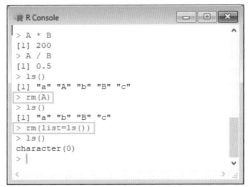

図2-3-7　rmを使って変数を消去できる

演算と型の関係

変数と演算 (計算)について、もう1つ覚えておきたいのは、「計算結果の型」です。値や変数には「型」(P.035参照)がありましたね。計算結果の値にも、もちろん型はあります。では、どういう型の値が結果として得られるのでしょうか。

- ● 演算で使う値の型がすべて同じなら、結果も同じ型になる
- ● 複数の型が混在している場合、演算の式の中に1つでもdouble型の値が含まれていれば、結果はdouble型になる

この2つが演算結果の型の基本ルールです。「doubleが含まれていれば結果もdouble」というルールは重要ですが、それ以前に「すべて同じ型なら結果も同じ型」というルールが何より重要です。

これらのルールを意識することなく使う唯一の方法、それは「演算はすべてdoubleを使う」ということです。そうすれば、「結果の型は……」なんて考えることもありません。実際、Rで行う各種の演算は実数を利用することが多いので、「すべてdouble」というのは普通のことなのです。

制御構文 —— ifによる条件分岐

制御構文について

値と演算ができるようになったら、次に覚えるべきは「処理の流れを制御するための仕組み」です。これは「制御構文」と呼ばれるものを使います。

制御構文とは、プログラミング言語に用意される「構文」の一種です。プログラミング言語も言語の仲間ですから、さまざまな構文が用意されています。その中で、「処理の流れを制御するためのもの」が、制御構文と呼ばれます。

「処理の流れを制御する、ってどういうこと？」と思うかもしれませんね。わかりやすくいえば、これは以下の2つのことを行うものです。

● **状況に応じて異なる処理を実行させる（分岐）**
● **状況に応じて何度も同じ処理を実行させる（繰り返し）**

実は、どんな複雑なプログラムも、この2つの「処理の流れの制御」で作られているのです。この2つの制御の仕方がわかれば、どんなプログラムでも作れるようになります。

> **HINT**
> ただし、制御のための機能は、構文の他に関数などもあり、正確には「2つだけ」ではありません。

if構文の書き方

では、順に制御構文を覚えていきましょう。まずは「分岐」からです。分岐には大きく2つの構文があります。

分岐の基本ともいえるのが「if」構文です。これは、以下のような形をしています。

書式 if構文

```
if (条件) {
    ……条件が成立したときの処理……
} else {
    ……条件が不成立のときの処理……
}
```

if構文は、その後の()に条件となるものを用意します。そして実行時にこの条件をチェックし、それが成立したら、その後にある{}部分を実行します。成立しない場合は、その後のelseの後にある{}部分を実行します。このelse{……}という部分はオプションなので、必要なければ省略しても構いません。

elseのオプションを使う場合、注意したいのはその書き方です。ifの後の{}の後に改行せずにelse { と記述します。改行してしまうとそこでifは終わってると判断され、正しく動作しません。

正しい書き方

```
if (○○) {
  ○○
} else {
  ○○
}
```

間違った書き方

```
if (○○) {
  ○○
} ——————————————— 改行はNG
else {
  ○○
}
```

Rは、このように「どこで改行するか」が重要となることがあります。構文の基本の書き方をしっかりと覚えておきましょう。

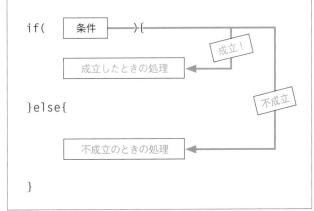

図2-4-1 if構文は、条件をチェックし、それが成立するかどうかで異なる処理を実行する

「条件」ってなに？

ここで疑問なのが「条件って何だ？」ということでしょう。この条件は、「成立するか否か」という二者択一の状態を示す値です。そういう値がありましたね？ そう、「論理型」の値（P.037参照）です。

論理型は、TRUEとFALSEという2つの値しかない型でした。この条件のように「2つのうちのどちらか」を指定するようなときに用いられます。これらは、だいたい右のように扱われます。つまり、「条件」に用意した論理型の値がTRUEならばその後の{ }部分を実行し、FALSEならばelseの後の{ }部分を実行する、というわけです。

論理型の値

| TRUE | 正しいとき、成立するときを表す値 |
| FALSE | 誤っているとき、成立しないときを表す値 |

比較演算子を使おう

条件は論理型の値を使えばいい、それはわかった。でも、「論理型の値」って、具体的にどう使うのかイメージできない。そういう人も多いかもしれませんね。

とりあえず初心者のうちは、「2つの値を比較する式」を使う、と考えてください。Rには、2つの値を比較するための演算子が用意されています。これらは一般に「比較演算子」と呼ばれます。どんなものか、右にまとめておきましょう（AとBという2つの値を比較する形で記述してあります）。

比較演算子

A == B	AとBは等しい
A != B	AとBは等しくない
A < B	AはBより小さい
A > B	AはBより大きい
A <= B	AはBと等しいか小さい
A >= B	AはBと等しいか大きい

これらの演算子は、2つの値を比べてその結果を論理型の値で表します。例えば「A == B」ならば、AとBを比較し、両者が等しければTRUE、等しくなければFALSEの値になるのです。ということは？　そう、ifの( )内にこれらの演算子を使った式を用意すれば、その結果を元に処理を実行させることができますね！

2つの値を比べる

では、実際に簡単なスクリプトを書いて動かしてみましょう。まず、新しいRスクリプトファイルを作成してください。RStudioならば「File」メニューの「New File」から「R Script」を選びます。R Guiでは、「ファイル」メニューから「新しいスクリプト」を選びます。Colaboratoryの場合は、新しいセルを用意してそこに記述すればいいでしょう。Rスクリプトファイルが用意できたら、以下のようにスクリプトを記述してください。

リスト2-4-1

```
01  if (A == B) {
02      "AとBは等しい。"        ───── インデントあり
03  } else {
04      "AとBは等しくない。"      ───── インデントあり
05  }
```

2行目と4行目の、"Aと～"で始まる文が少し右にずれてますね。これは「インデント」といって、スクリプトの文法が視覚的にわかりやすいようにするための書き方です。こうすると、ifの条件が正しいときと正しくないときで、どの部分が実行されるのか、視覚的に把握しやすくなりますね。

インデントは、半角スペースを使って書きます。文の冒頭に半角スペースをいくつ書いても、文の動作には全く影響はないので、それぞれで見やすい幅にインデントを付けて書いてみてください。

これは、AとBという2つの変数を比較するサンプルです。記述したら、Rコンソールから以下のように実行しましょう。

リスト2-4-2

```
01  A <- 10
02  B <- 20
```

図2-4-2　変数AとBに値を設定する

これらを実行したら、先ほどのRスクリプトファイル（**リスト2-4-1**）をすべて選択し、スクリプトを実行してください。すると、「AとBは等しくない。」と実行結果が表示されます。

```
1  if (A == B) {
2      "AとBは等しい。"
3  } else {
4      "AとBは等しくない。"
5  }
6
```

```
+    }
[1]  "AとBは等しくない。"
>
```

図2-4-3　AとBは等しくないと表示される

結果を確認したら、今度はRコンソールから以下を実行して変数Bの値を変更します。

リスト2-4-3

```
01  B <- 10
```

そして、再びRスクリプト(**リスト2-4-1**)を選択して実行してみましょう。すると今度は「AとBは等しい」と表示されます。変数の値に応じて表示が変わることがわかるでしょう。

図2-4-4　AとBは等しいと表示される

変数が偶数か奇数か調べる

ifによる条件分岐の使い方がわかってきましたね。今度は、もう少し意味のあるサンプルを動かしてみましょう。先ほどのRスクリプトファイルの内容を以下のように書き換えてみてください。

リスト2-4-4

```
01  if (A %% 2 == 0) {
02    cat(A,"は、偶数です。")
03  } else {
04    cat(A, "は、奇数です。")
05   }
```

これは、変数Aの値が偶数か奇数かを調べるスクリプトです。記述したらスクリプトを選択して実行してみましょう。

すると、「10 は、偶数です。」と結果が表示されます。ここでは、「A %% 2 == 0」という式を条件に設定していますね。A %% 2は、Aを2で割った余りがいくつかを計算する式ですね。そして== 0は「ゼロと等しい」という式です。つまりこれは「Aを2で割ったあまりがゼロかどうか」をチェックしていたのですね。

比較演算子を使った式も、四則演算の式も、同じ数式です。ですからこんな具合に1つの式の中で一緒に使うことができるのです。

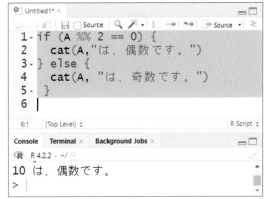

図2-4-5　実行すると「10 は、偶数です。」と表示される

使い方がわかったら、変数Aの値を変更してスクリプトを実行してみましょう。例えば「A <- 123」と実行してからスクリプトを実行すると、「123 は、奇数です。」と表示されます。Aの値をいろいろと書き換えてスクリプトを実行してみてください(ただし、整数の値のみ)。いくつに変更しても、常に偶数か奇数かを正しく判断します。

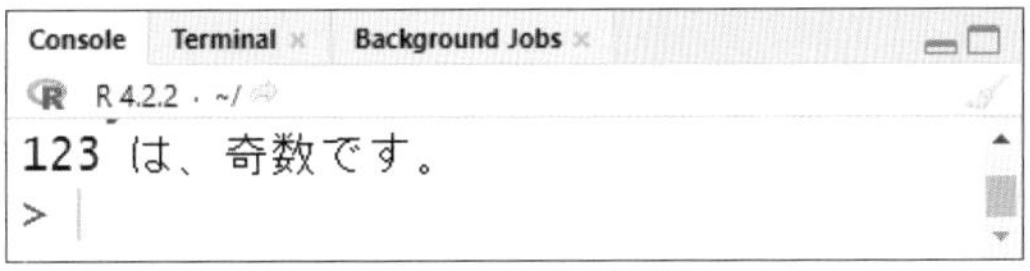

図2-4-6　Aを123に変更すると、奇数と判断するようになった

cat関数で結果を表示する

今回のスクリプトでは、新しいものを1つ使っています。「cat」というもので、これは以下のように記述します。

書式 値の内容を出力する

```
cat( 値1, 値2, ……)
```

( )の部分に、値をカンマで区切って記述します(「値」としていますが、変数や式も記述できます)。すると、それらを1行にまとめて出力してくれます。変数やテキストなどをまとめて結果表示するときなどに便利ですね。

このcatのように、( )をつけて実行するものというのは他にもたくさんあります。先に登場したls( )もそうですね。これらは「関数」と呼ばれるものです。

関数は、さまざまな処理を実行するためにRに用意されているもので、( )部分に必要な値を記述して呼び出します(lsのように、必要な値がない場合も( )だけは付ける必要があります)。この( )の部分に指定する値は「引数(ひきすう)」といいます。関数は、引数に必要な値を用意して呼び出すのですね。

Rには、さまざまな処理を行う関数が多数揃っています。それらの使い方を覚えていくことも、Rを学ぶ上でとても重要になります。

ifをつなげる

if構文は、論理型の値を使い、「成立するか否か」という二者択一の分岐をします。では、3つ以上に枝分かれした処理をしたいときはどうすればいいのでしょうか。

これは、ifを連結して処理することができます。こんな具合に書くのです。

3つ以上に枝分かれした処理を記述する

```
if (条件1) {
    ……条件1が成立したとき……
} else if (条件2) {
    ……条件2が成立したとき……
} else if (条件3) {
    ……条件3が成立したとき……
} else if ～
    ……必要なだけelse ifを用意する……
}
```

わかりますか? こうすると、Rは最初にあるifの条件1をチェックします。これが成立すれば、{ }を実行して終わりです。成立しない場合は、else ifにある条件2をチェックします。これも成立しないときは、さらにelse ifにある条件3をチェックします。そうやって、「成立しなかったら、その後のelse ifに進んで条件をチェックする」ということを繰り返していくのです。その中で、どこかで条件が成立すればそこにある処理を実行するのです。

なんだかとても複雑そうに見えますが、1つ1つのifは別に複雑でも何でもありません。ifがいくつもつながっているだけですから、1つ1つのifと条件をよく確認していけば、何をやっているかはわかります。

では、これも実際に使ってみましょう。先ほど使ったRスクリプトファイルを今回も再利用します。スクリプトの内容を以下のように書き換えてください。

リスト2-4-5

```
01  if (A <=   0) {
02      cat("値が正しくありません。")
03  } else if (A < 3) {
04      cat(A, "月は、冬です。")
05  } else if (A < 6) {
06      cat(A, "月は、春です。")
07  } else if (A < 9) {
08      cat(A, "月は、夏です。")
09  } else if (A < 12) {
10      cat(A, "月は、秋です。")
11  } else if (A == 12) {
12      cat(A, "月は、晦日です。")
13  } else {
14      cat("値が正しくありません。")
15  }
```

```
Console  Terminal ×  Background Jobs ×
R  R 4.2.2 · ~/
>
> A <- 3
> |
```

```
Console  Terminal ×  Background Jobs ×
R  R 4.2.2 · ~/
+ ♪
3 月は、春です。
> |
```

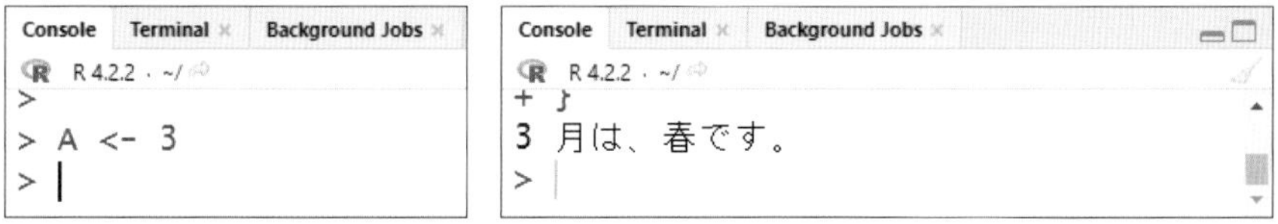

図 2-4-7　実行すると、変数Aの月の季節を表示する

これは、変数Aの値を月の値として季節を表示するスクリプトです。例えば、Rコンソールから「A <- 3」と実行してから、スクリプトを選択し実行してみてください。「3 月は、春です。」と表示されます。Aの値をいろいろと変更して動作を試してみましょう。

動きがわかったら、ifでどんなことをチェックしているのか考えてみましょう。こんな具合に条件をチェックしていきましたね。

```
if (A <=   0) {　　　　　　　　 Aがゼロ以下のとき（値が正しくない）
} else if (A < 3) {　　　　　　 Aが3未満のとき（季節は冬）
} else if (A < 6) {　　　　　　 Aが6未満のとき（季節は春）
} else if (A < 9) {　　　　　　 Aが9未満のとき（季節は夏）
} else if (A < 12) {　　　　　　Aが12未満のとき（季節は秋）
} else if (A == 12) {　　　　　 Aが12のとき（晦日）
} else {　　　　　　　　　　　　それ以外（Aが12より大きいとき）
```

ここで覚えておいて欲しいのが、「スクリプトは上から順に実行される」という点です。

まず最初にif (A <=   0)をチェックし、次にelse if (A < 3)をチェックします。これがTRUEになって処理が実行されるのは「Aが3未満」では、ありません。「Aがゼロより大きく3より小さい」ものになります。なぜなら、ゼロ以下だった場合はその前の条件がTRUEとなるため、この条件には進まないからです。

同様に、else if (A < 6)は「Aが3以上6未満」、else if (A < 9)は「Aが6以上9未満」というようになり

ます。連続してelse ifを実行する場合は、それ以前に条件がTRUEだったケースはすべて除外されている、ということをよく理解してください。

分岐のための関数

条件による分岐の方法として、構文以外のものも用意されています。それは「関数」です。関数というのは、「○○ ( )」というように名前の後に ( ) がついたものでしたね。この ( ) 部分に必要な値（引数というものでしたね）を書いて呼び出すと、さまざまな機能が実行されるようになっていました。

分岐のための関数として、覚えておきたいのが「ifelse」です。これは以下のような形をしています。

書式 ifelse関数の使い方

```
ifelse(条件, TRUEの値, FALSEの値)
```

ifelseには、3つの引数が用意されます。1つ目がifの条件に相当するもので、論理型の値を用意します。そして2つ目と3つ目に、それぞれ条件がTRUEのときの値とFALSEのときの値を用意します。これで、条件に応じて2つのどちらかの値が得られるようになります。

単純に「条件に応じて値を取り出す」というような処理なら、わざわざif構文を使うより、このifelse関数を使ったほうが遥かに簡単です。例として、先に作った「偶数か関数かチェックする」というスクリプトを書いてみましょう。

リスト2-4-6

```
01  cat(A, ifelse(A %% 2 == 0,"は、偶数です。","は、奇数です。"))
```

なんと、たった1行に収まってしまいました！　事前に「A <- 123」というように変数Aの値を設定しておき、この文を実行すると、Aが偶数か奇数かをチェックし結果を表示します。ifelseを使えば、if構文よりも遥かに簡単に表示を行えることがわかるでしょう。

ここでは、catの引数に、ifelse関数を用意しています。関数というのは、こんな具合に、引数に値だけでなく式や別の関数なども書くことができます。ifelseの引数を見ると、こうなっていますね。

```
A %% 2 == 0 ──────────  条件となるもの
"は、偶数です。" ──────  TRUEのときの値
"は、奇数です。" ──────  FALSEのときの値
```

A %% 2 == 0の値をチェックし、これがTRUEかFALSEかによって異なるテキストが得られるようになっていたのですね。こうして得られた値をcatで1つにつなげて出力していた、というわけです。

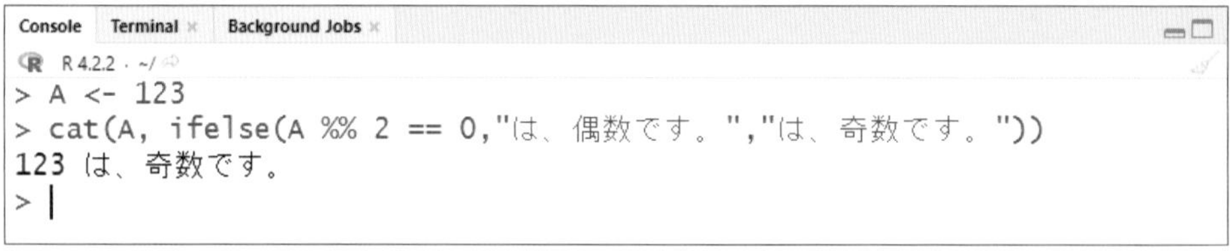

```
Console  Terminal ×  Background Jobs ×                                      ─ □
R  R 4.2.2 · ~/
> A <- 123
> cat(A, ifelse(A %% 2 == 0,"は、偶数です。","は、奇数です。"))
123 は、奇数です。
> |
```

図2-4-8　Aの値が偶数か奇数かをチェックする

Chapter 2-05

while構文による繰り返し

| 難易度：★★★☆☆ |

while構文の書き方

分岐の他に、もう1つ用意されている制御構文が「繰り返し」です。この繰り返しのために用意されているのが「while」という構文です。これは以下のような形をしています。

書式 while構文

```
while(条件) {
    ……TRUEの間、繰り返す処理……
}
```

このwhileは、( )に条件となる値や式などを用意します。これは、論理型（TRUE、FALSE）として値が得られるものを使います。if構文の条件と同じですね。論理型の変数や、値を比較する比較演算子を使った式などを用意すればいいでしょう。

このwhileは、( )の条件をチェックし、それがTRUEならばその後にある{ }部分を実行します。実行後、また( )の条件をチェックし、TRUEなら{ }を実行。そしてまた条件をチェックし……というように、( )の条件がFALSEになるまでひたすら「チェックして実行」を繰り返します。

ということは、{ }で実行する処理は、実行するたびに条件が変化するような内容でなければいけません。何度実行しても条件が全く変化しない場合、「無限ループ」といって実行したら決して終了しない恐怖のスクリプトが完成してしまいます。

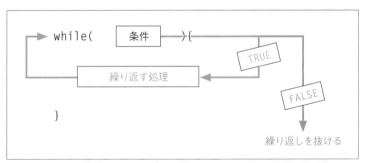

図2-5-1　whileは、条件がTRUEの間、処理を繰り返す。FALSEになったら繰り返しを抜ける

数字を合計する

では、実際にwhileを使ったサンプルを作ってみましょう。今回は、「1からある数字までの合計を計算する」というスクリプトを考えてみます。

```
01  total <- 0
02  counter <- 1
03  max <- 100
04  while(counter <= max) {          ■1
05    total <- total + counter       ■2
06    counter <- counter + 1
07  }
08  cat(max,"までの合計は、",total)
```

これを実行すると、1から100までの合計を計算して表示します。スクリプトにある「max」というのが、合計を計算する最大数になります。「max <- 123」とすれば、1〜123までを合計します。maxの数字をいろいろと変えて試してみましょう。

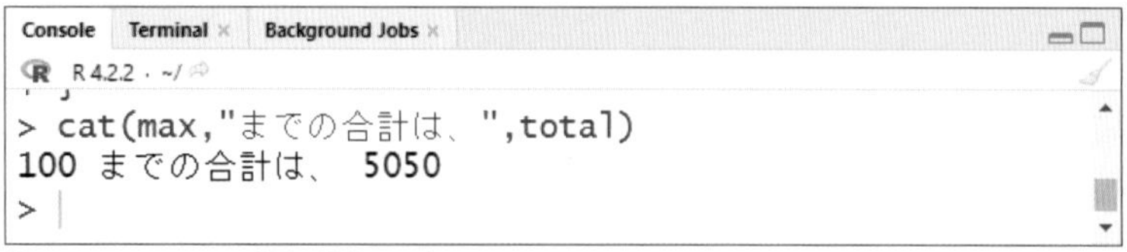

図2-5-2　maxまでの合計を計算して表示する

ここでは、どうやって合計を計算しているのか、スクリプトを見てみましょう。ここでは3つの変数を用意していますね。

リスト2-5-1で用意した3つの変数

```
total <- 0 ─────────── この変数に数字を足していく（合計数をここに入れていく）
counter <- 1 ────────── 足していく数字
max <- 100 ──────────── 繰り返す最大数
```

それぞれの役割がわかりますか？　counterは、数字を1ずつ増やしていくためのものです。繰り返しの最後に1を足して数字を大きくします。totalには、counterの数字を順に足して合計値にします。そしてcounterがmaxより大きくなったら、足すのをやめます。こうすれば、1からmaxまでの値をすべてtotalに足すことができます。
基本的な考え方がわかったら、実際に計算を行っているwhile部分を見てみましょう。まず、■1の条件の部分を見てみます。

```
while(counter <= max) {
```

counterの値がmaxと等しいか小さい間、繰り返しを続けるようになっています。maxより大きくなったら繰り返しを抜けます。
では、■2の繰り返し実行する処理を見てみましょう。

```
total <- total + counter
counter <- counter + 1
```

totalの値に、total + counterを代入していますね。これで、totalにcounterの値が加算されました。続いて、

counterの値をcounter + 1にしています。これでcounterの値は1増えました。つまり、繰り返しの1回目では、counterは1で、これをtotal（初期の値は0）に足して、totalは1になります。そしてcounterに1を足して2になります。繰り返しの2回目では、counterは2で、これをtotalに足して、totalは3になります。そしてcounterは3になります。

このように「counterをtotalに足す」「counterを1増やす」を繰り返していけば、counterの値が1、2、3……と変化しながらその値をtotalに足していくことができます。そして、whileの条件により、counterがmaxより大きくなったら繰り返しを抜けます。

これで、1からmaxまでがtotalに足され、それが完了したら繰り返しを抜けるようになっていたのです。

Column

プログラミングとは「手続きを考える」こと

ごく簡単なものですが、制御構文を使うようになって、少しずつ「プログラムっぽいもの」が作れるようになってきたのがわかるでしょう。けれど、「1からmaxまで合計する」というスクリプトも、いわれてパッと処理の仕方がわかった人は少ないかもしれません。漠然と「繰り返しを使えばいいんだろうな」とは思っても、具体的に何をどう行えばそれが実現できるか、わからなかった人も多いはずです。

しかし、作成したスクリプトを見て、やっていることを1つ1つ確認していけば、「なぜ、これで合計が計算できるか」は理解できるようになったことでしょう。

これが、「プログラミング」なのです。プログラミングとは、「やりたいことを1つ1つの処理に分解し、再構築すること」です。「1からmaxまで合計する、という問題を聞いたら、ぱっと答えがわかるようになること」ではありません。「1からmaxまで合計する」という問題を聞いたら、どうやって合計していけばいいのか、その手順を考え、1つ1つの文に分解し、組み立てることなのです。

「分解と再構築」、これが「プログラミングをする」ということです。

考え方の「引き出し」を充実させる

慣れないうちは、「分解」も「再構築」も、どこから手を付けたらいいかわからないかもしれません。けれど、先ほどのスクリプトを理解したら、もう「数字を合計する」という処理をどう組み立てればいいかわかったはずです。

あるいは、基本的な考え方がわかったなら、「1からmaxまで掛け算する」も、「1から順に数字を引いていく」というのもできるようになるでしょう。考え方がわかれば、「これは、同じ考え方だ」というものが次第に見抜けるようになってきます。そうなれば、もう「数を順に取り出して処理していく」というプログラムを書けるようになります。

この「処理の考え方」のことを「アルゴリズム」といいます。そうやって、さまざまな処理の考え方（アルゴリズム）を、自分の「考え方をしまっておく引き出し」の中に入れていく。それが「プログラミングを学ぶ」ということです。

さまざまな処理のアルゴリズムを少しずつ身につけていけば、作れるプログラムの幅も次第に広がっていきます。単に、プログラミング言語の文法や開発ツールの使い方を覚えることがプログラミングを学ぶことではありません。「考え方」を学ぶことこそ、本当の意味での「プログラミングの学習」なのだ、ということを知っておいてください。

for構文による繰り返し

難易度：★★☆☆☆

for構文の書き方

さて、繰り返しには、もう1つの構文が用意されています。ただし、こちらはwhileよりもちょっと理解するのが難しいでしょう。なぜなら、まだ使ったことがない「ベクトル」という値を使うものだからです。

ベクトルについては改めてきちんと説明していくので、ここでは最低限理解してくべきことに絞って説明をします。

この2つ目の繰り返し構文は「for」というものです。これは、以下のような形で使います。

書式 for構文

```
for(変数 in ベクトル) {
    ……変数を使った処理……
}
```

( ) 内に、変数と「ベクトル」を用意します。ベクトルというのは、「たくさんの値がひとまとめになっている特殊な値」と考えてください（ベクトルについては次章で説明します）。

つまりforという構文は、たくさんの値がまとめてある変数から、順に値を取り出して変数に収め、処理を実行する、というものなのです。すべての値を取り出し終えたら、自動的に繰り返しを抜けます。whileのように「きちんと作らないと無限ループに陥る」といった心配はいりません。

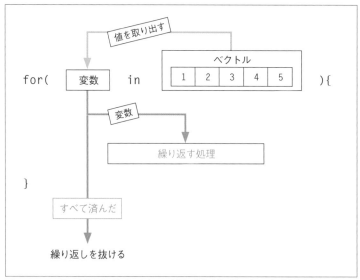

図 2-6-1　forは、多数の値があるベクトルから順に値を変数に取り出して処理を実行する

forで合計を計算する

では、先ほどwhileを使って作成した「1からmaxまでの合計を計算する」というスクリプトをforに書き換えてみましょう。ざっと以下のようになるでしょう。

リスト2-6-1

```
01  total <- 0
02  max <- 123
03  for(counter in 1:max) {
04    total <- total + counter
05  }
06  cat(max,"までの合計は、",total)
```

図2-6-2　maxまでの合計を計算して表示する

実行すると、1から123までの合計を計算して表示します。今回も、totalが数字を加算していく変数、maxが最大値を示す変数となります。

ここでは、forで1からmaxまでの数字を順にcounterに取り出していき、それを繰り返し内でtotalに足しています。やっていることはwhileと同じですが、こちらのほうがずっとすっきりして見えますね。それは、forの構文自身に数字をカウントする変数（ここではcounter）が用意されているためでしょう。counterの数字は自動的に1ずつ増えていくので、それをプログラマが自分で処理する必要はありません。

等差数列について

今回のスクリプトでは、forの中でちょっと変わった値が使われています。「1:max」というものですね。これは、「等差数列」を作成するためのものです。等差数列というのは、「1、2、3……」というように一定間隔で並ぶ数をまとめた数列のことです。これは、Rでは以下のように記述して作れます。

等差数列の指定

```
開始数 : 終了数
```

例えば、「1:5」とすると、1、2、3、4、5の数字からなる等差数列が作れます。また開始数より終了数のほうが小さいと「1ずつ減る」等差数列を作れます。例えば「3:1」とすれば、3、2、1の数列が作れます。

この等差数列は、先ほどちらっと触れた「ベクトル」の一種です。慣れないうちは、「forは○○:○○という等差数列で数の範囲を指定する」と理解しておきましょう。この書き方さえわかっていれば、forの基本的な使い方はできるようになります。

ただし、この「○○:○○」というコロンを使った等差数列は、「1ずつ増える、1ずつ減る」というものであり、それ以外のもの（2ずつ増える、など）は作れません。そうしたものを作りたければ、そのための関数を覚える必要があります（これは後で出てきます）。ここでは「1ずつ増える／減る等差数列」だけ覚えておきましょう。

関数について

関数の書き方

これで基本的な制御構文はわかりました。しかし、制御構文ではないけれど、処理の流れを整理する上でぜひ覚えておきたいものがあるので、それもここで説明しておきましょう。

それは、「関数」です。関数というのは、さまざまな処理を実行するためにRに用意されているものでしたね。catやlsなどの関数を使いました。これらは、関数名と()に指定した引数で呼び出せば、いつでも各種の機能を実行することができました。

このような関数は、実はプログラマが自分で作ることもできます。関数は、以下のような形で作成・実行します。

書式 関数を作成する

```
変数 <-function(引数) {
    ……関数の処理
}
```

書式 関数を実行する

```
関数名 ( 引数 )
```

「関数を作成する」のほうを見てください。funtion(〇〇){……}といったものを変数に設定して作るのですね。functionの後の()には、引数を用意します。引数は変数になっていて、関数を実行したときに用意した値が代入されるようになっています。複数の引数を用意したいときは、それぞれをカンマで区切って記述します。

こうして作成した関数は、変数名の後に()をつけて呼び出すことで実行できます。つまり変数の名前がそのまま関数名になっているのですね。

図2-7-1 関数はfuntionを変数に代入して作る。functionの後の()には、関数を呼び出したときの引数の値が渡される

合計を計算する「total」関数を作る

では、実際に関数を作り、利用してみましょう。では、先ほども作成した「合計を計算する」という処理を関数にしてみましょう。

TIPS
実をいえば、合計を計算する関数はすでにRに用意されています。これは、「関数の定義と呼び出しはどのようになるのか」を学ぶサンプルとして考えてください。

リスト2-7-1

```
01  total <- function(max) {
02    result <- 0
03    for(n in 1:max) {
04      result <- result + n
05    }
06    result
07  }
```

これでできました。これを実行すると、「total」という変数に関数が代入され、使えるようになります。

では、Rコンソールから以下のように文を実行していってみましょう。

リスト2-7-2

```
cat(100, "までの合計は、", total(100))
cat(200, "までの合計は、", total(200))
cat(300, "までの合計は、", total(300))
```

実行すると、100、200、300までの合計をそれぞれ計算して表示します。totalの引数の値をいろいろと変えて呼び出してみましょう。

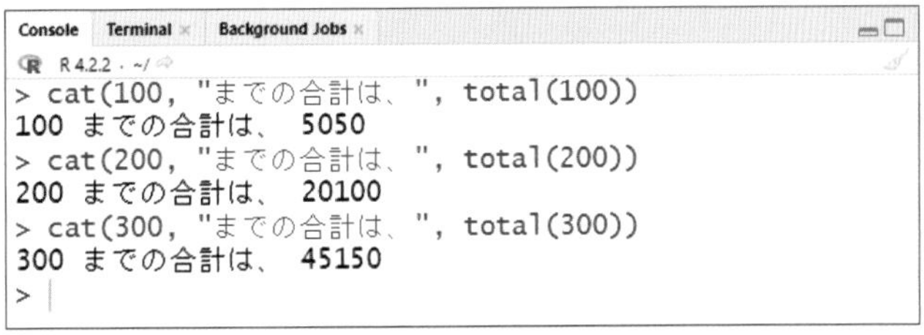

```
Console   Terminal ×   Background Jobs ×
R R 4.2.2 · ~/
> cat(100, "までの合計は、", total(100))
100 までの合計は、   5050
> cat(200, "までの合計は、", total(200))
200 までの合計は、   20100
> cat(300, "までの合計は、", total(300))
300 までの合計は、   45150
>
```

図2-7-2　実行すると、100、200、300までの合計をそれぞれ計算する

リスト2-7-1では「total」という名前で関数を用意し、それを呼び出しています。ここでは、こんな形で関数を定義していますね。

```
total <- function(max) {……}
```

これでmaxという引数が1つだけある関数totalが作成されました。これは、以下のようにして呼び出すことができます。

```
total(100)  ───────── 1から100までの合計を計算する
total(200)  ───────── 1から200までの合計を計算する
total(300)  ───────── 1から300までの合計を計算する
```

引数の値を変えれば、好きな数までの合計が計算できます。また、ここではcat関数の中でtotalを使っていることでもわかるように、total関数は合計を表す値として扱うことができます。

関数の内部について

では、total関数の中でどのようなことを行っているのか見てみましょう。こんな処理を実行していますね。

```
result <- 0
for(n in 1:max) {
  result <- result + n
}
result
```

resultという変数を用意し、forを使って1から引数maxまでの合計をresultに足しています。そして最後に「result」として、resultの値を出力しています。この値が、total関数の値として使われます。

こんな具合に、「最後に値を出力する関数」は、関数そのものを値と同じものとして扱えるようになります。例えば、最後に整数を出力する関数は、その関数自体が整数の値と同じように扱えます。これをしない関数は、値としては扱えません。ただ、必要な処理を実行して終わり、というものになります。

関数を作る際は、この「値として扱えるか否か」はけっこう重要になります。どうすれば値として扱える関数になるのか、きちんと理解しておきましょう。

内部の変数は「ローカル変数」

今回のtotal関数では、その内部でresultという変数を使っています。このresult変数は、これまで使った変数とは違う性質を持っています。それは、「作業スペースに保存されない」という点です。

スクリプトを実行して作成された変数は、すべて作業スペースに保管されます。しかし関数の中で作られた変数は、その関数内でのみ利用でき、関数を抜けるとすべて消えてしまうのです。

関数というローカルな環境でのみ使えるため、こうした変数は「ローカル変数」と呼ばれます。ローカル変数は、グローバル変数とは別のものとして扱われるのです。

では、ローカル変数で、グローバル変数と同じ名前のものを作成したらどうなるのでしょうか？　この場合、ローカル環境（関数内）でグローバル変数と同じ名前の変数が作られると、グローバルの変数が上書きされ、関数内ではアクセスできなくなります（ただし、グローバル環境にはちゃんと変数は保管されたままです）。そしてローカル環境を抜けてローカル変数が消えると、再びグローバル変数にアクセスできるようになります。

つまり、同名のローカル変数があると、その変数がローカルに存在している間、同名のグローバル変数は使えなくなるのです。

実際に簡単なサンプルを動かしてみましょう。

リスト2-7-3

```
01  val <- "Hello"
02
03  fn1 <- function() {
04    val <- "local"
05    val
06  }
07  fn2 <- function() {
08    val
09  }
10
11  val ──────────── 1
12  fn1() ─────────── 2
13  fn2() ─────────── 3
14  val ──────────── 4
```

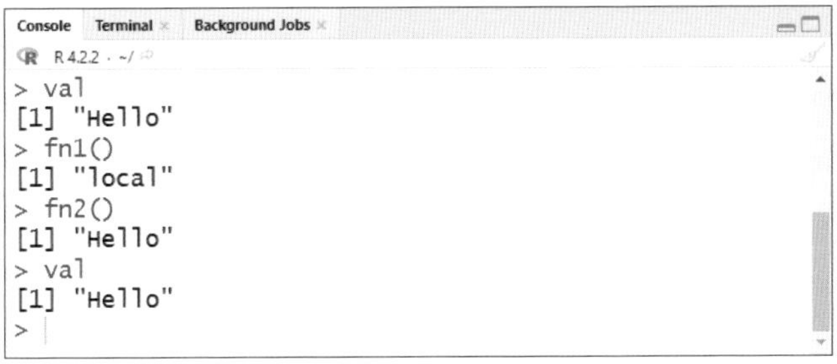

図2-7-3 実行すると、"Hello"、"local"、"Hello"、"Hello"と表示される

これを実行してみましょう。すると、"Hello"、"local"、"Hello"、"Hello"というように値が出力されます。ここでは、以下のように値を表示しています。

1 まずグローバル環境からvalを出力する。
2 fn1()を呼び出し、その中でvalを変更して出力する。
3 fn2()を呼び出し、その中でvalを出力する。
4 関数を抜けて、再びグローバル環境からvalを出力する。

ローカルのvalでは"local"と出力され、その前後のグローバルvalでは"Hello"と表示されていますね。単に関数内ではローカルのvalが使われるというだけでなく、fn関数でvalの値を変更しても、グローバル変数のvalには何ら影響を与えていないことがわかるでしょう。

非常に興味深いのが、2つの関数内でのval出力です。fn1では、ローカルに用意したvalが出力され、fn2ではグローバル変数のvalが出力されています。

val <- "local"のように、fn1関数内で変数に値を代入すると、それは自動的に「ローカル変数valに値を代入する」と判断されます。このため、fn1内ではグローバル変数のvalにはアクセスできなくなったのです。

fn2では、valに値を代入していません。ただ値を取り出しているだけです。このような場合には、ローカル環境には変数valは作成されず、そのままグローバル変数の値が出力されるのです。

構文を組み合わせよう

難易度：★★★☆☆

これで、処理の流れを制御するための基本的な構文がわかりました。もう、ちょっとしたプログラムならば作れるようになっているはずです。では、実際に簡単なサンプルを作ってみましょう。

ここでは例として、1からmaxまでの数について、「偶数か奇数か」「3で割り切れるか」「5で割り切れるか」といったことを調べるサンプルを作ってみます。

リスト2-8-1

```
01 max <- 20
02 for(n in 1:max) {                                         ┃1┃
03    result <- ifelse(n %% 2 == 0, "偶数。","奇数。")          ┃2┃
04    if (n %% 3 == 0) {
05       result <- paste(result,"3で割り切れる。")
06    }
07    if (n %% 5 == 0) {                                      ┃3┃
08       result <- paste(result,"5で割り切れる。")
09    }
10    cat(n,":",result,"\n")                                  ┃4┃
11 }
```

図2-8-1　実行すると、1〜20まで偶数か奇数か、3や5で割り切れるか、をチェックする

実行すると、1から20まで、偶数か奇数かが表示されます。3または5で割り切れる値は、それも表示されます。

ここでは、forを使って1〜20の繰り返しを行っています（**1**）。その中で、ifelseで、nを2で割った余りに応じて「偶数」「奇数」の値をresultに取り出します（**2**）。さらにif構文で、3で割り切れたときと、5で割り切れたときの表示をresultに追加しています（**3**）。

今回は、1つだけ新しい関数を使っています。「paste」というもので、これはcatの「値を出力しない版」といえます。catは引数に指定した値をすべてテキストにして画面に表示しますが、pasteは引数の値をすべて合体してテキストとして取り出して変数などに代入します。こちらは取り出すだけなので、コンソールに値は表示されません。ここでは、こんな具合に使っていますね。

```
result <- paste(result, ○○)
```

これで、resultにテキストを付け足すことができます。テキストを次々に追加していきたいようなときに便利な関数でしょう。

そして最後の4では、cat関数を使って、nの値とテキストの「:」、resultの値、改行を続けて画面に表示しています。

"\n"って、何の記号？

今回、catでresultの値を出力するとき、最後に"\n"というテキストを付け足しています。これって何でしょうか？

これは、「改行コード」です。この記号を送信すると、そこでテキストが改行されるのです。こういう「目には見えない文字」というのもプログラミングではよく使われます。

こういう特殊な記号は他にもあります。"\t"はタブのコードです。これを入れると、そこでTabキーによるタブ送りが行われます。また、"\r"はキャリッジリターンといって、その行の冒頭に戻る働きをします。これを実行してまたテキストを出力すれば、その行を書き換えることができます。また、"\\"は、バックスラッシュ(\)をテキストとして使うためのものです。

他にも特殊な記号はありますが、とりあえずこの4つの記号だけ覚えておくと、テキスト表現の幅も広がるでしょう。

プログラミングをマスターするには

難易度：★☆☆☆☆

これから、Rのさまざまな機能について学んでいきますが、それらは「覚える」だけでは使えません。実際に使ってみて、「これはこういうときにこう使うんだ」という使い方まで理解して、初めて使えるようになります。

新しいことを覚えたら、とにかく、使いましょう。プログラミングは、書けば書くだけ使えるようになります。書かずにただ眺めていただけでは、いつまでたっても自分でプログラムを書けるようにはなりません。

使えるようになるには？

プログラミングを始めたばかりの人の中には、こういう人をよく見かけます。「リスト（プログラム）を見れば、何をどうやっているかはわかる。けれど、実際に『〇〇するプログラムを作りなさい』といわれると、何をどうすればいいのかわからない」という人。いわれればわかるけど、自分では書けない。そういう人ですね。

そういう人の多くが、「自分はプログラミングに向いてない」と思ってしまうようです。しかし、それは間違いです。皆さんがプログラムを書けない理由、それはただ一つ。「まだ使えるパターンを持っていないから」です。

「プログラミングは、書けば書くだけ使えるようになる」といったのは、そういうことです。ただリストを眺めて「理解した」と思っても、それは自分の中で「使えるパターン」として記憶されないのです。実際にコードを書いて実行し、結果を見て「なるほど、こうなるのか」と納得する、そこまで行って初めて「このコードはこういう働きをするものだ」というパターンがあなたの中に記憶されます。

こうした短く小さなコードのパターンが、プログラムを書いて動かすうちに少しずつあなたの中に蓄積されていきます。それがある程度の量に達すると、「〇〇するプログラムを作る」というときに、「あっ、これは〇〇のパターンと××のパターンを組み合わせればできるぞ」というやり方が思い浮かぶようになるのです。

そのためには、ひたすら「短く小さなコードのパターン」を自分の中に蓄積していくしかありません。そのためには、実際にリストを書いて動かすしかないのです。プログラミングの習得に「近道」はありません。書いて動かしたコードの量だけ、プログラミングは身につきます。

「わからない」ときこそ書いて動かす！

不思議なことに、この「書いて覚える」というやり方は、「プログラミングがわからない場合」にも有効です。「この〇〇がよくわからない」というときも、わからないままひたすらコードを書いて動かしていくと、気がつけば「わかる」ようになっているのです。まるで冗談のような話ですが、本当です。

これから先、学習が進めば、難しい関数、理解できないコードがたくさん出てくることでしょう。そんな場合も「わからない」と頭を抱えているだけでは、いつまでたってもわかるようにはなりません。

わからなくてもいいから、とにかく書いて動かす。動いたら、書いたコードの一部（値や変数など）を少しだけ書き換えて、「こうなったらどうなるかな？」と試してみる。動いたらまた少し書き換えて試してみる。動かなかったら、なぜ動かなかったのか考える。それをひたすら繰り返していくと、わからなかったものも不思議と「なんとなくわかってくる」のです。

Chapter
3

複雑なデータの扱い方

この章のポイント
・ベクトルの基本的な使い方を覚えよう。
・行列の作成と基本的な演算について理解しよう。
・配列とリストについて基礎的な知識を身につけよう。

データと「ベクトル」

難易度：★★☆☆☆

たくさんの値を扱うための仕組み

Rという言語の基本的な値と構文は、だいぶわかってきました。けれど、ここまで学習した知識だけでは、多量のデータを使って分析などを行うのは難しいでしょう。なぜなら、「多量のデータを扱うための仕組み」をまだ理解していないからです。

データの解析などを行うためには、単純な整数や実数などの値が使えてもそれだけでは十分ではありません。例えば、まったく関連性や規則性がないたくさんの値を合計する、ということを考えてみましょう。これが10個なら、1つ1つの値を直接スクリプトに書いて足し算できます。けれど、値が100万あったら？　それらをすべてスクリプトに書いて計算する、というのは現実的ではありませんね。

データを扱うためには、1つ1つの値を変数に入れるのではなく、「たくさんの値を1つにまとめて扱う」ということができないといけません。例えば、たくさんの値をまとめて保管できる特別な変数のようなものを考えてみましょう。そこにある値は順番に取り出したり書き換えたりできるようになっている、とします。それなら、繰り返し構文を使って順に値を取り出して計算することができますね。

こういうたくさんのデータを扱うために、Rに用意されている特別な値が「ベクトル」です。ベクトルという用語は、数学などで耳にしたことでしょう。おそらく皆さんの中では「方向と大きさを持った数量」を表すものとして認識されているかもしれませんね。

この考え方をさらに抽象化して、ベクトルを「多数の要素を一列に並べたもの」として扱われることもあります。Rのベクトルは、こちらの考え方に基づいています。

ベクトルは、同じ型の値を多数扱うためのもの

Rのベクトルは、「同じ型の値を多数保管できる特別な値」です。これは、integerなどの型とは少し違い、値の中に構造を持っています。

このベクトルは、「c」という関数を使って作成します。

書式 ベクトルを作成する

```
c( 値1, 値2, ……)
```

c関数は、()の引数に用意した値をひとまとめにしたベクトルを作成します。引数には、いくつでも値を記述できます。用意する値は、すべて同じ型の値にしておきます。異なる値が含まれていても、すべて強制的に同じ値に揃えられます。例えば整数（integer）と実数（double）が混じっている場合は、すべてdoubleに揃えられます。また数値の中に文字が含まれていると、すべてcharacterに変換されます。

このc関数で作成したベクトルを変数などに保管しておけば、多数の値をまとめて扱えるようになるのです。

ベクトルに保管される値には、それぞれ「インデックス」と呼ばれる通し番号がつけられます。これは1から順に、自動的に割り当てられます。途中にある値が削除されたりすると、それに合わせて自動的にリナンバリングされ、常に「1

から順」に割り当てられるようになっています。ベクトルでは、このインデックスという番号を使って、ベクトルに保管されている値を個別に取り出したり変更したりできるようになっています。

```
c（"バナナ"，"いちご"，"林檎"）
```

ベクトル		
1	2	3
"バナナ"	"いちご"	"林檎"

図3-1-1　c関数を使うと、引数の値をまとめたベクトルが作られる

COLUMN

ベクトルとデータ構造

ベクトルのように、たくさんの値を扱うことのできる値は他にもいくつかあります。こうしたものは「データ構造」と呼ばれます。

データ構造とは、複数の値をまとめて扱えるように定義されたもののことです。ベクトルだけでなく、これから先に登場する行列や配列、リストなど、Rには多数の値を構造的に管理するための仕組みが用意されています。この仕組みを使って、複数の値を扱えるようにしたものがデータ構造です。

データ構造は、データ型とは別の概念です。データ型は、1つ1つの値の種類を示すのに対し、データ構造は複数の値がどのような構造でどう管理されるかを定義したものと考えればいいでしょう。

この章で取り上げる「ベクトル」「行列」「配列」「リスト」といったものは、すべてデータ構造の仲間と考えていいでしょう。

ベクトルを作ってみる

では、実際にベクトルを作ってみましょう。Rコンソールか、スクリプトファイルを使って以下の文を実行してみてください。

リスト3-1-1
```
01  val <- c(12,34,56,78,90)
02  val
```

出力
```
> val
[1] 12 34 56 78 90
```

これを実行すると、[1] 12 34 56 78 90というように出力されます。[1]というのは、1行目の出力を示すもので、その後の12 34 56 78 90が出力内容です。ここでは、変数valにc関数を使ってベクトルを代入していますね。

そのvalの値を出力しています。5つの値が保管されていることがわかります。なお、表示される結果にはインデックスの番号は出力されません。値だけがまとめて表示されます。

こんな具合に、ベクトルはc関数で値をひとまとめにして作るのが基本です。

等差数列とベクトル

実をいえば、皆さんはすでにベクトルと同じものを利用したことがあります。前章で数字の合計を計算するスクリプトを作成しました（**リスト2-6-1**）。このとき、こんな具合に繰り返し構文を利用しましたね。

```
for(counter in 1:max) {……
```

この「1:max」というのは、1からmaxまでの等差数列を表していました。例えば、1:5をすると、1,2,3,4,5という数列が作られましたね。これも、実は「ベクトル」の仲間です。forという構文は、「ベクトルから順に値を取り出して処理する構文」だったのですね。

このように、ベクトルという値は、Rではさまざまなところで使われています。決して特殊な値ではないのです。

ベクトルの成分について

ベクトルに含まれている1つ1つの値は「成分」と呼ばれます。前述のとおり、ベクトルの1つ1つの成分にはインデックスという番号が割り振られています。このインデックスを使って、特定の値を取り出したり、保管されている値を変更したりできます。ベクトルから、インデックスを使って値を指定するには、以下のように記述をします。

書式 インデックスで値を指定する

```
ベクトル[インデックス]
```

ベクトルが保管されている変数の後に[]をつけてインデックスを指定します。これで指定したインデックスの値が取り出せます。またインデックスを指定して<- で値を代入すれば、その番号の値を変更することもできます。

書式 値を取り出す

```
変数 <- ベクトル[インデックス]
```

書式 値を変更する

```
ベクトル[インデックス] <- 値
```

値を取り出すのも変更するのも、[]を使って操作する番号を正しく指定するのを忘れないでください。[]をつけずに<- で値を代入すると、ベクトルが入った変数そのものが書き換わってしまいます。

ベクトルを操作してみる

では、実際にベクトルの成分を操作してみましょう。先ほど作成した変数valの内容を操作してみます。

リスト3-2-1

```
01  v5 <- val[1]
02  val[1] <- val[5]
03  val[5] <- v5
04  val
```

出力

```
> val
[1] 90 34 56 78 12
```

これを実行すると、[1] 90 34 56 78 12と出力されます。1番目と5番目の値が入れ替わっているのがわかるでしょう。ここでは、val[1] <- val[5]というようにしてインデックス5番の値を1番に代入しています。インデックス5番には、最初にv5に代入していたインデックス1番の値を代入します。こんな具合に、[]でインデックス番号を指定することで、ベクトルの中の個々の成分を操作できます。

TIPS

普通の値も、実はベクトル

ベクトルは、たくさんの値をまとめて扱うため、「普段は使わない特殊な値」のように感じたのではないでしょうか。けれど、ベクトルこそがRのもっとも基本的な値なのです。

これまで使ってきた整数や実数などの値も、実をいえばすべて「ベクトル」なのです。より正確にいえば、数値や文字などの普通の値は、「値が1つだけのベクトル」なのです。

例えば、こんなスクリプトを実行してみるとそのことがよくわかるでしょう。

```
01  v <- 123
02  v[1]
```

これで、vのインデックス1番の値が出力されます。「123」とvの値がそのまま表示されるのが確認できるでしょう。123は、インデックス1だけのベクトルなのです。

等差数列の利用

ベクトルは、等差数列を使って一定範囲の値を指定することもできます。例えば、[1:3]とすれば、1〜3の範囲にある3つの値がベクトルとして取り出されます。

また、等差級数は「逆順」に指定することも可能です。例えば、3:1とすれば、3、2、1という数列が得られます。ということは？　そう、ベクトルの成分を逆順に取り出すこともできるようになります。

では、実際に等差数列を使ってベクトルを操作してみましょう。以下のスクリプトを実行してみてください。

リスト3-2-2

```
01  val <- c(12,34,56,78,90)
02  val
03  val[3:5]
04  val[3:1]
05  val[2:4] <- val[4:2]
06  val
```

出力

```
> val
[1] 12 34 56 78 90
> val[3:5]
[1] 56 78 90
> val[3:1]
[1] 56 34 12
> val[2:4] <- val[4:2]
> val
[1] 12 78 56 34 90
```

ここでは、c(12,34,56,78,90)で作成したベクトルをvalに代入し、そこからさまざまな範囲を指定して値を出力させています。取り出した値と出力された値をそれぞれ確認してみましょう。

val の値

```
12 34 56 78 90
```

val [3:5] の値

```
56 78 90
```

val [3:1] の値

```
56 34 12
```

val [2:4] <- val [4:2] 実行後の val の値

```
12 78 56 34 90
```

val[3:5]やval[3:1]というようにしてベクトルから一定範囲の値を取り出せることがよくわかりますね。また、val[2:4] <- val[4:2]と実行することで、valの2～4の範囲にある値の並びを逆にできることもわかります。val[4:2]で78、56、34とベクトルを取得し、それをval[2:4]で2～4番に代入していたのですね。

このように、等差数列を利用するとベクトル内の任意の範囲を自由に操作できるようになります。慣れれば使い方はそれほど難しくないので、実際にさまざまな範囲を指定して操作してみてください。

論理値ベクトルによるインデックスの指定

ベクトルの[]によるインデックスの指定は、実に柔軟です。前節では、インデックスの番号や等差数列を使ってインデックスを指定することができました。等差数列というのは、「数値のベクトル」のようなものでしたね？ []のインデックス指定は、インデックスの番号の代わりにベクトルを使って指定することもできるのです。

この「ベクトルによるインデックスの指定」は、数値だけでなく、論理値（P.037参照）のベクトルを使って指定することもできます。これは、インデックスの番号ごとに値を取り出すかどうかを論理値で指定するのです。

どういうことかというと、つまりこういうことです。

```
ベクトル ……………  1,2,3,4,5
インデックス ………  TRUE,FALSE,TRUE,FALSE,TRUE
得られる値 …………  1,3,5
```

わかりますか？ 1,2,3,4,5という成分のベクトルがあったとします。これの[]部分に、TRUE,FALSE,TRUE,FALSE,TRUEというベクトルを指定します。すると、1,3,5の値がベクトルとして取り出されます。論理型ベクトルのTRUEで指定したインデックス番号の値だけが取り出されていることがわかるでしょう。このように、論理型ベクトルを使えば、ベクトルの中から必要なものだけをピックアップすることができます。具体的な例で見てみましょう。

リスト3-2-3

```
01  val <- 1:10
02  val[c(TRUE, TRUE, TRUE, FALSE, TRUE, FALSE, TRUE, FALSE, FALSE, FALSE)]
03  val[val %% 2 == 0]
```

これを実行すると、素数と偶数の値をベクトルにまとめて出力します。

実行すると、以下のように書き出されているのがわかるでしょう。

出力

```
> val[c(TRUE, TRUE, TRUE, FALSE, TRUE, FALSE, TRUE, FALSE, FALSE, FALSE)]
[1] 1 2 3 5 7
> val[val %% 2 == 0]
[1]  2  4  6  8 10
```

では、ここで行っていることを見てみましょう。

```
val <- 1:10
```

まず、1〜10の等差数列ベクトルを変数valに代入しています。ここから、まず論理型ベクトルを使って1と素数の値だけを取り出します。

```
val[c(TRUE, TRUE, TRUE, FALSE, TRUE, FALSE, TRUE, FALSE, FALSE, FALSE)]
```

c関数を使い、1、2、3、5、7の値だけTRUEを、それ以外はすべてFALSEを指定してあります。こうすることで、インデックスが1、2、3、5、7番の値だけをベクトルにまとめて取り出せます。

もう1行の論理型の式を利用した文では、以下のようにしてvalの[]部分を指定しています。

```
val[val %% 2 == 0]
```

val %% 2で、valのベクトルを2で割ったベクトルが作成されます。これを== 0で比較することで、余りがゼロになる値だけがベクトルにまとめて取り出されます。

こんな具合に、論理型ベクトルや論理型の式を使ってベクトルから必要な値を取り出すことができます。注意したいのは、「値を取り出そうとしているベクトルと、[]に指定するベクトルでは、成分の数を同じにする」という点です。論理型ベクトルを指定した場合、ベクトルの成分ごとに論理値が割り振られていくため、2つのベクトルの成分数が等しくないと、余った部分が消えたり、そのまま追加されたりしてしまいます。正確な結果にならないので、成分数はきちんと合わせておきましょう。

ベクトルの演算

| 難易度：★★☆☆☆ |

ベクトルは、普通の数値と同じように四則演算で計算することができます。ただし、「どんな値と計算するか」によって結果が違ってくるので注意が必要です。「どんな値か」というのは、「数値か、ベクトルか」です。それぞれどのように計算されるか整理しましょう。

ベクトルと数値の演算

ベクトルと数値を演算する場合、ベクトルのすべての成分に数値が演算されることになります。例えば、足し算がどうなるか考えてみましょう。

```
c(A, B, C) + X
↓
A+X, B+X, C+X
```

このように、c(A, B, C) + Xを実行すると、A、B、Cの各成分にXを足す操作が実行されます。引き算、掛け算、割り算などもすべて同様に行われます。では、実際に試してみましょう。

リスト3-3-1

```
01 val <- c(10,20,30,40,50)
02 val
03 val + 100
04 val - 5
05 val * 2
06 val / 2
```

出力

```
> val + 100
[1] 110 120 130 140 150
> val - 5
[1]  5 15 25 35 45
> val * 2
[1]  20  40  60  80 100
> val / 2
[1]  5 10 15 20 25
```

ここでは、10,20,30,40,50という値を持つベクトルを用意し、これに加減乗除を実行しています。
10,20,30,40,50というベクトルの成分ごとに演算が行われていることがわかるでしょう。これが、ベクトルと数値の演算の基本です。

関数とベクトル

この「ベクトルと数値の演算」は、四則演算の演算子を使った式だけでなく、さまざまな関数などでも適用されます。例えば、平方根を計算する「sqrt」という関数を使ってみましょう。これは、以下のように利用します。

書式 平方根を計算する

```
sqrt(値)
```

これで、引数に指定した値の平方根が計算されます。では、以下の文を実行してみてください。

リスト3-3-2

```
01  sqrt(val)
```

出力

```
> sqrt(val)
[1] 3.162278 4.472136 5.477226 6.324555 7.071068
```

これを実行すると、valの各成分の平方根が表示されます。成分ごとにsqrt関数の処理が適用されていることがわかります。Rでは、引数に数値を指定する形の関数では、数値だけでなく、数値のベクトルも引数に指定することができます。そして結果は、ベクトルの成分ごとに関数の処理を実行したものになるのです。

ベクトル同士の演算

もう1つの演算は、「ベクトル同士の演算」です。この場合、2つのベクトルの成分ごとに演算が実行されます。例えば足し算の場合を考えてみましょう。以下の左のように2つのベクトルがあり、この2つを足し算したとしましょう。すると、以下の右のような形で演算が行われます。

```
01  X <- c(A, B, C)
02  Y <- c(E, F, G)
```

```
X + Y
↓
c(A + E, B + F, C + G)
```

1番目の成分同士、2番目の成分同士、……という具合に、同じ位置の成分同士が演算されていきます。これがベクトル同士の演算の基本です。
「成分数が異なる場合はどうなるのか?」と思った人。その場合、余った成分は、計算はしないでそのまま成分の後ろに追加されることになります。正しい結果にはならないので、必ず成分数を揃えて演算するように注意しましょう。

ベクトル同士を演算してみよう

では、実際にベクトル同士の演算を行ってみましょう。以下のスクリプトを実行してみてください。ここでは、1～5と9～5の2つの数列ベクトルを変数val、val2に用意し、この2つを演算します。演算の式と結果は以下の右のようになっているでしょう。

リスト3-3-3

```
01  val <- 1:5
02  val2 <- 9:5
03  val
04  val2
05  val + val2
06  val * val2
07  val - val2
08  val / val2
```

出力

```
> val + val2
[1] 10 10 10 10 10
> val * val2
[1]  9 16 21 24 25
> val - val2
[1] -8 -6 -4 -2  0
> val / val2
[1] 0.1111111 0.2500000 0.4285714
0.6666667 1.0000000
```

2つのベクトルの成分をよく確認しながら演算結果を見てください。各ベクトルの同じインデックスの成分同士が演

算されているのがよくわかるでしょう。

ベクトルの連結

注意したいのは、ベクトルの足し算です。例えば、c(A,B)とc(C,D)があったとしましょう。これを足して、c(A,B,C,D)というベクトルを作りたいと思います。

このとき、つい「c(A,B) + c(C,D)」というように足し算したらできるように錯覚しまいがちですが、これはc(A+C,B+D)が得られるだけで、ベクトル同士をつなげることはできません。

では、どうするのか。実はその方法はすでに知っています。c関数を使うのです。c関数は、引数の値をまとめて1つのベクトルにするものです。引数の値は、数値でもベクトルでもいいのです。以下の左を実行すると、valとval2にそれぞれベクトルを作成し、この2つを連結した値を出力します。以下の右のような値が表示されているでしょう。

リスト3-3-4

```
01  val <-1:5
02  val2 <- 9:5
03  c(val,val2)
```

出力

```
[1] 1 2 3 4 5 9 8 7 6 5
```

valの後にval2の値がそのまま追加されているのがわかるでしょう。c関数を使えば、複数のベクトルを1つにつなげることが簡単に行えるのです。ここでは2つをつなげただけですが、必要であればいくつでも1つにまとめることができます。

ベクトルの削除

では、すでにあるベクトルから特定の成分を取り除きたい場合はどうすればいいのでしょうか。

これは、[]内に削除するインデックスをマイナスすれば可能です。つまり、このようにするのです。

ベクトルから特定の成分を取り除く

```
ベクトル[ -値]
```

これで、ベクトルから、引数でマイナスしたインデックス番号の成分を取り除いたものが得られます。

この値は、数値を指定するだけでなく、ベクトルなどを使って複数の値を指定することもできます。そうすることで、不要な成分を一度にまとめて取り除くことができます。

では、これも実際に試してみましょう。以下の左では、1～10の数列ベクトルを用意し、そこからインデックス番号が3、4、7、8の成分を取り除いています。実行すると、以下の右のような値が出力されるでしょう。

リスト3-3-5

```
01  val <- 1:10
02  val2 <- val[-c(3,4,7,8)]
03  val2
```

出力

```
[1] 1 2 5 6 9 10
```

-c(3,4,7,8)で指定したインデックスの値が取り除かれていることがわかります。ベクトルで値を用意するので、削除したいものをすべてまとめて取り除くことができます。

ユニークなベクトルの作成

複数のベクトルを結合するなどしていくと、ベクトル内に同じ値がいくつも含まれるようになりがちです。場合によっては、同じ値が複数あると困ることもあるでしょう。そのようなとき、ベクトルをユニーク（重複する値がない）な状態にするにはどうすればいいのでしょう。

これには、「unique」という関数が利用できます。これは以下のように呼び出します。

書式 ベクトルをユニーク（重複する値がない）の状態にする

```
unique(ベクトル)
```

このunique関数は、引数に指定したベクトルから重複する成分をすべて取り除きます。では、uniqueを使ってユニークなベクトルを作成してみましょう。以下の左では、val1とval2にそれぞれ1〜5、3〜7の数列ベクトルを用意してあります。これらを1つにしたものをvalに代入し、そこから重複成分を取り除きます。実行すると以下の右のような出力が得られるでしょう。

リスト3-3-6

```
01  val1 <- c(1, 2, 3, 4, 5)
02  val2 <- c(3, 4, 5, 6, 7)
03  val <- c(val1,val2)
04  val
05  unique(val)
```

出力

```
[1] 1 2 3 4 5 3 4 5 6 7
[1] 1 2 3 4 5 6 7
```

1つ目がval、2つ目がそこから重複する成分を取り除いたものです。同じ値が複数存在しなくなっているのがわかるでしょう。

行列について

ベクトルは、複数の値をひとまとめにしたものです。こうした「たくさんの値を扱うもの」というのは、他にもあります。その代表ともいえるのが「行列」です。行列というのは、数学で登場した右のようなものですね。

$$x = \begin{pmatrix} a & b \\ c & d \end{pmatrix}$$

図3-4-1　行列の例

こんな具合に縦横に複数の値をまとめたものでしたね。

ベクトルは、1次元の数列ですが、行列は2次元の数列です。これは「matrix」という関数を使って作成します。

書式 行列を作成する

```
matrix( ベクトル, nrow=行数, ncol=列数 )
```

1つ目の引数には、行列にするデータをベクトルにまとめたものを用意します。そしてnrowとncolで、作成する行列の行数と列数を指定します。これらは両方用意する必要はありません。どちらかの値が用意されていれば、それを元に行列にします。

「ベクトルから行列を作る」というのはどういうことかというと、ベクトルから一定数ごとに成分を切り分けて2次元にするのです。例えば以下のように考えるのです。

```
c(1,2,3,4,5,6,7,8,9)
↓
[1, 4, 7,
 2, 5, 8,
 3, 6, 9]
```

わかりますか？　ベクトルの成分が左上から縦に順に配置されています。下まで来ると右隣の列の上から順に配置し、下まで来たらまた右隣の上から順に……という具合に、行列の左上から縦に値が配置されていくのです。

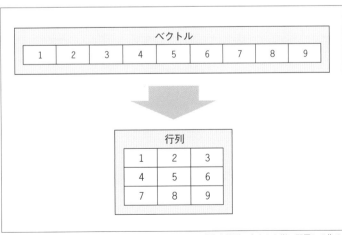

図3-4-2　行列はベクトルを元に作成する。ベクトルの成分を行列の左上から縦に配置して作る

ベクトルをまとめて行列にする

行列の作成は、この他に「複数のベクトルをまとめて1つの行列を作る」という方法もあります。これには以下のような関数を使います。

書式 ベクトルを行データとして行列にまとめる

```
rbind(ベクトル1, ベクトル2, ……)
```

書式 ベクトルを列データとして行列にまとめる

```
cbind(ベクトル1, ベクトル2, ……)
```

どちらの関数も使い方は大体同じです。引数にベクトルの成分を必要なだけ用意すると、それらを行または列のデータとして1つの行列にまとめます。

これらの関数で行列を作成する場合、引数に用意するデータの個数がすべて同じになるように注意します。数が揃っていない場合、足りないデータはすでに使ったデータを再利用する形で補って無理やり最大個数分の行列を作ってしまいます。エラーにはならず、データがおかしくなるだけなので問題に気づきにくく、バグなどの温床になりがちです。必ずデータの個数を揃えて使いましょう。

行列を作成しよう

では、実際に行列を作成してみましょう。ここでは1〜12の数列をベクトルとして用意し、これを元に行列を作成し表示します。

リスト3-4-1

```
01  val <- 1:12
02  val
03  val1 <- matrix(val, ncol=3)
04  val1
05  val2 <- matrix(val, nrow=3)
06  val2
```

これを実行すると、ベクトルから2種類の行列を作成して内容を表示します。ここでは、以下のようにして2つのベクトルを作っています。

出力

```
> val1 <- matrix(val, ncol=3)
     [,1] [,2] [,3]
[1,]    1    5    9
[2,]    2    6   10
[3,]    3    7   11
[4,]    4    8   12
```

```
> val2 <- matrix(val, nrow=3)
     [,1] [,2] [,3] [,4]
[1,]    1    4    7   10
[2,]    2    5    8   11
[3,]    3    6    9   12
```

1つ目はncolで列数を3に指定しています。2つ目はnrowで行数を3に指定しています。これでそれぞれ行数列数が

違った2つの行列が作成されます。nrowとncolは、行数と列数のどちらを基準にして行列を作成するか、を考えればいいでしょう。

横方向に値を並べたい

もしも、左上から横方向に値を割り当てていきたい、というときは「byrow」というオプションを指定します。これは論理型であり、TRUE を指定すると横方向に値が割り振られます。例えば、Rコンソールから以下の2文を実行してみましょう。

chapter 3-04

リスト3-4-2

```
01  matrix(1:16, nrow=4)
02  matrix(1:16, nrow=4, byrow=TRUE)
```

出力

```
> matrix(1:16, nrow=4)
     [,1] [,2] [,3] [,4]
[1,]    1    5    9   13
[2,]    2    6   10   14
[3,]    3    7   11   15
[4,]    4    8   12   16
> matrix(1:16, nrow=4, byrow=TRUE)
     [,1] [,2] [,3] [,4]
[1,]    1    2    3    4
[2,]    5    6    7    8
[3,]    9   10   11   12
[4,]   13   14   15   16
```

TIPS

行列の表示はColaboratoryがきれい！

Rの実行環境はいくつかありますが、RコンソールとRStudioは基本的に大きな違いはありません。それに対し、Colaboratoryは実行の状況がこれらとはかなり違います。

中でも大きな違いがあるのは「行列」でしょう。RコンソールやRStudioでは、行列の出力は、ただテキストをスペースで位置調整して書き出すだけです。それに対しColaboratoryでは、行列をきれいに整形して表示してくれます。見た目にもすっきりと見やすくていいですね！

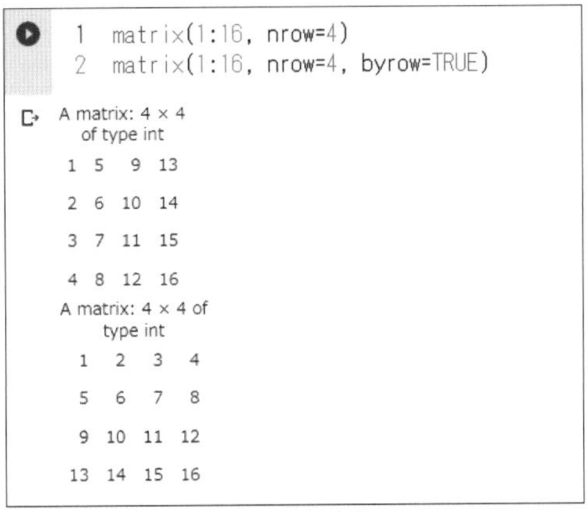

```
1  matrix(1:16, nrow=4)
2  matrix(1:16, nrow=4, byrow=TRUE)

A matrix: 4 × 4
of type int

1   5   9   13

2   6   10  14

3   7   11  15

4   8   12  16

A matrix: 4 × 4 of
type int

1    2    3    4

5    6    7    8

9   10   11   12

13  14   15   16
```

図3-4-3　Colaboratoryでの行列の表示

Chapter 3-05

行列の基本操作

難易度：★★☆☆☆

作成された行列内にある成分は、ベクトルと同様に [ ] を使って指定することができます。ただし行列の場合は行番号と列番号の2つの値が必要です。

書式 行列の成分を指定する

```
行列[行番号, 列番号]
```

このようにして「〇〇行の××列の成分」というように位置を指定して値を取得します。

この2つの値は必ず用意しなければならないわけではなく、片方を省略することもできます。その場合、省略した値は「すべて」として扱われます。例えば、[1,] と記述すると、1行目の成分すべてをベクトルとして取り出せます。[,1] とすれば、1列目の成分をすべてベクトルとして取り出せるわけです。

また、行番号と列番号には数列（ベクトル）を指定することもできます。[1:2,1:2] とすれば、行数列数がそれぞれ1～2の値を取り出すことができます。縦横それぞれに範囲を指定した場合、得られる値はベクトルではなく行列になります。

行列の成分を取得する

では、実際に行列からさまざまな値を取り出してみましょう。以下のようにスクリプトを実行してみてください。

リスト3-5-1

```
01  val <- matrix(1:12, nrow=3)
02  val
03  val[1,2]
04  val[1:2, 3:4]
05  val[3,]
06  val[,4]
```

ここでは1～12の数列を元に3行×4列の行列を作成し、そこから値を取り出しています。どのような形で値が得られているのか見てみましょう。

出力

```
#元の行列
> val
     [,1] [,2] [,3] [,4]
[1,]    1    4    7   10
[2,]    2    5    8   11
[3,]    3    6    9   12

#行1列2の値
> val[1,2]
[1] 4
```

```
#行1~2、列3~4の値
> val[1:2, 3:4]
     [,1] [,2]
[1,]    7   10
[2,]    8   11

#行3の値
> val[3,]
[1]  3  6  9 12

#列4の値
> val[,4]
[1] 10 11 12
```

それぞれ[ ]部分の値の指定と、得られる値をよく確認してみてください。変数valの行列からどのように値が取り出されているのかよく分かるでしょう。基本的な[ ]の書き方がわかったら、いろいろと値を書き換えて、どのような値が取り出せるか確かめてみましょう。

行列の大きさ

多量のデータを行列化して扱うような場合、「項目数（列数）はわかるけど、データが何行あるかわからない」というようなこともあるでしょう。そのような場合は、「dim」関数を使って行列の大きさを調べることができます。

書式 行列の大きさを調べる

```
dim(行列)
```

得られる値は、行数と列数の値をベクトルにまとめたものになります。これで得た値を元に繰り返し（P.056参照）などで処理を行えばいいでしょう。
例えば、**リスト3-5-1**で作った変数valに対し、dim(val)というように実行すると、「3 4」と値が得られるでしょう。これでvalが「3行×4列」の行列であることがわかります。

行列の結合

複数の行列を結合して1つの行列を作成するには「rbind」「cbind」という関数を利用します。これらは、先に複数のベクトルから行列を作るものとして紹介しましたね。それ以外にも、複数の行列から1つの行列を作るのにも使われるのです。

書式 行列を縦方向に結合する

```
rbind(データ1, データ2, ……)
```

書式 行列を横方向に結合する

```
cbind(データ1, データ2, ……)
```

引数に用意するデータが行列の場合、複数の行列を1つの行列に結合させる働きをします。rbindは、引数に指定した行列を縦方向に結合します（つまり、1つ目の行列の下に2つ目の行列をつなげます）。cbindは、行列を横方向に結合します（1つ目の行列の右に2つ目の行列をつなげます）。

行列を結合する場合、注意すべきは「結合する行列の行数・列数」です。rbindで縦に結合する場合、すべての行列は同じ列数に揃えておきます。またcbindを使う場合は、すべての行列を同じ行数に揃える必要があります。結合する行列の行数や列数が異なっているとうまく結合できないので注意してください。

では、実際に行列の結合を使ってみましょう。

リスト3-5-2

```
01  mtx <- matrix(1:9,nrow=3)
02  mtx
03  #結合
04  cbind(mtx, mtx)
05  rbind(mtx, mtx)
```

出力

```
...
> cbind(mtx, mtx)
     [,1] [,2] [,3] [,4] [,5] [,6]
[1,]    1    4    7    1    4    7
[2,]    2    5    8    2    5    8
[3,]    3    6    9    3    6    9
> rbind(mtx, mtx)
     [,1] [,2] [,3]
[1,]    1    4    7
[2,]    2    5    8
[3,]    3    6    9
[4,]    1    4    7
[5,]    2    5    8
[6,]    3    6    9
```

ここでは、1～9の数列を3×3の行列にしたものを変数mtxに用意し、これを縦と横に結合しています。実行すると、結合された行列が出力され、その内容が確認できます。「行数・列数を揃える」という基本さえわかっていれば、行列の結合はそれほど難しくはありません。

行列の削除

では、行列から不要な部分を削除するにはどうするのでしょうか。これは、ベクトルの削除と同じです。すなわち、[]内で削除する行や列のインデックスをマイナスすればいいのです。

書式 指定の行を削除する

```
行列[-インデックス ,]
```

書式 指定の列を削除する

```
行列[, -インデックス]
```

行列ですから、データの削除は行単位か列単位で行うことになります。「縦2, 横3の、この値だけ削除」というようなことはできません。

では、これも利用例をあげましょう。

リスト3-5-3

```
01  mtx <- matrix(1:25,nrow=5)
```

```
02  mtx
03  #削除
04  mtx[-(1:2),]
05  mtx[,-(4:5)]
```

出力

```
> mtx
     [,1] [,2] [,3] [,4] [,5]
[1,]    1    6   11   16   21
[2,]    2    7   12   17   22
[3,]    3    8   13   18   23
[4,]    4    9   14   19   24
[5,]    5   10   15   20   25
> #削除
> mtx[-(1:2),]
     [,1] [,2] [,3] [,4] [,5]
[1,]    3    8   13   18   23
[2,]    4    9   14   19   24
[3,]    5   10   15   20   25
> mtx[,-(4:5)]
     [,1] [,2] [,3]
[1,]    1    6   11
[2,]    2    7   12
[3,]    3    8   13
[4,]    4    9   14
[5,]    5   10   15
```

行列と数値の演算

行列の基本的な扱い方がわかったところで、演算に入りましょう。まずは、行列と数値の演算からです。

行列に数値を四則演算すると、行列の成分ごとにその演算が実行されます。「行列 * 2」とすれば、行列のすべての成分が2倍になります。行列そのものではなく、行列の各成分について演算をするだけなので、これはわかりやすいでしょう。

リスト3-5-4

```
01  mtx <- matrix(1:9,nrow=3)
02  mtx + 10
03  mtx - 10
04  mtx * 2
05  mtx / 2
```

出力

```
> mtx + 10
     [,1] [,2] [,3]
[1,]   11   14   17
[2,]   12   15   18
[3,]   13   16   19
> mtx - 10
     [,1] [,2] [,3]
[1,]   -9   -6   -3
[2,]   -8   -5   -2
```

```
[3,]  -7    -4    -1
> mtx * 2
     [,1] [,2] [,3]
[1,]    2    8   14
[2,]    4   10   16
[3,]    6   12   18
> mtx / 2
     [,1] [,2] [,3]
[1,]  0.5  2.0  3.5
[2,]  1.0  2.5  4.0
[3,]  1.5  3.0  4.5
```

ここでは1〜9の数列をもとに行列を作り、加減乗除を行っています。行列の各成分に値が演算されているのがわかるでしょう。

Rでは、膨大なデータをベクトルや行列としてまとめて処理することがよくあります。このように行列と数値を演算することで、行列内のすべての成分について決まった処理を行えるようになります。

行列の成分を正規化する

行列というと、数学を専攻されている方は、どうしても線形代数などの行列式が思い浮かぶかもしれません。けれどRでは、データの前処理などのために行列を操作することも多々あります。そんなとき、行列と数値の演算は多用されます。

例として、データを正規化するような場合を考えてみましょう。データの正規化（Min-Max normalization）というのは、一般にデータを0〜1の範囲にスケーリングする作業です。このようなときに行列と数値の演算は活用されます。

実際に、ランダムに用意したデータを正規化する処理を見てみましょう。

リスト3-5-5

```
01 mtx <- matrix(sample(1:99, 25), nrow = 5, ncol = 5) ————1
02 mtx
03 res <- (mtx - min(mtx)) / (max(mtx) - min(mtx)) ————2
04 res
```

出力

```
> mtx
     [,1] [,2] [,3] [,4] [,5]
[1,]    7   14    3   16   68
[2,]   87   28    6   61   98
[3,]   18   89   86   11   27
[4,]    5   43   64   31   92
[5,]   50   94   44   32   84
> res <- (mtx - min(mtx)) / (max(mtx) - min(mtx))
> res
            [,1]       [,2]       [,3]       [,4]      [,5]
[1,] 0.04210526 0.1157895 0.00000000 0.13584211 0.5842105
[2,] 0.88421053 0.2631579 0.03157895 0.61052632 1.0000000
[3,] 0.15789474 0.9052632 0.87368421 0.08421053 0.2526316
[4,] 0.02105263 0.4210526 0.64210526 0.29473684 0.9368421
[5,] 0.49473684 0.9578947 0.43157895 0.30526316 0.8526316
```

ここでは、1～99の範囲で25個のランダムな値の行列を作成し（**1**）、それを正規化しています。mtxから正規化された res を作成するのに、行列と数値による演算を行っています（**2**）。正規化は、以下のようにして演算します。

式 データの正規化

```
（行列 － 最小値）/（最大値 － 最小値）
```

（行列 － 最小値）で、行列のすべての成分から最小値を引き、（最大値 － 最小値）で、得られた配列の全成分を最大値から最小値を引いた差分で割ります。これで、正規化された行列が作成されます。ごく簡単な演算ですが、行列と数値がそのまま四則演算できると非常に簡単に処理が行えることがわかるでしょう。

今回のサンプルでは、いくつかの関数を使っています。以下に簡単にまとめておきましょう。

書式 指定した範囲から値をランダムに得る

```
sample(ベクトル, 個数)
```

sample関数は、第1引数で用意したベクトルから第2引数で指定した個数の値をランダムに取り出し、ベクトルにして返します。用意したベクトルから必要なだけ値を取り出していくため、ベクトルの成分数以上の値を取り出そうとするとエラーになります。

このsample関数は、用意したデータからランダムに値を取り出すのに結構多用されますから、ここで使い方を覚えておきましょう。今回は **1** で、1～99の範囲で、25個のランダムな値の行列を作成するのに使いました。

書式 最小値を得る

```
min(行列)
```

書式 最大値を得る

```
max(行列)
```

引数に指定した行列から最小値・最大値を取り出す関数です。これらは行列に限らず、ベクトルでも使えます。今回は **2** で、行列から最小値と最大値を取り出すために使いました。

HINT
なお、Rには正規化のための関数も用意されています。今回の例は、行列と数値の演算の例として考えてください。

行列同士の演算

続いて、行列同士の演算についてです。これも、実は普通の数値などと同様に演算子を使って行うことができます。試してみましょう。

リスト3-6-1

```
01 mtx1 <- matrix(1:4,nrow=2, byrow=TRUE)
02 mtx2 <- matrix(1:4, nrow=2)
03 mtx1
04 mtx2
05 mtx1 + mtx2
06 mtx1 - mtx2
07 mtx1 * mtx2
08 mtx1 / mtx2
```

出力

```
> mtx1
     [,1] [,2]
[1,]    1    2
[2,]    3    4
> mtx2
     [,1] [,2]
[1,]    1    3
[2,]    2    4
> mtx1 + mtx2
     [,1] [,2]
[1,]    2    5
[2,]    5    8
```

```
> mtx1 - mtx2
     [,1] [,2]
[1,]    0   -1
[2,]    1    0
> mtx1 * mtx2
     [,1] [,2]
[1,]    1    6
[2,]    6   16
> mtx1 / mtx2
     [,1]      [,2]
[1,]  1.0 0.6666667
[2,]  1.5 1.0000000
```

ここでは、1～4の数列を元に2つの行列を作成し、その2つを四則演算してみました。見たところ、普通に四則演算の演算子で演算できることがわかります。

しかし、よく見るとちょっと変な結果となっていることに気がつくでしょう。足し算引き算は問題なく行えています。けれど掛け算は？ mtx1 * mtx2 では、行列の掛け算（内積）が正しく得られていないことに気がついた人もいるでしょう。また除算に至っては「そもそも行列に除算なんてあったっけ？」と内心思ったのではないでしょうか。

ありえないような演算も、四則演算子を指定すればそのまま実行してしまいます。これらの演算子は「行列同士の演算」ではなく、単に行列にある同じ位置の成分同士を演算しているにすぎないのです。

行列同士の乗算（内積）

では、問題の乗算と除算について考えていきましょう。まずは乗算です。行列の乗算は、本来は以下のように計算します。

$$\begin{pmatrix} a & b \\ c & d \end{pmatrix} \begin{pmatrix} e & f \\ g & h \end{pmatrix} = \begin{pmatrix} ae+bg & af+bh \\ ce+dg & cf+dh \end{pmatrix}$$

行列A　　　　　行列B　　　　　　　行列Aと行列Bの積

図3-6-1　行列の乗算

行列の乗算（内積）は、＊演算子では正しく得られません。＊演算子では、行列にある同じ位置の成分同士が掛け算されるだけです。

積（内積）を得るには「%*%」という特殊な演算子を利用します。先ほどのmtx1とmtx2について、以下のように実行すれば行列の内積を得られます。

リスト3-6-2

```
01  mtx1 %*% mtx2
```

出力

```
> mtx1 %*% mtx2
     [,1] [,2]
[1,]    5   11
[2,]   11   25
```

これを実行すると、2つの行列の積が表示されます。今度は正しい積の値になっているのがわかります。

HINT

ちなみに外積の演算子も用意されています。%o%という演算子です。

行列の除算（逆行列との積）

続いて、行列の除算です。行列に除算がないことはご存知の通りですね。除算に相当する処理として、逆行列との積を演算することがあります。逆行列は、掛け算の結果が、単位行列（対角成分がすべて1で、それ以外の成分がすべて0の行列。詳しくは後述します）の形になる行列です。

$$\begin{pmatrix} a & b \\ c & d \end{pmatrix} \begin{pmatrix} e & f \\ g & h \end{pmatrix} = \begin{pmatrix} 1 & 0 \\ 0 & 1 \end{pmatrix}$$

行列A　　　　行列Aの逆行列　　　　単位行列

図3-6-2　逆行列との積

逆行列は、「solve」という関数を使って得られます。これは引数に行列を指定して呼び出すだけです。

```
solve(行列)
```

では、逆行列を使って、行列と逆行列の積を演算させてみましょう。先ほどと同様に1～4の数列から2つの行列を作り、それらを使って演算させてみます。

リスト3-6-3

```
01  mtx1 <- matrix(1:4,nrow=2, byrow=TRUE)
02  mtx2 <- matrix(1:4, nrow=2)
03  mtx1
04  mtx2
05  mtx1 %*% solve(mtx2)
06  mtx2 %*% solve(mtx2)
```

出力

```
> mtx1
     [,1] [,2]
[1,]    1    2
[2,]    3    4
> mtx2
     [,1] [,2]
[1,]    1    3
[2,]    2    4
```

```
> mtx1 %*% solve(mtx2)
     [,1] [,2]
[1,]    0  0.5
[2,]   -2  2.5
> mtx2 %*% solve(mtx2)
     [,1] [,2]
[1,]    1    0
[2,]    0    1
```

mtx1とmtx2の2つの行列を作り、mtx1とmtx2の逆行列の積を表示します。また逆行列が正しく作成されているか確認するため、mtx2とmtx2の逆行列の積も表示してあります。結果は単位行列になっているのがわかりますね。ここでは、mtx1 %*% solve(mtx2)というようにして、mtx1とmtx2の逆行列の積を計算しています。これが、いわば行列の「割り算」に相当するものといえるでしょう。

正則行列かどうか調べる

この「逆行列の積」の演算は、逆行列が得られなければ計算することができません。そこで、逆行列が得られるか(つまり正則行列かどうか)をチェックする処理もあげておきましょう。

リスト3-6-4

```
01  holomorphic<- function(mtx) {                    ■1
02    qr <- qr(mtx)
03    qr$rank == dim(mtx)[1]
04  }
05
06  mtx <- matrix(1:4, nrow = 2, ncol = 2) #         ■2
07  mtx
08  result <- holomorphic(mtx)
09  if (result) {
10    solve(mtx)
11  } else {
12    "逆行列は得られません。"
13  }
```

出力

```
> mtx
     [,1] [,2]
[1,]    1    3
[2,]    2    4
> result <- holomorphic(mtx)
...
     [,1] [,2]
[1,]   -2  1.5
[2,]    1 -0.5
```

サンプルでは mtx に行列を用意し、これが正則かどうかをチェックしています。**2** の matrix 関数の内容をいろいろと書き換えて試してみてください。逆行列が得られる場合は、得られた逆行列が出力されます。得られない場合は「逆行列は得られません。」と表示されます。

1 では「qr」という関数で行列をQP分解し、その rank 値が行列のサイズと等しいかチェックしています。QR分解は、行列をQ行列とR行列の積に分解するもので、基本とはいえない高度な処理であるため、ここでは特に触れません。興味ある人はqr関数について調べてみてください。

単位行列と対角行列

この他、行列を扱う際に不可欠となる「単位行列」と「対角行列」についても触れておきましょう。

対角行列とは、対角成分にのみ値があり、その他がすべてゼロの行列のことです。また、その中でも単位成分がすべて1のものを単位行列といいます。

図3-6-3 「単位行列」と「対角行列」

これらの行列は、「diag」という関数を使って作成できます。

書式 対角行列を作成する(1)

```
diag(対角成分の値, 行数, 列数)
```

書式 対角行列を作成する(2)

```
diag(サイズ)
```

diag は、対角行列を作成するための関数です。第1引数には、対角成分に割り当てる値を指定します。これは1つの値だけでなく、ベクトルで複数の値を用意することもできます。ベクトルを使った場合、対角成分の左上から順に値が割り当てられます。残る第2, 3引数には、行列の行数と列数をそれぞれ指定します。

単位行列を作る場合は、サイズを示す値を1つだけ引数に指定しても作ることができます。例えば、diag(3)とすれば3×3の単位行列が作れます。

では、単位行列と対角行列の利用例を見てみましょう。

```
01  mtx1 <- diag(1, 3, 3)
02  mtx2 <- diag(1:3, 3, 3)
03  mtx1
04  mtx2
05  mtx1 %*% mtx2
```

出力

```
> mtx1
     [,1] [,2] [,3]
[1,]    1    0    0
[2,]    0    1    0
[3,]    0    0    1
> mtx2
     [,1] [,2] [,3]
[1,]    1    0    0
[2,]    0    2    0
[3,]    0    0    3
> mtx1 %*% mtx2
     [,1] [,2] [,3]
[1,]    1    0    0
[2,]    0    2    0
[3,]    0    0    3
```

ここではmtx1に単位行列を、またmtx2に対角成分が1〜3の対角行列をそれぞれ作成し、積を演算しています。結果を見ればわかる通り、行列と単位行列の積は常に元の行列と同じになります。単位行列も対角行列もその積も正しく動いていることがわかりますね。

行列の転置

行列の転置とは、行列の行と列を入れ替えることですね。これも専用の関数が用意されています。「t」という関数で、以下のように利用します。

書式 行列の転置（行と列を入れ替える）

```
t(行列)
```

これで簡単に転置ができます。では簡単な利用例をあげておきましょう。

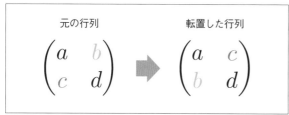

図3-6-4　転置の例

```
01  mtx1 <- matrix(1:9, nrow=3, ncol=3)
02  mtx2 <- t(mtx1)
03  mtx1
04  mtx2
05  mtx1 + mtx2
```

出力

```
> mtx1
     [,1] [,2] [,3]
[1,]    1    4    7
[2,]    2    5    8
[3,]    3    6    9
> mtx2
     [,1] [,2] [,3]
[1,]    1    2    3
[2,]    4    5    6
[3,]    7    8    9
> mtx1 + mtx2
     [,1] [,2] [,3]
[1,]    2    6   10
[2,]    6   10   14
[3,]   10   14   18
```

1～9の数列を元に行列を作り、それを転置した行列との和を演算しています。転置行列はt関数という非常にシンプルなもので簡単に作れるので、使い方を覚えておきたいですね。

Chapter 3-07

その他の行列について

難易度：★★★☆☆

これで基本的な行列の作り方は大体わかりました。それ以外にもさまざまな行列がありますが、これらについては基本的に「matrix関数で作る」と考えてください。では、その他の主な行列について簡単にまとめておきましょう。

反対角行列

反対角行列は、右上から左下への対角成分に値を持ち、それ以外はすべてゼロである行列です。

matrixの第1引数で、反対角行列となるように値をベクトルで用意し、それを元に行列を作成します。つまり、配置する値をどうすれば反対角行列となるか自分で考えるわけで、「反対角行列を作る関数」のようなものはありません。では、反対角行列の利用例をあげておきましょう。

リスト3-7-1

```
01  mtx1 <- matrix(c(0,0,1,0,2,0,3,0,0), nrow = 3, ncol = 3, byrow = TRUE)
02  mtx1
03  mtx2 <-  matrix(c(0,0,1,0,1,0,1,0,0), nrow = 3, ncol = 3, byrow = TRUE)
04  mtx2
05  mtx1 %*%  mtx2
```

出力

```
> mtx1
     [,1] [,2] [,3]
[1,]    0    0    1
[2,]    0    2    0
[3,]    3    0    0
> mtx2
     [,1] [,2] [,3]
[1,]    0    0    1
[2,]    0    1    0
[3,]    1    0    0
> mtx1 %*%  mtx2
     [,1] [,2] [,3]
[1,]    1    0    0
[2,]    0    2    0
[3,]    0    0    3
```

ここでは、反対角成分が1〜3の行列と、すべて1の行列を作成し、それらの積を演算しています。行列はmatrixで作成していますが、その第1引数に以下のようなベクトルが用意されています。

```
c(0,0,1,0,2,0,3,0,0)
c(0,0,1,0,1,0,1,0,0)
```

これで、byrow = TRUE を指定すれば横方向に値が割り振られていき、反対角行列が作成されます。とはいえ、こ

れらのベクトルの成分を見て、瞬時に「これは反対角行列だな」とわかる人はそう多くはないでしょう。よく考えながらベクトルを作るしかありません。

三角行列

三角行列は、対角成分より上または下にのみ値があり、その反対側がすべてゼロの行列です。これも、matrixの第1引数に指定するベクトルによって作成します。実際の例を見てみましょう。

リスト3-7-2

```
01 mtx1 <- matrix(c(1,1,1,0,1,1,0,0,1), nrow = 3, ncol = 3, byrow = TRUE)
02 mtx1
03 mtx2 <-  matrix(c(2,0,0,2,2,0,2,2,2), nrow = 3, ncol = 3, byrow = TRUE)
04 mtx2
05 mtx1 %*%  mtx2
```

出力

```
> mtx1
     [,1] [,2] [,3]
[1,]    1    1    1
[2,]    0    1    1
[3,]    0    0    1
> mtx2
     [,1] [,2] [,3]
[1,]    2    0    0
[2,]    2    2    0
[3,]    2    2    2
> mtx1 %*%  mtx2
     [,1] [,2] [,3]
[1,]    6    4    2
[2,]    4    4    2
[3,]    2    2    2
```

ここでは、成分がすべて1の上三角行列と成分がすべて2の下三角行列を作成し、積を演算しています。

ベクトルの作り方

このように、対角行列など特別なもの以外の行列は、基本的にすべて「ベクトルで用意した成分をもとに作る」というやり方をします。となると、いかにうまくベクトルを作るかが重要になります。
これは、エディタなどで実際に行列を記述し、それを元にベクトルを作成するとよいでしょう。例えば、こんな行列を考えてみます。

```
[ 1, 2, 3,
  2, 1, 2,
  3, 2, 1 ]
```

このように、まずは行列を実際にエディタなどで記述してみます。そして、各行の改行を取り除いて行にまとめます。

```
[ 1, 2, 3, 2, 1, 2, 3, 2, 1 ]
```

こうなれば、もうベクトルデータはできたも同然です。これをc関数の引数に渡すようにすればいいのです。

```
c(1, 2, 3, 2, 1, 2, 3, 2, 1)
```

そして、このベクトルをmatrixの引数に指定して行列を作ります。このとき注意したいのは、「byrow = TRUEを指定する」という点です。こうすることで、ベクトルを横方向に割り当てるようになります。実際に行列を作って確かめてみましょう。

リスト3-7-3

```
01  matrix(c(1, 2, 3, 2, 1, 2, 3, 2, 1), nrow=3, ncol=3, byrow = TRUE)
```

出力

```
> matrix(c(1, 2, 3, 2, 1, 2, 3, 2, 1), nrow=3, ncol=3, byrow = TRUE)
     [,1] [,2] [,3]
[1,]    1    2    3
[2,]    2    1    2
[3,]    3    2    1
```

これで、作ろうと思った通りの行列ができました。あるいは、c関数でベクトルを作成する際、行列の各行に合わせて改行して書いてしまうこともできます。

リスト3-7-4

```
01  val <- c(1, 2, 3,
02            2, 1, 2,
03            3, 2, 1)
04  matrix(val, nrow=3, ncol=3, byrow = TRUE)
```

これなら、格段に行列のもとになるベクトルが見やすくなりますね。Rでは、このように関数の引数を指定するとき、任意の引数の前後で改行して書くことができます。またスペースは無視されるため、このようにスペースで位置を調整することもできます。

その他のデータ型について

これでベクトルと行列という、Rを使う上で重要な値の基本がわかりました。これで十分？　いえ、実はこれら以外にも、多数の値を扱うためのものがRにはいくつか用意されているのです。それは「配列」と「リスト」です。
これらについても簡単に説明しておきましょう。

配列について

配列は、ベクトルを多次元に拡張したもの、と考えてください。ベクトルや行列と異なり、配列は次元数を指定して作成することができます。
配列は、「array」という関数を使って作成します。

書式 配列を作成する

```
array(ベクトル，サイズ情報)
```

第1引数には、データをまとめたベクトルを用意します。そして第2引数は、各次元のサイズをベクトルにまとめたものを用意します。
作成された配列は、ベクトルや行列と同じように扱うこともできます。1次元配列はベクトルと同等扱いになり、2次元配列は行列と同じ扱いになります。値を取り出すときも、[ ]で各次元のインデックス番号を指定すれば得られます。ベクトルや行列と全く変わりありません。
では、簡単な利用例をあげておきましょう。まずは1次元の配列からです。

リスト3-8-1

```
01  arr <- array(1:5, dim = c(5))
02  arr
03  val <- c(5,4,3,2,1)
04  val
05  arr * val
```

出力

```
> arr
[1] 1 2 3 4 5
> val <- c(5,4,3,2,1)
> val
[1] 5 4 3 2 1
> arr * val
[1] 5 8 9 8 5
```

ここではarray関数で1〜5の配列を作成し、c関数で5〜1のベクトルを作成して両者を乗算しています。配列とベクトルがそのまま演算できることがわかります。

続いて、2次元配列です。こちらも行列と演算させてみましょう。

リスト3-8-2

```
01  arr <- array(1:9, dim = c(3,3))
02  arr
03  mtx <- diag(2,3,3)
04  mtx
05  arr %*% mtx
```

出力

```
> arr
     [,1] [,2] [,3]
[1,]    1    4    7
[2,]    2    5    8
[3,]    3    6    9
> mtx <- diag(2,3,3)
> mtx
     [,1] [,2] [,3]
```

```
[1,]    2    0    0
[2,]    0    2    0
[3,]    0    0    2
> arr %*% mtx
     [,1] [,2] [,3]
[1,]    2    8   14
[2,]    4   10   16
[3,]    6   12   18
```

1〜9の数列を元に2次元配列を作り、これと対角成分が2の対角行列との積を求めます。問題なく両者を演算できることがわかります。

このように、配列はベクトルや行列と同じようにデータを扱うことができます。では、行列などを使わず、配列を利用するメリットというのは何でしょうか？　それは、「3次元以上のデータを扱える」という点でしょう。

配列は、dimで用意するサイズを増やしていくことで、何次元のデータでも作ることができます。例えば、3次元の配列を作ってみましょう。

リスト3-8-3

```
01  arr <- array(1:8, dim = c(2,2,2))
02  arr
```

出力

```
> arr
, , 1

     [,1] [,2]
[1,]    1    3
[2,]    2    4

, , 2

     [,1] [,2]
[1,]    5    7
[2,]    6    8
```

ここでは、1〜8の数列を2×2×2の3次元配列にしています。RコンソールやRStudioで実行してみると、2×2のデータが2つ続けて出力されるのがわかるでしょう。これが3次元の表現です。dim = c(2,2,2)とすることで、2×2×2の3次元配列を作成していたのですね。

同様にして、4次元、5次元といった配列も簡単に作ることができます。こうした多次元のデータを扱う際に配列は威力を発揮します。

行列は、実は「2次元配列」？

行列と配列は同じもののように扱えます。というより、実は「同じもの」なのです。Rの行列は、「2次元の配列」なのです。

ベクトル、配列、行列の「クラス」を調べてみましょう。クラスというのは、オブジェクトの種類を示すものです。クラスやオブジェクトについてはこの後で説明するので、ここでは「それがどんな値なのか、種類を調べる」という程度に考えてください。

リスト3-8-4

```
01  val <- c(1,2,3)
02  arr <- array(1:9, dim = c(3,3))
03  mtx <- matrix(1:4, nrow=2, ncol=2)
04  class(val)
05  class(arr)
06  class(mtx)
```

これを実行すると、ベクトル(val)、配列(arr)、行列(mtx)を作成し、そのクラスを表示します。このクラスを調べるのが「class」という関数です。

下の出力を見ると、ベクトルについては"numeric"というクラスになっていますが、配列も行列も、同じ"matrix" "array"という値になっているのがわかります。これは"matrix"と"array"の両方のクラスを持っていることを示しています。つまり、オブジェクトの種類としては、行列も配列も全く同じものだ、ということがわかります。

まだクラスやオブジェクトについて説明していないので、何をしているのかよくわからないかもしれません。ここでは「行列も配列も、値の種類としては同じものだ」ということだけ知っておきましょう。

出力

```
> class(val)
[1] "numeric"
> class(arr)
[1] "matrix" "array"
> class(mtx)
[1] "matrix" "array"
```

リストについて

もう1つ、多数の値を扱うための機能がRにはあります。それは「リスト」です。このリストは「list」という関数を使って作成します。

書式 リストを作成する

```
list(値1, 値2, ……)
```

引数に、保管する値を必要なだけ用意します。これで、それらの値をひとまとめにしたリストが作成されます。

このリストは、ベクトルや配列、行列などと何が違うのか。それは、「異なる型の値を保管できる」という点です。実際の利用例を見てみましょう。

リスト3-8-5

```
01  lst1 <- list("taro",39, FALSE, c("090-999-999","03-333-333"))
02  lst2 <- list("hanako",28,TRUE, c("080-888-888","043-444-444"))
03  lst1
04  lst2
```

出力

```
> lst1
[[1]]
[1] "taro"

[[2]]
[1] 39

[[3]]
[1] FALSE

[[4]]
[1] "090-999-999" "03-333-333"

> lst2
[[1]]
[1] "hanako"

[[2]]
[1] 28

[[3]]
[1] TRUE

[[4]]
[1] "080-888-888" "043-444-444"
```

実行すると、2つのリストを作成して内容を表示します。ここでは、文字、数字、論理値、ベクトルといった値をひとまとめにしたリストを作っています。リストには、このようにどんな種類の値も保管することができます。ベクトルや配列、行列も保管できますし、リストの中にリストを保管することもできます。

リストを使うことで、単純な1次元2次元といったデータでなく、複雑な構造を持ったデータを作成することができるようになります。

名前付きリストについて

リストはさまざまな値が保管でき、複雑な構造を作り出すことができます。このため、「中身がどうなっていて、どんな値が保管されているのか」がわかりにくくなってきます。リストでも、[ ]を使ってインデックス番号で値を取り出すことができますが、「保管されているリストの中のさらに別のリストの中の○○という値」というように構造の奥深くの値を取り出そうとすると、何をどう指定すればいいのかわからなくなってくるでしょう。

そこで、リストではそれぞれの値に「名前」をつけて管理できるようになっています。これは、リストを作成する際、以下のように指定すればいいのです。

```
list(名前1=値1，名前2=値2，……)
```

「名前＝値」というようにして保管する値を用意すると、その名前でリストに保管されます。保管された値は、配列と同じように [ ] を使い、「リスト["名前"]」というようにして取り出せます。この他、「リスト$名前」というように$記号を使って名前を指定して取り出すこともできます。

では実際にどのように利用するのか見てみましょう。

リスト3-8-6

```
01  lst1 <- list(name="taro",
02              age=39,
03              flag=FALSE,
04              tel=c("090-999-999","03-333-333"))
05  lst2 <- list(name="hanako",
06              age=28,
07              flag=TRUE,
08              tel=c("080-888-888","043-444-444"))
09  cat(lst1$name, lst1$age, "\n")
10  cat(lst2$name, lst2$tel, "\n")
```

出力

```
> cat(lst1$name, lst1$age, "\n")
taro 39
> cat(lst2$name, lst2$tel, "\n")
hanako 080-888-888 043-444-444
```

これを実行すると、name、age、flag、telといった名前の値をまとめたリストが2つ作成されます。そしてこれらの中から、必要な値だけを取り出して出力しています。catで出力しているところを見ると、このようになっています。

```
cat(lst1$name, lst1$age, "\n")
cat(lst2$name, lst2$tel, "\n")
```

lst1$nameで、lst1の中にあるnameの文字を取り出せます。lst1$ageではageの数値が得られますし、lst2$telではtelのベクトルが得られます。

このように名前をつけて値を用意することで、リストは複雑な構造のデータをよりわかりやすくまとめることができるようになります。この先、学習を進める中でさまざまな「複雑な値」が登場しますが、それらはこのリストをベースにして作られているのが一般的です。ですから、リストがどんなものでどう使うのか、基礎的な知識ぐらいはここで身につけておきましょう。

「型」と「クラス」について

すべての値は「オブジェクト」

これで、ベクトル、行列、配列、リストといった値の扱いについて説明しました。これらは、多数の値をまとめて管理する際の基本となるものです。これ以外にもRにはさまざまな値が使われているのですが、こうしてどんどん使う値の種類が増えてくると、何がどうなっているのかわからなくなってくることでしょう。そこで最後に、Rの値が持つ複雑な仕組みについて触れておきましょう。

Rの値というのは、実は非常に複雑な仕組みを持っています。Rでは、すべての値は「オブジェクト」として用意されています。

オブジェクトというのは、さまざまな値や機能を構造的に持つことのできるもののことです。例えばある特定の事柄について、必要となるたくさんの値を保管したり、それを処理するための機能を用意したりすることはよくあるでしょう。こうしたものを別々の変数などに入れておくと管理するのも大変ですね。それらをすべてひとまとめにして扱えるようにできればずいぶんと便利です。こうした考えから「オブジェクト」というものが作られました。

Rでは、1や100のような数字から、"Hello"といったテキストまで、さまざまな値が使われています。これらの値は、実はすべてオブジェクトなのです。

オブジェクトは、その内部にはさまざまな情報を持っています。100といった、ただの数字であっても、そのさまざまは100という値以外の情報が保管されているのです。値によって、保管されている情報は様々ですが、どんな値であっても必ず持っている情報があります。それは「型」と「クラス」です。

「クラス」はデータ構造を表すもの

「型」についてはすでに説明をしましたね。その値の種類を示すものでした。整数の値ならinteger、実数ならdouble、文字ならcharacter、それが値の型でした。

この型とは別に用意されているのが「クラス」です。クラスは、値の「データ構造」を表すものです。データ構造というのは、すでにベクトルのところで触れましたが、さまざまな種類のデータを構造的に管理するためのものです。

クラスは、独自のデータ構造を定義するものです。複雑なデータを1つの値として扱えるようにしたいとき、Rではクラスを使ってデータの構造などを定義すれば、そのクラスのオブジェクトとして作成し利用できるようになります。

Rには、最初からたくさんのクラスが組み込まれていますし、必要に応じて独自にクラスを定義して使うこともできます。

型とクラスを調べる

ちょっと整理しましょう。Rには、さまざまな値が使われます。これらの値は「型」と「クラス」の情報が保管されています。これらは関数を使って簡単に調べることができます。

書式 型を調べる

```
typeof(値)
```

書式 クラスを調べる

```
class(値)
```

これで、値の型とクラスを調べることができます。実際に、値を作って型とクラスがどうなっているか確かめてみましょう。

リスト3-9-1

```
01  v <- 100
02  typeof(v)
03  class(v)
```

これを実行すると、変数vに100を代入し、その型とクラスを表示します。実行すると、以下のように出力されるのがわかるでしょう。

出力

```
> v <- 100
> typeof(v)
[1] "double"
> class(v)
[1] "numeric"
```

typeof(v)で調べた型は「double」となっています。これはわかりますね。では、class(v)は？　こちらは「numeric」となっています。100という値は、numericというクラスのオブジェクトであることがわかります。

このように、すべての値には「型」と「クラス」という2つの性質が用意されているのです。これは基本の型の値だけでなく、データ構造(ベクトルや行列など)についても同様です。

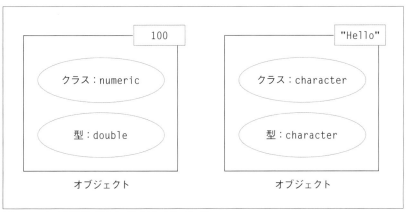

図3-9-1　すべての値は「型」と「クラス」を持っている

```
01  v <- matrix(1:25,nrow=5)
02  typeof(v)
03  class(v)
```

出力

```
> typeof(v)
[1] "integer"
> class(v)
[1] "matrix" "array"
```

これを実行すると、型が「integer」、クラスが「matrix array」と表示されます。この行列では、保管される値の型がinteger（整数型）であり、行列のクラスとしてmatrixとarrayという2つのデータ構造のクラスが設定されていることがわかります（matrixは行列のクラス、arrayは配列のクラスです。Rの行列は、この2つのクラスを持つような仕様になっています）。

型？ クラス？

「型」と「クラス」というのは、初めてRを使った人にはかなり飲み込みにくい概念でしょう。「型」だけならば、多くの人はわかるはずです。「値の種類のことだ」と。しかし、これに「クラス」という別の種類を表すものが出てきて、その違いがよくわからなかったかもしれません。

前章で数値やテキストなどの値を扱ったとき、それぞれの値と「型」の関係はよくわかったのではないでしょうか。「整数ならinteger、実数ならdouble、テキストはcharacter」という具合に、値と型は直結していました。

しかし、この章で取り上げたデータ構造について考えてみてください。そんなにシンプルには値の内容を言い表せないことに気がつくはずです。ベクトルは、多数の値を管理します。では、そこに保管されている値の型は？　ベクトルは1次元、行列は2次元の値を管理しますが、両者の違いはどう表せばいいでしょう？　ベクトルもリストも1次元のデータですが、種類の違いはどうなっているんでしょう？

こうしたことを考えたら、「そこに保管されている値の型」とは別に、「データ構造を表すもの」が必要なことがわかってくるはずです。これが、「クラス」なのです。

クラスは「データの構造を表す名前」であり、型は「保管されている値の種類」を示すもの。データ構造という複雑な値を扱うようになると、この2つの値が用意されている意味が少しずつわかってくるでしょう。

データフレームと
データアクセス

この章のポイント

・データフレーム（data.frame）の基本的な使い方を覚えよう。
・外部のファイルからデータを読み込み利用できるようになろう。
・quakesデータセットを使ってデータ操作の基本を理解しよう。

データフレームを作成する

多量のデータを扱うときに使う「データフレーム」

前章で、ベクトルと行列という、もっとも重要な値について説明をしました。また配列とリストについても簡単ですが触れましたね。これで多量のデータを扱う複雑な構造のデータは完璧に扱える、と思ったことでしょう。

しかし、実はそうではありません。Rでは、多量のデータを扱う場合、これらの基本的なオブジェクトとは別のものを使うことが多いのです。それは「データフレーム」と呼ばれるオブジェクトです。

データフレームは、2次元のデータを管理するものです。行列と同じように、列と行があり、列に保管する各項目が、行にデータがそれぞれ用意されていきます。スプレッドシートでデータを管理するのと同じようなイメージで考えるとよいでしょう。

では、なぜデータを扱うのに、行列でも配列でもなく、データフレームが使われることが多いのでしょうか。それは、データフレームが「列ごとに異なる型の値を保管できる」からです。

2次元配列や行列は、すべて同じ型の値を管理します。リストは異なる型の値を保管できますが、自由すぎて「決まった形式で構造化されたデータを扱う」のには向きません。異なる型が含まれる構造化データを扱うには、データフレームが最適なのです。

	名前	メール	年齢
データ1	たろう	taro@yamada	39
データ2	花子	hanako@flower	28
データ3	サチコ	sachiko@happy	17

図4-1-1　データフレームは、列と行からなる。行列と異なり、列ごとに異なる型の値を保管できる

データフレームは「リストの配列」

データフレームがどういうものか、すでに皆さんが知っている値を使って説明するならばこのようになるでしょう。

「リストを値に持つ配列」

データフレームでは、保管される1つ1つのデータは「リスト」として用意されます。そのリストの値を配列のように多数まとめて管理する、それがデータフレームなのです。

ただし、ただの「リストの配列」ではありません。データフレームでは、保管されているすべてのリストは同じ構造（同じ項目からなるリスト）になります。内容の異なるリストを保管することはできません。

この「保管されているリストの構造がすべて同じであることが保証されている」というのがデータフレームの大きな特徴なのです。

data.frame関数を使う

データフレームは、「data.frame」という関数を使って作成します。これは以下のように利用します。

書式 データフレームを作成する

```
data.frame(列1=値1, 列2=値2, ……)
```

( )内には、データの列名と、その列の成分をイコールでつなげて記述していきます。列名は、テキストとして指定します。また列に用意する値は、通常複数のものが用意されることになるためベクトルか配列を使うことになるでしょう。では、実際に簡単なデータフレームを作り、表示してみましょう。

リスト4-1-1

```
01  data <- data.frame(
02    id = 1:5,
03    name = c("taro","hanako","sachiko","jiro","mami"),
04    score = c(98,76,54,56,78),
05    flag = c(T, F, F, T, F)
06  )
07  data
```

出力

```
> data
  id    name score  flag
1  1    taro    98  TRUE
2  2  hanako    76 FALSE
3  3 sachiko    54 FALSE
4  4    jiro    56  TRUE
5  5    mami    78 FALSE
```

ここでは、id、name、score、flagといった列からなるデータフレームを作成しています。このデータフレームには、4つの列で構成されているデータが上記のように保管されています。

見ればわかるように、整数、テキスト、実数、論理値といった全く型の異なる値で構成されたデータが複数個保管されています。このようなデータ構造のものは、行列や配列ではうまく扱えないことが想像できるでしょう。

データフレームのポイント

データフレームは、多数のデータを管理する非常にパワフルなオブジェクトです。利用の際には注意すべき点があります。それは、「各列の成分の数を揃えること」です。

データフレームでは、data.frame関数で列ごとに値をまとめて設定します。これが曲者です。データ単位（行単位）ではなく、列単位でデータを用意するため、本来ならばひとまとめになっているはずのデータの値を列ごとに分けて設定することになります。このため、列ごとのデータが正確に用意できていないと作成に失敗することがあるのです。

行データでデータフレームを作る

このように「列ごとにデータを用意してデータフレームを作る」というのは、すでにデータが完成していればいいのですが、「その場でデータを手入力していく」というような場合には向かないでしょう。このような場合、行データを引数に用意してデータフレームを作成することも実は可能です。

データフレームでは、列ごとに異なる型を指定できます。ということは、行ごとのデータは、どのように用意すればいいでしょうか。ベクトルや行列ではいけないことはわかるでしょう。列の名前と、列ごとに異なる値を用意しておけるものがRにはありました。そう、名前付きリストです！

data.frame関数の引数に名前付きリストを用意すると、そのリストを行データとしてデータフレームを作成してくれます。試してみましょう。

リスト4-1-2

```
01  data <- data.frame(
02    list(id=1L,name="タロー",score=123,flag=T)
03  )
04  data
```

出力

```
> data
  id   name score flag
1  1 タロー   123 TRUE
```

これを実行すると、1行だけのデータフレームが作成されます。各列には、id、name、score、flagと列名が指定され、それぞれ列ごとに異なる型の値が保管できています。データフレームは「リストを管理する行列」のようなものですから、こんな具合にデータの構造がわかるようなリストを1つ用意しておけば、それだけでデータフレームを作れるのです。

すでにデータが完成しているのではなく、その場で1行ずつデータを追加していくような場合には、このようにリストを使って1行だけのデータフレームを作り、そこにデータを追加していくとよいでしょう。

データフレームを操作する

行の追加

作成されたデータフレームは、行列などと同じように必要に応じてデータを取り出したり、行や列を追加したり削除したりすることができます。こうしたデータフレームの基本操作を一通り頭に入れておきましょう。

まずは、「行の追加」からです。データフレームでは、データは行単位で管理されます。新しいデータを追加したいときは、それを新しい行としてフレームに追加することになります。

行の追加は、「rbind」関数を利用します。rbind関数は、すでに前章で登場しましたね（P.078参照）。2つの行列を縦方向に結合するものでした。この関数は、データフレームでも同じように利用できます。

書式 ベクトルを行データとして行列にまとめる

```
rbind(データフレーム，データ)
```

このように実行すると、データフレームの最後に第2引数のデータを結合して新たなデータフレームを作成します。

この第2引数には、データフレームやリストを用意できます。複数のデータをまとめたものを追加したければ、それらをデータフレームにまとめて結合するとよいでしょう。また1行のデータを追加するだけなら、データをリストにして結合すれば簡単に追加できます。

では、実際の利用例をあげておきましょう。

リスト4-2-1

```
01  data <- data.frame(
02    list(id=1,name="タロー",score=123,flag=T)          ■1
03  )
04  data
05  data <- rbind(data, list(id=2,name="ハナコ",score=456,flag=F))    ┐
06  data <- rbind(data, list(id=3,name="サチコ",score=789,flag=T))    ┘ ■2
07  data
```

出力

```
> data
  id    name score flag
1  1 タロー   123 TRUE
……略……
> data
  id    name score  flag
1  1 タロー   123  TRUE
2  2 ハナコ   456 FALSE
3  3 サチコ   789  TRUE
```

これを実行すると、最初に「タロー」というnameのデータを1つだけ持つデータフレームが作られます。これに

rbindで「ハナコ」と「サチコ」を追加し、3行のデータからなるデータフレームを作成しています。
rbind関数を見ると、以下のようなリストを第2引数に指定しているのがわかります（**2**）。

```
list(id=2,name="ハナコ",score=456,flag=F)
list(id=3,name="サチコ",score=789,flag=T)
```

list関数で、id、name、score、flagといった値を持つリストを作っていますね。これは、見ればわかりますが、
data変数のデータフレームにある列（**1**）と同じものです。このように、データフレームと同じ項目を持つリストを
用意し、それをrbindでデータフレームと結合すれば、データを追加できます。

インデックスを指定して追加する

データの追加は、実はもっと違うやり方でも行えます。それは、「データフレームの最後にリストを追加する」という
方法です。
データフレームは、行列などと同じように [ ] でインデックスを指定してデータの取得や変更が行えます。そこで、デー
タフレームの行数を調べ、その下のインデックス（まだデータがない行）にリストを代入してしまえば、データを追加
できます。
これもやってみましょう。先ほどの**リスト4-2-1**が実行された状態で、さらに以下のリストを実行してみましょう。

リスト4-2-2

```
01  last <- dim(data)[1] + 1
02  data[last,] <- list(last,"新規の名前",99,T)
03  data
```

出力

```
> data
  id       name score  flag
1  1     タロー   123  TRUE
2  2     ハナコ   456 FALSE
3  3     サチコ   789  TRUE
4  4 新規の名前    99  TRUE
```

これを実行すると、データフレームの最後に「新規の名前」というnameの項目が1つ追加されるのがわかるでしょう。
ここでは、まずデータフレームdataのサイズを調べ、行数＋1の値を調べて変数に取り出しておきます。

```
last <- dim(data)[1] + 1
```

dim関数では、行列の行数と列数がベクトル値として返されます（**P.081参照**）。そこから[1]の値を取り出せば、
dataの行数がわかります。それに1を足して、一番下の行のさらに下の行番号を取り出します。
この行に、データをリストにして代入すれば、一番下にデータを追加することができます。

```
data[last,] <- list(last,"新規の名前",99,T)
```

これでdataのlast行目に新しいリストをデータとして追加できました。こちらのやり方だと、rbindのように新たにデータフレームを作成することもなく、すでにあるデータフレームにダイレクトに値を書き加えることができます。なお、ここでは引数の名前を省略してlistを呼び出していますね。引数の値の順番が正しい順になっているなら、このように引数の名前を省略して呼び出しても問題なくリストを作ってデータフレームに追加できます。

行数と列数

なお、ここではdim関数でデータフレームのサイズを調べていますが、単に行数や列数だけを知りたいなら「nrow」「ncol」という関数も用意されています。

書式 列数を調べる

```
ncol(データフレーム)
```

書式 行数を調べる

```
nrow(データフレーム)
```

データフレームのデータ数を知りたいときなどは、dimから取り出すよりもnrowを使ったほうが簡単です。こちらも合わせて覚えておくとよいでしょう。

列の追加

行データの追加ができるなら、列の追加もできるはずですね。こちらは「cbind」関数を使って行えます。

書式 ベクトルを列データとして行列にまとめる

```
cbind(データフレーム,列名=ベクトル)
```

引数には、元になるデータフレームと、追加する列の名前と追加データをベクトルにまとめたものを設定しておきます。元になるデータフレームに列を追加するので、すでにデータフレームに保管されている行データの数だけベクトルに値を用意する必要があります。

では、例をあげておきましょう。

リスト4-2-3

```
01  data <- cbind(data, list("email" = c("taro@yamada","hanako@flower","sachiko@happy",
                                          "new@peson")))
02  data
```

出力

```
> data
  id      name score  flag           email
1  1     タロー   123  TRUE    taro@yamada
2  2     ハナコ   456 FALSE hanako@flower
3  3     サチコ   789  TRUE sachiko@happy
4  4 新規の名前    99  TRUE      new@peson
```

109

ここでは、新たに「email」という列を追加しています。今回の**リスト4-2-3**は、**リスト4-2-2**が実行され、4つの行データがdataデータフレームに保管されている状態を前提にしてあります。行データ数が違っていると、ここでdata.frameの"email"に用意している値の数を調整しなければうまく列を追加することができなくなるので注意してください。

ここでは、emailという名前の値を持つリストを用意し、これをcbindでデータフレームに追加しています。emailには、c関数で行データと同じ数のメールアドレスの値をベクトルにまとめたものを用意してあります。これで、このリストが新しい列としてデータフレームに追加されます。

行データの削除

データフレームにデータを追加することはできるようになりました。では、不要なデータを削除するにはどうすればいいでしょうか。

これも、実はすでにやっています。データフレームでは、各行のデータは [ ] を使って指定し取り出すことができました。このとき、マイナスの値を指定すると、そのインデックスの値を取り除くことができましたね。

例えば、data[-1,]とすると、dataの中から1行目のデータを取り除いたものを得ることができます。これを使えば、不要なデータを取り除くことができます。

では、ここまで作成したdataから、最後に追加した「新規の項目」というデータを削除してみましょう。

リスト4-2-4

```
01  lastrow <- dim(data)[1]
02  data <- data[-lastrow,]
03  data
```

出力

```
> data
  id  name score  flag         email
1  1 タロー   123  TRUE   taro@yamada
2  2 ハナコ   456 FALSE hanako@flower
3  3 サチコ   789  TRUE sachiko@happy
```

実行すると、一番最後の行データを取り除いたものが表示されます。ここでは、dim(data)でdataのサイズを取得し、その[1]を指定して行数を変数lastrowに取り出しています。そして、data[-lastrow,]というようにして、lastrowの行を削除したものをdataに代入しています。

[ ]での値の指定については、前章でベクトルや行列を使った際にもいろいろと試しました。データフレームでも、[ ] を使って行や列を指定する方法は行列などと全く同じです。従って、[ ] でインデックスを指定して特定の行や列だけを取り出すやり方も、データフレームでそのまま使うことができるのです。

データの取得

この [ ] で特定の行を指定する方法がわかっていれば、データの中から特定のものだけを取り出すことも簡単に行えるようになります。

例えば、nameで名前を指定してデータを取り出したり、scoreの値を調べて一定の値以上のものを取り出したりしてみましょう。

リスト4-3-1

```
01  data[data$name == "ハナコ",]
02  data[data$score > 200,]
```

出力

```
> data[data$name == "ハナコ",]
  id   name score   flag          email
2  2 ハナコ   456 FALSE hanako@flower
> data[data$score > 200,]
  id   name score   flag          email
2  2 ハナコ   456 FALSE hanako@flower
3  3 サチコ   789  TRUE sachiko@happy
```

ここでは、dataの中から、nameの値がハナコのもの、そしてscoreの値が200より大きいものを検索し表示しています。[ ]内で行のインデックスとして指定している式を見てください。

```
data$name == "ハナコ"
data$score > 200
```

dataデータフレームには、id、name、score、flag、emailといった列が用意されています。これらの列は、リストと同様に「データフレーム$列名」という形で指定することができます。data$name == "ハナコ"という式は、dataデータフレームのnameの値がハナコであることを示しています。またdata$score > 200は、dataデータフレームのscoreの値が200より大きいことを示します。こうすることで、指定した式の値がTRUEとなる行だけがピックアップされ取り出されたのです。

[ ]のインデックスは、数値で指定するだけでなく、取り出す行のインデックスをベクトルにまとめて指定したり、結果が論理値で得られる式で指定することができます。

subsetによるデータの絞り込み

データの抽出には、「subset」という関数を利用する方法もあります。これはデータフレームから特定の条件に合う行データだけを抜き出すもので、以下のように利用します。

```
subset(データ, 条件)
```

第1引数にデータフレームなどのデータを用意し、第2引数に条件となるもの(論理値で表せる式など)を用意します。
では、実際に使ってみましょう。

リスト4-3-2

```
01  subset(data,flag)
02  subset(data, id< 2)
```

出力

```
> subset(data,flag)
  id   name score flag          email
1  1 タロー    123 TRUE    taro@yamada
3  3 サチコ    789 TRUE sachiko@happy
> subset(data, id< 2)
  id   name score flag          email
1  1 タロー    123 TRUE taro@yamada
```

これを実行すると、dataからflagの値がTRUEのものだけと、id ＜ 2のもの(つまり、idが1のもの)だけを取り
出して表示します。dataの[]の指定を利用しても同じように取り出せますが、subset関数のほうが感覚的にわか
りやすいでしょう。[]では、行と列のインデックスを指定する必要があり、例えば片方の指定を忘れたり、行と列を
逆に書いてしまったり、というようなトラブルも起こりえますが、subsetなら指定した値に応じた行データだけが取
り出せます。

データの抽出法は他にもいくつかありますが、とりあえず[]を使ったやり方とsubset関数による方法は、「データ
抽出の基本」として覚えておきましょう。

COLUMN

flagがFALSEのときはどうする?

先ほどあげた例で、flagがTRUEのものを取り出すにはsubset(data, flag)とすればいいことがわかり
ました。では、flagがFALSEのものを取り出すときはどうすればいいでしょう?
これは、flagの手前に「!」をつけることで取り出せます。!は、論理値を逆にする演算子です。つまり
TRUEのものはFALSEに、FALSEのものはTRUEにします。
あるいは、こんな具合に書いても同じようにFALSEのものを取り出せます。

```
subset(data,flag == FALSE)
```

2番目の引数に指定できるのは論理値の値だけでなく「結果が論理値になる式」も利用できる、ということ
を忘れないでください。「条件の式を書く」ということをきちんと理解できれば、どんな値を取り出すことも
できるようになります。

---

sampleによるサンプルデータの生成

データをどう準備すべきか

基本的なデータフレームの使い方がわかってきたところで、「データの準備」について考えてみることにしましょう。Rは、データの分析などのために利用することが非常に多い言語です。そのためには、「分析するデータの扱い」についても理解しておく必要があります。

Rでデータを処理する場合、対象となるデータをどのように用意すればいいでしょうか。もちろん、これまでやったようにdata.frame関数を使ってデータをc関数でまとめて記述していってもいいのですが、こうした手作業による入力はデータ数がある程度少ない場合にのみ有効です。例えば数万件のデータがあった場合、それらをすべてdata.frame関数にベクトルとして記述するのはほとんど不可能でしょう。

となると、「データをどうやって用意するか」をきちんと考えておかないといけません。Rでデータを利用する場合、用意する方法はだいたい以下のいずれかになるでしょう。

● **ダミーのデータをその場で生成する**
● **ファイルからデータをロードする**
● **配布されているデータセットを利用する**

これらについて、順に説明をしていくことにしましょう。

sample関数による無作為抽出

まずはダミーデータの生成からです。これは「sample」関数を利用します。sampleは、すでに使ったことがありますね（P.085参照）。ベクトルなどの多数のデータからいくつかのものをランダムに取り出すものでした。

書式 指定した範囲から値をランダムに得る

```
sample(データ, 個数)
```

このように呼び出します。第1引数には、数列やベクトルなど多数の値をまとめたものを用意します。そして第2引数に、そこから取り出す値の数を指定します。

これで必要な値は用意できますが、この他にもオプションとして以下のような引数を用意できます。

sample関数の引数オプション

replace	値の重複を許可するかどうかを指定します。 デフォルトではFALSEになっており、同じ値を複数取り出さないようになっています。TRUEにすると、値の重複を許可します。
prob	値を取り出す確率を指定します。 第1引数に用意したデータ1つ1つが取り出される確率を0～1の実数で指定します。値は、第1引数に用意したデータと同じ数の値をベクトルなどで用意します。

replaceは、例えばサイコロのダミーデータとして1〜6の数字をランダムに100個用意する、というようなときに必要となります。デフォルトでは重複が許可されていないため、1:6からは最大6個しか値は取り出せませんが、replace=TRUEにすることでいくつでも値を生成できるようになります。

probは、元データの1つ1つについて確率を指定するため、元になるデータ数がそれほど多くない場合に利用するものと考えるとよいでしょう。では、実際にsampleを利用してダミーデータを作成する例をあげておきましょう。

リスト4-4-1

```
01  data <- data.frame(
02    name=letters[1:20],
03    x=sample(1:99,20)
04  )
05  data
```

出力（出力は毎回異なります）

```
> data
   name  x
1     a 20
2     b  8
3     c 93
4     d 64
5     e 39
……略……
19    s 50
20    t 61
```

ここでは、nameという列にa〜tのアルファベットを順に指定し、xという列に1〜99からランダムに取り出した値を指定したデータフレームを作成しています。ここでは、アルファベットをaから順に取り出すのに「letters」という値を利用しています。lettersは、a〜zのアルファベットをまとめたもので、[]でインデックスを指定することで任意のアルファベットを取り出せます。ランダムなテキスト値を用意したいようなときに便利なので、ここで覚えておきましょう。

乱数の作成

ダミーデータを作成するとき、知っておきたいのが「乱数の作成」方法です。sampleでもランダムなデータを作成できますが、あくまで用意されているデータから値を選ぶというものでした。完全にランダムに値を生成するには、そのための関数を覚えておく必要があります。

書式 0〜1の乱数（実数）を作成する

```
runif(個数)
```

書式 正規分布に従った乱数を作成する

```
rnorm(個数, mean = 平均, sd = 標準偏差)
```

もっとも簡単な乱数作成は「runif」関数を使ったものです。これは引数に個数を指定すると、その数だけ0〜1間の実数をランダムに生成し、ベクトルにまとめて返します。1つだけでなく、必要に応じて多数の乱数を一度に生成できるのがいいですね。

もう1つのrnormは、正規分布をもとに乱数を作成するものです。正規分布というのは、平均と標準偏差をもとに作られる確率分布です（「8-02 正規分布について」参照）。rnormは、この正規分布に沿って乱数が作られます。実社会におけるデータの多くは正規分布にそった形をしていますから、そうしたデータのダミーを用意したいときは、完全な乱数よりrnormによる乱数のほうがより本物らしい分布のデータを作れることが多いのです。

このrnormの引数は3つあり、個数、平均、標準偏差になります。平均と標準偏差は省略でき、その場合は標準正規分布に従って乱数が作成されます。

ランダムなデータを作る

では、先ほどのsampleによるデータに乱数のデータも追加してみましょう。以下のスクリプトを実行してみてください。なお、ここでは乱数を利用しているため、実行して作成されるdataの内容は同じにはなりません。

リスト4-4-2

```
01  data <- data.frame(
02    name=letters[1:20],
03    x=sample(1:99,20),
04    y=as.integer(runif(20) * 99 * 10) / 10,
05    z=as.integer(rnorm(20, 50, 10) * 10) / 10
06  )
07  data
```

出力 （出力は毎回異なります）

```
> data
   name  x    y    z
1     a 65 97.4 58.1
2     b 57 59.1 56.7
3     c  6 16.3 65.3
4     d 33 66.9 56.8
5     e  3 12.2 40.6
……略……
19    s 73 27.7 62.0
20    t 49 49.9 55.9
```

これを実行すると、name、x、y、zという4列×20行のダミーデータが作成されます。xは1～99からランダムに取り出した整数ですが、yとzはそれぞれrunifとrnormを使ってランダムなデータを生成しています。yとzを見ると、0～1の実数ではなく、「0～99までの実数で、小数点以下1桁に丸めたもの」になっていることがわかるでしょう。

乱数を発生させる関数は、Rには多数のものが用意されていますが、それらをただ呼び出すだけで望んだデータが作れるとは限りません。生成された乱数をうまく加工して希望通りのデータを用意する必要があるでしょう。

まず、yのデータを見てください。ここでは0～99の乱数を作っています。これはどうすれば作れるのか？　答えは簡単です。「runif関数に99を掛け算」すればいいのです。単純ですね。

ただし、99を掛けて作成されるデータは実数ですから、12.34567……といった細かな端数がついた状態です。この端数を切り捨てて整数の値だけを取り出すには、「as.integer」という関数を使います。

書式 端数を切り捨てて整数にする

```
as.integer(実数)
```

このように呼び出すことで、引数に指定した実数の整数値を取り出せます。

では、「小数点以下1桁まで取り出したい」というときはどうすればいいのでしょうか？　as.integerに小数点以下の桁数を指定する機能などはありません。

これは、実は簡単です。小数点以下1桁まで取り出したいなら、「値を10倍してas.integerで整数を取り出し、10で割る」のです。例えば、「12.34」というという値があったとしましょう。すると、このようになります。

```
元の値 …………… 12.34
10倍する ………… 123.4
整数を取り出す … 123
10で割る ………… 12.3
```

どうです？　ちゃんと小数点以下1桁の値が取り出せましたね！　同様に、小数点以下2桁なら、100倍してas.integerし100で割れば得られますね。こんな具合に、実数の値から特定の桁までを取り出したいときは、「10の累乗をかけて整数化し、同じ値で割る」ことで得られます。

zのデータのほうは、rnormを使って平均50、標準偏差10のデータを20個作成しています。作成されるデータはおよそ40から60の間の実数で、63.12139…など、やはり細かな端数がついた状態なので、yと同じように10倍してas.integerで整数を取り出し、10で割っています。

指定の桁まで得る関数

「いちいち掛けたり割ったりするのは面倒くさい」あるいは「これだと切り捨てになる。四捨五入はできないのか？」と思った人。そういうときは、専用の関数を使うことになるでしょう。便利なものを2つ紹介しておきましょう。

書式 実数を指定した桁で丸める
```
round(実数, 桁数)
```

書式 指定した桁にフォーマットする
```
format(値, digit=桁数)
```

「round」は、実数の丸めに関する関数です。これは、四捨五入とは微妙に異なります（後述）が、四捨五入と同じ感覚で使えます。第2引数で、小数点以下何桁で丸めるかを指定できます。round関数については、下のコラムも参照してください。

「format」は値の丸めではなく、値を決まった形式に整形するためのものです。これは数値だけでなく、日付などの整形にも使われます。実数を指定した桁にする場合はdigitというオプションを使います。これは小数点以下の桁数ではなく、数値全体の桁数を指定します。

このformatは、値を整形するものなので、得られる値はテキスト（文字型）になります。決まった桁数で値を表示するような場合に使えます。演算の中では使わないようにしてください。

COLUMN

四捨五入と偶数丸め

Chapter 4-04の最後で紹介したround関数は値を指定の桁で丸めるものですが、「四捨五入」ではありません。四捨五入は「4までは切り捨て、5からは切り上げ」とするものですが、この方式は多数のデータで行うと誤差が蓄積されていってしまいます。そこでコンピュータでデータを処理するようなときには「偶数丸め」を使うのが一般的です。

偶数丸めは、5の扱いを「丸める上の桁が偶数の値になるよう処理する」ものです。例えば、1.5や2.5ならば2になり、3.5や4.5では4になります。この方式では多数のデータを丸めても誤差の蓄積がほとんどありません。この偶数丸めをするのが、round関数なのです。この関数と同じものは多くのプログラミング言語に用意されており、実質的に四捨五入のための関数となっています。

テキストファイルの利用

| 難易度：★★★☆☆ |

ダミーのデータではなく、実際に用意されているデータを利用する場合を考えてみましょう。この場合、もっともよく使うのは「テキストファイル」でしょう。

テキストファイルからテキストを読み込んで利用するには、「readLines」という関数を利用します。これは以下のように呼び出します。

書式 テキストファイルからテキストを読み込む

```
readLines(ファイルパス)
```

この関数は、ファイルからテキストを読み込み、行単位で分割したベクトルとして値を取り出します。読み込むファイルは、ドキュメントフォルダ(macOSであれば、ホームディレクトリ内にある「Documents」フォルダ)から検索します。例えば単に"sample.txt"と引数にファイル名を指定すると、ドキュメントフォルダにあるsample.txtを開いて読み込みます。readLinesの引数については、P.126のコラムも参照してください。

オプションとして「encoding」という引数を持っており、これでテキストエンコーディング方式を設定できます。一般的なエンコーディング(半角英数字ならtatin1、その他の文字を含むならUTF-8)でエンコーディングされているファイルならこのオプションは不要です。

ファイルへの出力

ファイルからの読み込みが行えるなら、もちろんファイルに保存する関数も用意されています。これは「writeLines」という関数で、以下のように使います。

書式 ファイルに保存する

```
writeLines(ベクトル, ファイルパス)
```

このwriteLines関数は、テキストのベクトルをファイルに出力するものです。第1引数には、保存したいテキストをベクトルにまとめたものを用意します。そして第2引数に、出力するファイルのパスをテキストで用意します。これもreadLinesと同様、ホームディレクトリにあるドキュメントフォルダが作業フォルダに指定されており、例えば"sample.txt"とファイル名を指定したなら、ドキュメントフォルダの中にsample.txtというファイルとしてテキストを保存します。これはファイル名だけでなく、パスを使って指定することもできます。例えば、'/Desktop/sample.txt'とすれば、ホームディレクトリのDesktopフォルダにあるsample.txtを指定できます。あるいは'/Users/ユーザ名/Desktop/sample.txt'というようにフルパスで指定することもできます。

ベクトルの各値は、改行コードを間に挟んで書き出されます。各値の区切りに使う文字は、「sep」というオプションで指定できます。例えば、sep = ','とすれば、ベクトルの各値をカンマで区切って書き出します。

テキストファイルを読み込む

では、実際にテキストファイルを利用してみましょう。まず、テキストファイルを用意します。適当なテキストエディタ(Windowsならば「メモ帳」、macOSなら「テキストエディット」など)を開き、テキストを記述してください。ここでは、以下のようなテキストをサンプルに書いておきました。

リスト4-5-1

```
This is test file.
これはテスト用テキストファイルです。
サンプルにテキストを用意します。
```

記述したら、「sample.txt」という名前でドキュメントフォルダ(ユーザー名のフォルダ内にある「ドキュメント」あるいは「Documents」という名前のフォルダ)にファイルを保存しておきましょう。

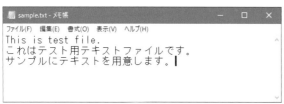

図4-5-1　テキストエディタでテキストを記述し、「sample.txt」という名前で保存する

このファイルをスクリプトで読み込んでみます。以下の左のようにスクリプトを記述し、実行してください。

実行するとsample.txtからテキストを読み込み、各行の冒頭に通し番号を付けて以下の右のように出力します。

リスト4-5-2

```
01  fdata <- readLines('sample.txt',warn = FALSE)
02
03  counter <- 1
04  for(line in fdata) {
05    cat(counter, line, '\n')
06    counter <- counter + 1
07  }
```

出力

```
1 This is test file.
2 これはテスト用テキストファイルです。
3 サンプルにテキストを用意します。
```

ここでは、まず以下のようにしてテキストファイルを読み込んでいます。

```
fdata <- readLines('sample.txt',warn = FALSE)
```

warn = FALSEというオプションは、ファイルの末尾まで来たときの警告を表示させないようにするものです(ファイルの読み込みには直接関係はないので省略しても構いません)。これでsample.txtからテキストを読み込み、fdata変数に代入できました。

後は、for構文を使って、ファイルから読み込んだベクトルの成分を順に出力していくだけです。counterという変数を用意し、行番号を冒頭につけるようにしておきました。

これで、テキストファイルからテキストを読み込んでRの中で利用できるようになりました!

タブ区切りデータの利用

| 難易度：★★★☆☆ |

タブ区切りテキストデータの読み込み方

Rでは、ただのテキストが書かれたファイルを読み込んで利用することはそれほど多くはないでしょう。それよりも、ファイルからデータを読み込んで利用することが圧倒的に多いものです。

テキストファイルにデータを記述し保存する場合、よく用いられるのが「タブと改行でデータを区切る」という方式です。このような方式で記述されたデータは、Rに用意されている関数を使って簡単に読み込むことができます。

書式 タブ区切りテキストを読み込む

```
read.table(ファイルパス)
```

タブ区切りテキストファイルの読み込みは、「read.table」関数を使って行います。引数には、読み込むファイルのパスを指定します。

この関数は、ファイルから読み込んだ内容をすべてデータとしてタブと改行で分割し、データフレームに変換します。ここで注意したいのは、「書いてあるテキストはすべてデータとして扱う」という点です。一般にこうしたデータをファイルに記述する場合、最初に各項目の名前を記述しておくものです。このような場合も、最初にある項目名からデータとして扱ってしまいます。

ファイルの1行目に各列の名前が書かれている場合は、「header」というオプションを使ってそれを指定できます。これは1行目がヘッダー（各列名の値）かどうかを指定するもので、header=TRUEにしておくと1行目を各列の名前として扱ってくれます。

タブ区切りテキストデータを利用する

では、実際にタブ区切りテキストのデータを用意して使ってみましょう。ここでは、先ほどのsample.txtファイルの内容を書き換えて再利用することにします。ファイルを開き、以下のように書き換えてください。

リスト4-6-1

```
01   名前 スコア1   スコア2
02   taro          123        987
03   hanako        456        876
04   sachiko       789        765
```

図4-6-1
sample.txtの内容を書き換える

各値は、[tab] キーを使って分けて記述します。1行目が各項目の名前になり、2行目からが実際のデータになっています。では、このファイルを読み込んで表示してみましょう。以下のスクリプトを実行してください。

リスト4-6-2

```
01  data <- read.table('sample.txt',header = TRUE)
02  data
03  typeof(data)
04  class(data)
```

出力

```
> data
        名前  スコア1  スコア2
1    taro      123      987
2  hanako      456      876
3 sachiko      789      765
> typeof(data)
[1] "list"
> class(data)
[1] "data.frame"
```

実行すると、sample.txtの内容を読み込んで出力します。テキストファイルの内容がすべてデータとして読み込まれていることが確認できるでしょう。

また、ここではread.tableで読み込んだデータの型とクラスをtypeofとclass関数で出力してあります。これを見ると、型はlist(リスト)、クラスはdata.frame(データフレーム)になっていることがわかるでしょう。read.tableは、テキストデータをもとにデータフレームを作成してくれる関数なのです。

列名・行名を指定するには？

ここでは、ファイルの冒頭に各列の名前をヘッダーとして記述してありました。しかし、ファイルによってはこうしたヘッダーが用意されておらず、ただデータだけが書き出されたものもあります。こうしたものはどのように列を扱うのでしょうか。

先ほどのsample.txtを開き、1行目の列名部分を削除してみてください。そして、以下のようにスクリプトを実行してみましょう。

リスト4-6-3

```
01  data <- read.table('sample.txt')
02  data
```

出力

```
> data
        V1      V2      V3
1     名前  スコア1  スコア2
2     taro     123     987
3   hanako     456     876
```

これを実行すると、headerをTRUEに指定していないので1行目からデータとして扱ってくれます。各列の名前は、V1、V2、V3となっており、これがデフォルトで自動的に割り当てられる名前になります。

列名を指定したい場合は、`read.table`のオプション引数を使います。この関数には、列と行の名前を指定する引数が用意されています。

read.tableのオプション引数

col.names	列名をまとめたベクトルを指定する
row.names	行名をまとめたベクトルを指定する

これらを使うことで、各列と各行の名前を用意できます。行の名前というのは、各行の左端に1、2、3……と表示されている番号のことです。Rでは、行の名前にはデフォルトで1からの通し番号が割り振られています。用意されているデータの行数が決まっていて、それほど多くない場合は、各行の名前を`row.names`で指定できます。

では、sample.txtに列名を指定して読み込ませてみましょう。

リスト4-6-4

```
01  data <- read.table('sample.txt', col.names=c("Name","Score1","Score2"))
02  data
```

出力

```
> data
     Name  Score1  Score2
1    名前  スコア1  スコア2
2    taro     123     987
3  hanako     456     876
4 sachiko     789     765
```

今度は、各列に「Name」「Score1」「Score2」といった名前が割り当てられます。read.tableの引数にcol.namesで列名を用意しているのがわかるでしょう。

csvファイルの利用

| 難易度：★★★☆☆ |

CSVファイルの読み込み方

データを外部で利用できるようにファイルに保存する場合、一般的なテキストファイルではなく「CSV」ファイルを利用することが多いでしょう。CSVは「comma-separated values」の略で、カンマと改行を使ってデータを記述する方式です。これは、Excelなどのスプレッドシートのデータを外部にエクスポートするようなときに用いられます。CSVファイルは、中身はただのテキストファイルなので、作成に専用のソフトなども必要ありません。またExcelやGoogleスプレッドシートなどで作成したデータをCSVファイルに保存するのも簡単に行えるため、データの保存に広く利用されています。

このCSVファイルを読み込んで利用するには、「read.csv」という関数を使います。

書式 CSVファイルを読み込む

```
read.csv(ファイルパス)
```

引数に読み込むファイルのパスをテキストで指定すれば、そのファイルからデータを読み込んでデータフレームにして返します。read.tableと同様、headerでヘッダーの有無を指定したり、col.names、row.namesで列名や行名を指定することができます。基本的な使い方はread.tableとほぼ同じと言っていいでしょう。

CSVファイルを用意する

では、実際にCSVファイルを用意してread.csvを使ってみましょう。CSVファイルは、ExcelやGoogleスプレッドシートなどで簡単に作成できます。以下のようなデータを作成してみましょう。

リスト4-7-1

```
01  Name,Score1,Score2
02  A,97,52
03  B,75,11
04  C,10,20
05  D,14,71
06  E,33,85
```

Excelの場合は、各セルに値を入力した後、「ファイル」メニューの「名前をつけて保存」を選択し、保存ダイアログにある「ファイルの種類」から「CSV（カンマ区切り）」を選択します。Googleスプレッドシートの場合、「ファイル」メニューの「ダウンロード」から「カンマ区切り形式（.csv）」を選ぶとCSVファイルでダウンロードできます。テキストエディタを使っている場合は、データをテキストで記述した後、「.csv」という拡張子をつけて保存してください。ここでは、「sample.csv」という名前で「ドキュメント」フォルダにファイルを保存しておくことにします。このファイルをRから利用することにしましょう。

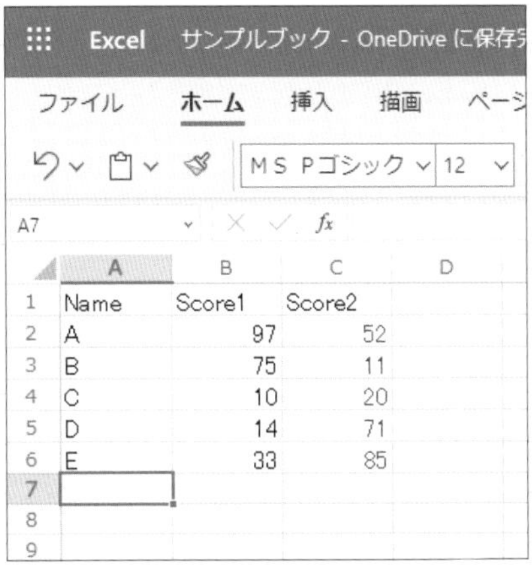

図 4-7-1
Excelなどを使ってデータを記入し、
CSVファイルで保存する

CSVファイルを読み込む

では、保存したCSVファイルを読み込んで利用してみましょう。以下のスクリプトを実行してください。

リスト4-7-2

```
01 data <- read.csv('sample.csv')
02 data
03 typeof(data)
04 class(data)
```

出力

```
> data
  Name Score1 Score2
1    A     97     52
2    B     75     11
3    C     10     20
4    D     14     71
5    E     33     85
> typeof(data)
[1] "list"
> class(data)
[1] "data.frame"
```

ここでは、read.csvでsample.csvを読み込んでデータを表示しています。読み込んだデータの型とクラスも合わせて出力しています。これらから、CSVデータはデータフレームとして作成されていることがわかります。データフレームは、データ読み込みの基本として使われているのですね。

Excelファイルの利用

難易度：★★★☆☆

多量のデータを日常的に利用している場合、データの管理に最も多用されているのがMicrosoft Excelでしょう。Rでは、ExcelからCSVファイルを出力すれば簡単にデータを利用できるようになります。しかし、Excelのファイルを直接読み込んで使えれば、そのほうがはるかに便利ですね。

Excelのファイルを読み込む機能は、Rには標準で用意されていません。けれどRでは各種の機能がパッケージとして流通しており、必要に応じてパッケージをインストールすることで機能を拡張することができます。

Rには、Excelのファイルを利用するための機能を提供するパッケージが用意されてます。これを利用することでExcelファイルを読み込んでデータを利用できるようになります。

パッケージ利用の手順

パッケージの利用には、2つの作業が必要です。1つ目は、「パッケージのインストール」作業。これにより、ネットワーク経由でパッケージをダウンロードし、Rにインストールします。

パッケージのインストールは、「install.packages」という関数を使います。

書式 パッケージのインストール

```
install.packages(パッケージ名)
```

この関数は、引数にテキストでパッケージを指定すると、それをダウンロードしてRにインストールします。パッケージ名が正確に指定されていないとダウンロードできないので、事前によく確認して呼び出しましょう。

インストールしたパッケージを読み込んで使用するには、スクリプトの中で「このライブラリを使う」ということを宣言する必要があります。これには「library」関数を使います。

書式 パッケージ利用の宣言

```
library(パッケージ)
```

これで引数に指定したパッケージをメモリに読み込み、使えるようにします。注意したいのは、「引数に指定するのは、パッケージの名前ではない」という点。パッケージの名前をテキストで指定するのではなく、パッケージそのもの(オブジェクト)を指定します(つまりクォート記号をつけません)。

install.packagesによるインストールは、一度実行すれば、以後はファイルそのものがRに組み込まれるため、再度実行する必要はありません。libraryによるパッケージのロードは、R実行中は常に読み込んだパッケージのオブジェクトが記憶されているため再度libraryを呼び出す必要はありませんが、プログラムを終了するとロードしたパッケージは失われます。従って、次回Rを実行する際は、再度libraryでパッケージをロードする必要があります。

openxlsx関数について

では、Excelファイルを利用するためのパッケージについて説明しましょう。これは「openxlsx」というパッケージを使います。では、スクリプトを使ってこのパッケージを使えるようにしましょう。

リスト4-8-1

```
01  install.packages('openxlsx')
02  library(openxlsx)
```

```
Console   Terminal ×   Background Jobs ×                          ─ □
R  R 4.2.2 · ~/
> install.packages('openxlsx')
WARNING: Rtools is required to build R packages but is not curr
ently installed. Please download and install the appropriate ve
rsion of Rtools before proceeding:

https://cran.rstudio.com/bin/windows/Rtools/
 パッケージを 'C:/Users/tuyan/AppData/Local/R/win-library/4.2' 中
にインストールします
 ('lib' が指定されていないため)
trying URL 'https://cran.rstudio.com/bin/windows/contrib/4.2/op
enxlsx_4.2.5.1.zip'
Content type 'application/zip' length 2349416 bytes (2.2 MB)
downloaded 2.2 MB

 パッケージ 'openxlsx' は無事に展開され、MD5 サムもチェックされました

 ダウンロードされたパッケージは、以下にあります
        D:\tuyan\AppData\Local\Temp\Rtmpy2ffkn\downloaded_packa
ges
> library(openxlsx)
> |
```

図4-8-1　openxlsxパッケージをインストールし、利用できるようにする

これを実行すると、openxlsxパッケージがインストールされ、利用できるようになります。後はopenxlsxパッケージに用意されている関数を使ってExcelファイルを読み込むだけです。パッケージにあるのは「read.xlsx」という関数です。

書式 Excelファイルを読み込む

```
read.xlsx(ファイルパス)
```

このように呼び出します。引数にテキストでファイルのパスを指定すると、そのパスにあるExcelファイル（.xlsxファイル）を読み込み、内容をデータフレームにして返します。

このread.xlsx関数を利用するとき、注意したいのは「1枚目のシートのデータしか読み込まない」という点です。複数のシートが用意されている場合、最初のシート以外のものは読み込まれません。

2枚目以降のシートからデータを読み込みたい場合には、「sheet」というオプションを引数に用意できます。これはシートのインデックス番号を指定するものです。例えば、「sheet = 2」とすれば、2枚目のシートからデータを読み込みます。

Excelファイルを読み込む

では、実際にExcelのファイルを読み込んでみましょう。ここでは、ドキュメントフォルダに「Sample.xlsx」という名前でExcelファイルが用意されているものとします。1つ目のシートに、先ほどCSVファイルに用意したデータをそのまま記述しておいてください。

ファイルの準備ができたら、以下のようにスクリプトを実行しましょう。

リスト4-8-2

```
01  data <- read.xlsx("Sample.xlsx")
02  data
03  typeof(data)
04  class(data)
```

出力

```
> data
  Name Score1 Score2
1    A     97     52
2    B     75     11
3    C     10     20
4    D     14     71
5    E     33     85
> typeof(data)
[1] "list"
> class(data)
[1] "data.frame"
```

実行すると、Sample.xlsxファイルを読み込み、シート1のデータをデータフレームにして表示します（型とクラスを確認してください）。これまでのread.csvなどと全く同じ感覚でread.xlsxも使えることがわかります。

これで、テキストファイル、CSVファイル、Excelファイルといった主なデータ保存用ファイルからの読み込みが行えるようになりました！

COLUMN

ファイルはネットワーク経由でもOK!

Chapter 4-05からChapter 4-08で登場したreadLinesやread.table、read.csv、read.xlsxの引数には「ファイルパス」を指定する、と説明をしました。しかし、これは正確ではありません。ローカル環境のパス以外のものも値として指定できるのです。例えば、URLです。Webで公開されているコンテンツなどは、そのURL（http://○○といったインターネットアドレスのこと）をテキストとして引数に指定すれば、そのURLにアクセスしてデータをダウンロードし利用することができます。

Rでは、データのアクセスはローカルでもネットワーク経由でも同じように行えるのです。

配布されているデータセットの利用

データセットの内容を確認する

Rの学習時や、プログラム開発時にサンプルデータのようなものが必要なとき、自分で用意するのではなく、あらかじめ用意されているデータセットを利用することもできます。Rにはdatasetsというパッケージがインストールされており、この中にさまざまな用途に向けたデータセットが多数用意されています。これはそのままデータセットのオブジェクトを使って利用することができます。

標準で用意されているデータセットの数は非常に多いので、ここではいくつかピックアップして利用することにしましょう。まずは「quakes」というデータセットを使ってみます。これは、地震のデータをまとめたものです。どんなものか、以下の文を実行して内容を確認してみましょう。

リスト4-9-1

```
01  str(quakes)
```

str関数は、引数の値をテキストとして出力するものです。これを実行すると、以下のような内容が出力されます。

出力

```
'data.frame':  1000 obs. of  5 variables:
 $ lat     : num  -20.4 -20.6 -26 -18 -20.4 ...
 $ long    : num  182 181 184 182 182 ...
 $ depth   : int  562 650 42 626 649 195 82 194 211 622 ...
 $ mag     : num  4.8 4.2 5.4 4.1 4 4 4.8 4.4 4.7 4.3 ...
 $ stations: int  41 15 43 19 11 12 43 15 35 19 ...
```

'data.frame':1000 obs. of 5 variables:というのは、これがdata.frameクラスのオブジェクトであり、全部で1000のオブジェクト（データ数と考えてください）と5つの変数（列数と考えてください）で構成されていることを示します。

その後にある$latや$longといった項目は、このデータフレームに用意されている列を示します。データフレームの列は、「データフレーム$列名」というようにして指定できることを先に説明しましたね。（P.111参照）従って、例えば$latは、quakes$latとして利用できることになります。その後にある「: num」といった項目はその列の方を示しており、その後に実際に列に保管されている値が並びます。最後に「...」とあるのは、それ以降は省略することを示しています。

このquakesに用意されている列は全部で5つあり、それぞれ右のような値が保管されています。

quakesに用意されている列と保管されている値

列	保管されている値
lat	震源地の緯度
long	震源地の軽度
depth	震源の深さ
mag	自身の大きさ（マグニチュード）
stations	地震が観測された観測所数

全部で1000ものデータがあるので、これらのデータから自身に関するさまざまな情報を得ることができるでしょう。データの分析を学習するには格好のサンプルですね。

こうしたサンプルのデータセットが、Rには多数揃っています。どんなものがあるのか調べて見ると面白いでしょう。

データセットからサンプルを抽出する

quekesデータセットには全部で1000ものデータが保存されています。データの分析を行うには十分な量ですが、試しにデータを利用してスクリプトなどを書いてみるには多すぎる量ですね。ちょっとしたデータ操作の学習をするのに1000ものデータを処理する必要はありません。この中からいくつかピックアップして利用すればいいでしょう。

例えば、最初の10個のデータだけを取り出して利用するなら、このようにします。

リスト4-9-2

```
01  data <- quakes[1:10,]
02  data
```

出力

```
> data
      lat   long depth mag stations
1  -20.42 181.62   562 4.8       41
2  -20.62 181.03   650 4.2       15
3  -26.00 184.10    42 5.4       43
4  -17.97 181.66   626 4.1       19
5  -20.42 181.96   649 4.0       11
6  -19.68 184.31   195 4.0       12
7  -11.70 166.10    82 4.8       43
8  -28.11 181.93   194 4.4       15
9  -28.74 181.74   211 4.7       35
10 -17.47 179.59   622 4.3       19
```

これでquakesから最初の10データをdataに取り出し表示します。quakesのようなデータセットも基本的にはデータフレームとして値が保管されています。従って、quakes[1:10,]というように行のインデックスに1:10を指定すれば、最初の10データが取り出せます。

データセットからちょっとだけデータを取り出して使うなら、このやり方で十分でしょう。ただしデータセットの中には、データが特定の列に従って整然と並べられているものもあります。こうしたものでは、「最初から〇〇個」というように取り出すと偏りのあるデータになってしまうでしょう。

このような場合は、データセットの中からランダムに取り出して利用するのがいいでしょう。ランダムに値を取り出すにはsample関数が使えます。ただし、注意したいのは「sample(10, quekes)ではダメ」という点です。データフレームからsampleでランダムに項目を取り出そうとすると、(行ではなく)ランダムに列を取り出してしまうのです。従って、まずsampleを使ってランダムなインデックス番号のベクトルを作成し、それを使って行データを取り出せばいいでしょう。

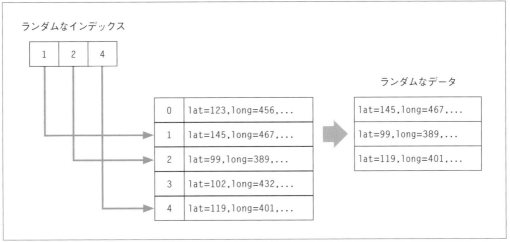

ランダムなインデックス

| 1 | 2 | 4 | |

0	lat=123,long=456,...
1	lat=145,long=467,...
2	lat=99,long=389,...
3	lat=102,long=432,...
4	lat=119,long=401,...

ランダムなデータ

| lat=145,long=467,... |
| lat=99,long=389,... |
| lat=119,long=401,... |

図4-9-1　ランダムなインデックスのベクトルを作成し、それをもとにデータから値を取り出せば、ランダムにデータを取得できる

リスト4-9-3

```
01  data <- quakes[sample(1:nrow(quakes), 10),]
02  data
```

出力（ランダム出力のため出力は毎回異なります）

```
> data
        lat    long depth mag stations
406 -17.95 181.50   593 4.3      16
269 -20.21 182.37   482 4.6      37
711 -15.45 186.73    83 4.7      37
127 -19.30 183.84   517 4.4      21
...
974 -18.56 169.05   217 4.9      35
539 -15.95 167.34    47 5.4      87
```

これで、quakesからランダムに10個のデータを取り出せます。データの冒頭（左端）にある番号（行番号）を見れば、データがランダムに取り出されていることがわかります。

ここでは、quakesから取り出す行のインデックスを以下のようにして作成しています。

```
sample(1:nrow(quakes), 10)
```

nrow(quakes)というのは、quakesの行数を調べるものですね（P.109参照）。従って、1:nrow(quakes)は1～[quakesの行数]の数列になります。sampleを使い、その数列から10個の値をランダムに取り出せば、「ランダムな10個のインデックス番号のベクトル」が作れます。

これを[ ]の行のインデックスに指定すれば、quakesからランダムに10個のデータをベクトルにして取り出すことができます。

dplyrパッケージによるフィルター処理

dplyrパッケージの使い方

データフレームによるデータの操作は、[ ]のインデックス指定やsubset関数などで行うのが基本です。しかし、もっと本格的にデータの操作を行いたいという場合には、これだけでは心もとないかもしれません。

Rには、データフレームを操作するための機能を提供する「dplyr」というパッケージが標準で用意されています。これを利用することで、さらに強力なデータ操作が可能になります。

dplyrパッケージは、以下のようにしてインストールを行います。

リスト4-10-1

```
01  install.packages('dplyr')
```

また利用の際は、以下のようにlibrary関数を呼び出します。

リスト4-10-2

```
01  library(dplyr)
```

これで、Rを終了するまでdplyrパッケージが利用可能になります。では、このパッケージにどのような関数が用意されているのか見ていきましょう。

filterによるデータの抽出

まず最初に覚えておきたいのは、データの抽出に関するものです。「filter」は、特定の条件に合致するデータだけを取り出すための関数です。

書式 特定の条件に合致するデータだけを取り出す

```
filter(データフレーム, 条件式,……)
```

第1引数にはデータを調べるデータフレームを、第2引数には条件となるものを用意します。これは論理値として得られるものであればどのような式でも構いません。比較演算子（=<>など）を使って値を比較するようなものがもっとも多く利用されることになるでしょう。

では、実際の利用例をあげておきましょう。

リスト4-10-3

```
01  data <- filter(quakes, quakes$mag >= 6)
02  data
```

```
> data
     lat   long depth mag stations
1 -20.70 169.92   139 6.1       94
2 -13.64 165.96    50 6.0       83
3 -15.56 167.62   127 6.4      122
4 -12.23 167.02   242 6.0      132
5 -21.59 170.56   165 6.0      119
```

これは、quakesのmagの値（マグニチュード）が6以上のものだけをピックアップして表示する例です。filterの条件式にquakes$mag >= 6と指定しているのがわかりますね。

条件は複数用意できる

「ちょっと待って。でも、条件でデータを取り出すなら、subsetでもできるのでは？」

中には、そう思った人もいたことでしょう。確かにその通りで、すでに学んだsubsetでも条件を指定してデータを取り出せます。では、filterはsubsetと何が違うのか？　それは「条件をいくつでも用意できる」という点です。subsetでは、条件は第2引数に指定し、この条件がTRUEのデータだけを検索します。filterの場合、条件は第2引数以降にいくつでも用意できます。用意した条件すべてがTRUEのものだけが取り出されるのです。

実際に複数の条件を設定する例をあげておきましょう。

リスト4-10-4

```
01  data <- filter(quakes, quakes$mag >= 6, quakes$stations > 100)
02  data
```

出力

```
> data
     lat   long depth mag stations
1 -15.56 167.62   127 6.4      122
2 -12.23 167.02   242 6.0      132
3 -21.59 170.56   165 6.0      119
```

ここでは、mag（マグニチュード）が6以上、かつ観測地点（stations）が100以上のデータだけを取り出しています。ここでのfilter関数の第2引数以降を見ると以下のようになっていますね。

```
quakes$mag >= 6      ……………  magの値が6以上である
quakes$stations > 100  …………  stationsの値が100以上である
```

magとstationsの2つの列にそれぞれ条件を設定していることがわかります。これにより、mksgの値が6以上で、かつstationsの値が100以上のデータだけを取り出せるようになります。

ANDとOR

filterに複数の条件を引数として指定した場合、用意した条件のすべてがTRUEになるデータだけを抽出します。しかし、複数の条件を指定する場合、「条件の1つでもTRUEになったらすべて抽出する」といったやり方もあるはずですね。

複数条件を指定する場合、その条件の扱い方には以下の2つがあります。

AND（論理積）

複数の条件のすべてがTRUEになるものだけを抽出する方式。filterで複数の条件を引数に指定した場合、このANDによる抽出を行います。あるいは、「&」という演算子を使って複数の式を接続するやり方もあります。

書式 ANDによる抽出（条件がすべてTRUEになるものだけを抽出）

```
式A & 式B
```

こうすることで、すべての式がTRUEのものだけを取り出せるようになります。この&演算子は、複数の式を1つの式にまとめる働きがあるので、subsetで使うことも可能です。これにより、subsetでも複数条件を設定できるようになります。

OR（論理和）

複数の条件の内、1つでもTRUEならばすべて抽出する方式。これは「|」という演算子を使います。

書式 ORによる抽出（条件のうち1つでもTRUEになるものを抽出）

```
式A | 式B
```

これにより、式Aと式BのいずれかがTRUEのものをすべて取り出します（もちろん、両方TRUEのものも取り出します）。わかりにくければ、「すべてFALSEのものだけ取り出さない」と理解してもよいでしょう。

これも、式を1つにまとめるものであるため、subset関数で使うことも可能です。

複数条件をORでつなぐ

では、実際にAND/ORを使った例を見てみましょう。ANDについては、filterで複数条件を指定すれば、それだけで検索できますからわかりますね。では、ORを利用した場合も見てみましょう。

リスト4-10-5

```
01  data <- filter(quakes, quakes$mag >= 6 | quakes$stations > 100)
02  data
```

出力

```
> data
      lat   long depth mag stations
1  -20.70 169.92   139 6.1      94
2  -13.64 165.96    50 6.0      83
3  -23.34 184.50    56 5.7     106
4  -15.56 167.62   127 6.4     122
```

```
5  -22.13 180.38   577 5.7     104
……略……
16 -17.85 181.44   589 5.6     115
17 -20.25 184.75   107 5.6     121
18 -19.33 186.16    44 5.4     110
19 -21.59 170.56   165 6.0     119
```

ここではfilter関数を使い、magの値が6以上か、あるいはstationsの値が100以上のものを抽出して表示します。先に、「msgが6以上、かつstationsが100以上」のデータを抽出しましたが、そのときと今回得られた結果を比べてみてください。違いがよくわかるでしょう。

データの並べ替え

データを特定の列の成分で並べ替えるには「arrange」という関数を使います。これは以下のように利用します。

書式 特定の列の成分で並び替える

```
arrange(データフレーム, 列1, 列2, ……)
```

第1引数にはデータフレームを指定し、第2引数以降にソートの基準となる列を指定します。これにより、指定した列の成分が小さいものから順に（テキストの場合はABC順に）並べ替えます。複数の列を指定した場合は、まず1つ目の列を基準にソートし、列の成分が同じものがあった場合には、2つ目の列の成分をもとにソートされます。

arrangeは、データを小さいものから順（いわゆる昇順）に並べ替えますが、逆に大きいものから順（いわゆる降順）にすることもできます。この場合は、「desc」という関数を使って列を指定します。

書式 arrange関数で、降順で並び替える

```
arrange(データフレーム, desc(列))
```

このようにすれば、指定した列をもとに逆順にデータを並べ替えることができます。この昇順と降順は、複数の列を指定する場合、混在して使うことも可能です。

マグニチュードで並べ替える

では、これも利用例をあげておきましょう。quakesのデータをマグニチュードの大きいものから順に並べます。

リスト4-11-1

```
01 data <- arrange(quakes, desc(mag), desc(stations))
02 data
```

出力

```
> data
      lat   long depth mag stations
1  -15.56 167.62  127 6.4     122
2  -20.70 169.92  139 6.1      94
3  -12.23 167.02  242 6.0     132
4  -21.59 170.56  165 6.0     119
```

```
5  -13.64 165.96   50 6.0      83
6  -21.08 180.85  627 5.9     119
7  -22.91 183.95   64 5.9     118
8  -15.33 186.75   48 5.7     123
...
```

これを実行すると、magの値が大きいものから順にデータを並べ替えます。msgの値が同じ場合は、stationsの値が大きいものから並べられます。雑然としたデータが並べ替えることで見やすく整理されるのがわかるでしょう。

列の追加と抽出

| 難易度：★★★★☆ |

データフレームの列操作についても、dplyrパッケージにはいくつか関数が用意されています。まず、新しい列を追加する「mutate」関数についてです。

書式 新しい列を追加する

```
mutate(データフレーム,列名=値,……)
```

mutateは、データフレームに指定した名前で列を追加します。引数はデータフレームの後に、「列名＝値」という形で用意します。複数の引数を用意すれば、複数列を一度に追加できます。

列を追加するには、先に「cbind」という関数を使った方法について説明しました（P.109参照）。cbindは、追加する列の成分をベクトルで用意しておく必要がありました。これはわかりやすい方法ですが、quakesのようにデータ数が1000あるような場合、1000個の値をベクトルで用意するのはかなり大変でしょう。

mutateでは、列の成分は式を使って指定することができます。つまり、あらかじめ指定した式に従って演算した結果を列の成分として設定してくれるのです。これならば膨大な数の値をベクトルにまとめる必要もありません。

列の抽出

もう1つ、必要な列のデータだけを取り出す「select」関数も覚えておきましょう。これは以下のように利用します。

書式 必要な列のデータだけを取り出す

```
select(データフレーム，列1，列2,……)
```

selectは、第1引数に指定したデータフレームから、第2引数以降に用意した列だけを抜き出したものを作成します。データセットの中には、膨大な数の列を持つものもあります。データを扱うとき、それらすべてが出力されるとどれが重要なものかわからなくなってしまいます。selectで必要な列だけを抜き出して処理できれば、データの重要な要素を整理して提示できるようになります。

quakesの列を整理する

では、mutateとselectを使って、quakesデータセットの列を整理してみましょう。以下のスクリプトを実行してみてください。

リスト4-12-1

```
01  data <- mutate(quakes, level=as.integer(mag)) ————1
02  data <- select(data, level, depth, stations)
03  data
```

```
> data
   level depth stations
1      4   562      41
2      4   650      15
3      5    42      43
4      4   626      19
5      4   649      11
6      4   195      12
7      4    82      43
8      4   194      15
9      4   211      35
10     4   622      19
11     4   583      13
...
```

これを実行すると、「lavel」「depth」「stations」の3つの列だけを出力します。depthは震源の深さ、stations
は観測地点の数でしたね。では、levelというのは？　これはmagによるマグニチュードの値を整数化したものです。
magの代わりにlevelを追加して、マグニチュードをよりシンプルにまとめられるようにしてみたのです。

ここでは、まずmutateでlevel列を追加しています(**1**)。引数を見ると、以下のように列が用意されているのがわ
かります。

```
level=as.integer(mag)
```

as.integerは、引数の値を整数化する関数でしたね。これでmagの値を整数にしたものがlevel列として追加さ
れました。mutateを使うと、このように簡単な式の結果を新しい列として追加できます。

そして、selectを使って、データフレームの中から必要な列だけを取り出します。ここでは、level、depth、
stationsと引数を指定してあります。出力されたデータフレームを見ると、この順番で列が並べられていることが
わかります。

このように、「演算した結果を列に追加する」「必要な列だけを抽出する」といった作業により、元データをさらに扱い
やすい形に変えていくことができるようになります。

データのグループ化について

多量のデータを分析するとき、覚えておきたいのが「グループ化」という手法です。グループ化というのは、データを特定の値に基づいていくつかのグループに分けて整理することです。

例えばquakesデータセットならば、マグニチュードごとに「4のデータはこれこれ」「5のデータはこう」というようにまとめて整理できれば便利ですね。このような作業を行うのがグループ化です。

このグループ化は、「group_by」という関数を使って行います。

書式 データをグループにまとめる

```
group_by(データフレーム, 列の指定)
```

group_byでは、第1引数にグループ化するデータフレームを指定します。そして第2引数以降に、グループ化の基準となる列の指定を用意します。例えば、quakesをマグニチュードでグループ化するならこうなるでしょう。

```
group_by(quakes, mag)
```

ただし、magの値は小数点以下1桁の実数ですから、グループ化してもかなり多くのグループに分けられることになります。それよりも「マグニチュード4のグループ、5のグループ」というように整数の値でグループ化できるといいですね。

このような場合は、引数に列を利用した式を指定することもできます。例えば、こんな具合です。

```
group_by(quakes, as.integer(mag))
```

こうすると、magを整数化した値をもとにグループ化が行われ、magの値が4、5、6のものをグループにまとめることができます。あるいは、列名にグループ化した項目を指定して、このように記述することもできます。

```
group_by(quakes, level=as.integer(mag))
```

これで、magを整数化したlevel列が用意され、これをもとにグループ化が行われます。ここではグループ化の列を1つだけ用意しましたが、複数の列を用意することも可能です。

統計量の表示

グループ化されたデータフレームは、それだけでは特に何かの役に立つというものではありません。データフレームを表示しても、すべてのデータがそのまま出力されるだけで、グループ化の恩恵はありません。

グループ化は、「summarize」という関数を使うことで初めてその働きがわかります。summarizeは、dplyrパッケージに含まれている関数でグループごとの統計量を算出するためのものです。

```
summarize(データフレーム，値1，値2，……)
```

summarizeは、データフレームのデータをグループごとに演算処理し、その結果をまとめて表示するものです。第2引数以降に、演算の内容を記述します。「演算」といっても、1つ1つのデータの値を演算するようなものではありません。グループにあるデータ全体から得られるようなものです。例えばそれぞれのデータ数を調べたり、グループごとの合計や平均などを計算するのに用いられます。

では、ごく単純な例としてデータフレームをマグニチュードの値をもとにグループ化し、それぞれのデータ数を表示させてみましょう。

リスト4-13-1

```
01  data <- group_by(quakes, level=as.integer(mag * 2) / 2) ─────── 1
02  summarize(data,count=n())
```

出力

```
> summarize(data,count=n())
# A tibble: 5 × 2
  level count
  <dbl> <int>
1   4     377
2   4.5   425
3   5     160
4   5.5    33
5   6       5
```

ここでは、マグニチュードの値(mag)を0.5ごとに分けてグループ化し、それぞれのデータ数をsummarizeで表示させています。

まず、group_byでグループ化を行っています。1ではグループ化のための処理として以下のような引数を用意しています。

```
level=as.integer(mag * 2) / 2
```

magの値を2倍してas.integerで整数にし、それをさらに2で割っています。こうすることで、magの値を0.5単位でまとめたlevelという列が用意され、これをもとにデータフレームがグループ化されます。このようにグループ化は、単純に列を指定するだけでなく、列の成分をもとに演算した結果を使って行わせることもできるのです。

ここでは、count=n()と引数を用意していますね。n()は、そのグループのデータ数(行数)を返す関数です。これにより、countという列でグループごとのデータ数が出力されます。

各グループの平均を表示する

実際の利用では、summarizeはグループの統計量を計算し表示するのに使われます。まだ統計関係の関数については説明していませんが、summarizeの利用例として「グループごとにデータの平均をまとめる」という例をあげておきましょう。

```
01  summarize(data, mean(depth),mean(stations))
```

出力

```
> summarize(data, mean(depth),mean(stations))
# A tibble: 5 × 3
  level `mean(depth)` `mean(stations)`
  <dbl>         <dbl>            <dbl>
1   4            366.             18.8
2   4.5          284.             30.9
3   5            277.             59.6
4   5.5          226.             93.9
5   6            145.            110
```

これを実行すると、マグニチュード0.5ごとに分けた各グループのdepthとstationsの平均をまとめて表示しています。ベクトルの平均は、「mean」という関数で得られます。これを使ってdepthとstationsの平均を調べています。summarizeの引数にある以下の値が平均を計算している部分です。

```
mean(depth)     ……………    depthの平均
mean(stations)  …………    stationsの平均
```

これらは、summarizeではいずれも同じグループの値同士をまとめたものから平均を計算します。統計関係の関数については改めて説明するので、ここで理解する必要はありません。「summarizeを使えば、このようにグループ単位でデータを集計するような処理が行える」ということを覚えておけば十分でしょう。

plot による
データの視覚化

この章のポイント
- ・plot でベクトルや行列、データフレームをもとにグラフを作成しよう。
- ・複数のグラフをまとめて描けるようになろう。
- ・シンボルを使ったグラフの作り方を理解しよう。

plotでベクトルをグラフ化する

難易度：★★☆☆☆

データを視覚化する「plot」関数

データは、ただ数値を眺めているだけでは、それがどういう性質を持っているのかわかりません。データは視覚化して初めてその性質がわかってくるものです。視覚化は、データを扱う上で非常に重要な役割を果たすものなのです。「視覚化」というと、なんだか難しそうに思えますが、これは要するに「グラフを作ること」だと考えてください。データをグラフにすること、それが「データの視覚化」だと考えていいでしょう。

Rには、視覚化のための機能が多数用意されています。中でも、もっとも広く利用されているのが、標準で組み込まれている「plot」関数でしょう。

このplot関数は、実に汎用性のある関数です。単純に「引数1に○○の値を指定する」というような単純な作りではありません。引数として用意する値の内容に応じてさまざまなグラフを作成するようになっているのです。このplotの使い方をマスターすることが、「データの視覚化」をマスターすることだといっていいでしょう。

このplot関数は、標準で使える状態になっているため、パッケージのインストールも使用宣言も一切必要ありません。すぐに使い始めることができます。では、実際に使いながらplotの働きを理解していくことにしましょう。

ベクトルをプロットする

ベクトルの最も基本的な使い方は、引数にベクトルを指定して描画するというものです。実行すると、横軸にベクトルのインデックス、縦軸に値を指定してプロットをします。非常に単純ですから試してみましょう。

リスト5-1-1

```
01  plot(1:10)
```

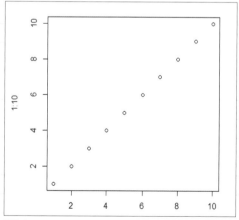

図 5-1-1
実行すると1〜10の値をグラフ化する。これはRStudioの表示

これを実行すると、1～10までの値がそのままグラフに表示されます。RGuiの場合、Rコンソールから実行すると新しいウィンドウが開かれ、そこにグラフが表示されます。RStudioの場合、ウィンドウ内にある「Plots」というペインにグラフが表示されます（RGuiの場合も「Plots」の内部ウィンドウが開かれて表示されます）。この「Plots」という表示は、グラフ関係を表示するための専用ウィンドウです。Rのグラフは、このPlotsを使って作成表示されます。

プロットされたグラフを見ると、縦軸も横軸も同じ値になっているのがわかるでしょう。ここでは、1:10で数列を作成し、それをプロットしています。横軸（X軸）には「Index」と表示されており、縦軸（Y軸）には「1:10」と表示があり、インデックスと数列がプロットされていることがわかります。

では、もう少し違うベクトルを表示させてみましょう。今度は数値をベクトルにまとめて表示させてみましょう。

リスト5-1-2

```
01  plot(c(1,2,4,8,16,32))
```

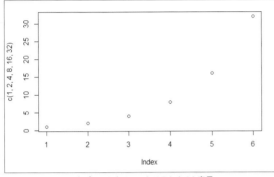

実行すると、Y軸に引数のベクトルの値がプロットされていきます（X軸はインデックス）。このように、ベクトルなどの1次元のデータを引数に指定すると、インデックスと値をプロットしてくれます。

図5-1-2　ベクトルをプロットする。これはRGuiでの表示

縦横軸のベクトルを用意する

ベクトル1つだけでグラフを表示するというのは、例えば製品の売上の推移のように単純なものが多いでしょう。棒グラフや円グラフなどで表されるようなものですね。

こうしたものの他に、2つの値をもとにプロットをするものもあります。2つのデータの相関関係を視覚化するようなものです。例えばCOVID-19の感染者数と死者数の関係などは、各月のそれぞれの値をもとにプロットすると見えてくるでしょう。

こうした2つの値のグラフ化では、一般に「散布図」と呼ばれるものを使います。散布図は、グラフの平面内に、XとYの値を点で表したものです。多数のデータがグラフ内に多数の点として表示されると、そのバラつきや偏りなどからデータの特徴が見えてくるわけです。

このような「2つのデータの関係性」を視覚化するには、2つのベクトルとしてデータを用意します。これらをそのままplotの引数に指定すれば、それらをもとにグラフが作成されます。

では実際に試してみましょう。今回は乱数を使って2つのベクトルを作成し、これをプロットしてみます。

リスト5-1-3

```
01  x.data <- rnorm(500, mean=50, sd=10)
02  y.data <- rnorm(500, mean=100, sd=10)
03  plot(x.data, y.data)
```

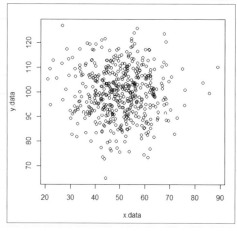

図 5-1-3
500個のランダムなデータを2つ作り、それをプロットする

ここでは rnorm関数を使って2つのランダムな値のベクトルを用意し、それをプロットしています。x.dataには平均50、標準偏差10、y.dataには平均100、標準偏差10の正規分布に沿った乱数をそれぞれ500個ずつ作成してあります。これらをplotの引数に指定して描画します。

プロットすると、X＝50、Y＝100のあたりを中心にして放射状に点が散らばっているのが何となくわかるでしょう。rnormを使い、正規分布に沿って乱数を生成しているため、平均（mean）の位置を中心に値が用意されているのですね。グラフ化すると、このような値の分布状態がひと目でわかります。

なお、2つのベクトルで、どちらがX軸でどちらがY軸のデータかよくわからない、という場合は、それぞれx、yという名前をつけて引数を記述できます。

```
plot(x=x.data, y=y.data)
```

こうすれば、どちらがX軸のデータでどちらがY軸のデータか一目瞭然ですね。

リストのプロット

この「2つのベクトルによるプロット」は、これらのデータをリストにまとめて渡すこともできます。例えば、先ほどの例なら以下のように実行できます。

リスト5-1-4

```
01  x.data <- rnorm(500, mean=50, sd=10)
02  y.data <- rnorm(500, mean=100, sd=10)
03  data <- list(x=x.data, y=y.data)
04  plot(data)
```

これでも、全く同じように描画することができます。リストを使う場合、2つのベクトルは必ずxとyの名前を指定してください。単にlist(x.data, y.data)だと、どちらがどの軸のデータか判別できずエラーになります。

行列をプロットする

難易度：★★★☆☆

行列をプロットするには

では、行列はどうでしょうか。行列のデータを視覚化する場合はどうするのでしょう。

行列のデータをplotでグラフにすることはもちろん可能です。ただし、plotによる描画は基本的にX軸とY軸の2列のデータです。従って行列のデータをプロットする際は、「どの行・どの列のデータを視覚化するのか」を考える必要があります。例えば100×100の行列があったとき、それをまるごとプロットするのは難しいでしょう。その中から「1列目と2列目のデータ」というように描画したい要素を取り出して描画するか、あるいは最初から2列の行列として作成しておくかする必要があります。

では、行列をプロットしてみましょう。rnormを使って乱数ベクトルを作成し、それを利用して行列を作ることにします。

リスト5-2-1

```
01  data <- rnorm(1000, mean = 50, sd=10)
02  mtx <- matrix(data, ncol = 2, nrow=500)
03  plot(mtx)
```

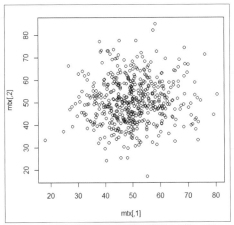

図 5-2-1　乱数の行列をグラフ化する

実行すると、正規分布に基づいた乱数がプロットされます。ここでは、matrix(data, ncol = 2, nrow=500)というようにして2列×500行の行列を作成しています。これをそのままplotの引数に指定すると、このような散布図がプロットされます。

各軸の表示を見ると、X軸にはmtx[,1]と表示され、Y軸にはmtx[,2]と表示されていますね。行列の1列目がX軸に、2列目がY軸に割り当てられていることがわかります。列数が2つであれば、このように行列をそのままplotに渡して視覚化できます。

3列以上の行列では？

では、3列以上の行列はどうなるのでしょうか。実際に作って試してみることにしましょう。以下のようにスクリプトを実行してください。

リスト5-2-2

```
01  data <- rnorm(1000, mean = 50, sd=10)
02  mtx <- matrix(data, ncol = 10, nrow=100)
03  plot(mtx)
```

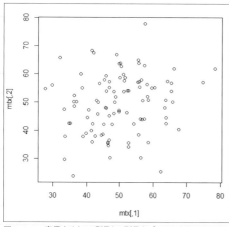

図5-2-2　実行すると、1列目と2列目をプロットする

ここでは1000個の乱数を10列×100行の行列にしました。これを引数に指定してplotを実行すると、行列の1列目をX軸、2列目をY軸に使って散布図をプロットします（3列目以降のデータは無視されます）。

このように、行列は何列データがあってもplotでは「1列目と2列目」だけを使ってプロットされ、残りのデータは使われません。

もし、「他の列のデータでプロットしたい」というときは、plotに使用する列を指定して呼び出します。例えば、4列目をX軸に、5列目をY軸に指定したければ、このようにplotを記述します。

```
plot(mtx[,4], mtx[,5])
```

あるいは、xとyのオプションを指定して以下のように書いてもいいでしょう。

```
plot(x=mtx[,4], y=mtx[,5])
```

このように、X軸とY軸を指定することで、行列から特定の列のデータをプロットすることができます。

行データをプロットするには？

ここまで、基本的にはすべて行列の「列」を使って散布図をプロットしてきましたが、では行データを視覚化するにはどうするのでしょうか。

2行の行列では、そのままplot関数の引数に指定しても正しくデータはプロットされません。おそらく1列目と2列目の値を使った点が1つだけ描かれて終わりでしょう。行列をplotに渡した場合、常に列の値をもとにプロットをします。

行データを使ってプロットしたい場合は、行列から描画する行をベクトルとして取り出し、それらをX軸とY軸のデータに指定してplotします。簡単な例をあげましょう。

リスト5-2-3

```
01  data <- rnorm(1000, mean = 50, sd=10)
02  mtx <- matrix(data, nrow = 2, ncol=500)
03  plot(mtx[1,], mtx[2,])
```

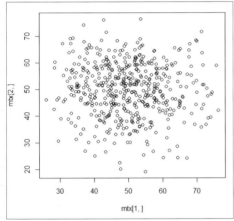

図 5-2-3　行列の1行目と2行目を使ってプロットする

ここではrnormで作成した乱数1000個のベクトルを使い、以下のようにして2行の行列を作成しています。

```
matrix(data, nrow = 2, ncol=500)
```

plotでプロットをするとき、引数にはmtx[1,]、mtx[2,]というように1行目と2行目のデータを指定します。こうすることで、その行のデータをプロットできます。行であっても列であっても、そのデータを取り出せば、それはただのベクトルです。後は必要に応じてplotで描画するだけです。

データフレームの視覚化

| 難易度：★★★☆☆ |

データフレームのプロットの基本

データの視覚化を考えたとき、おそらく最も利用されるのが「データフレーム」でしょう。Rでは、多量のデータを扱う場合、データフレームを利用することが非常に多いため、「データフレームをどう視覚化するか」は重要になります。多くの場合、データフレームは多数の項目の値を保管します。ですから、プロットするにしても、「どのデータをプロットするのか」を考える必要があります。例として、前章で使ったquakesデータセットをプロットさせてみましょう。Rコンソールなどから以下を実行してください。

リスト5-3-1

```
01  plot(quakes)
```

すると、意外な結果になるでしょう。縦横5ずつの散布図がズラッと表示されるのです（表示されないエリアが5つあるので、全部で20の散布図が表示されます）。

これらは、quakesデータフレームにある各列同士の散布図をすべて表示したものです。左上から右下にかけて「lat」「long」「depth」「mag」「stations」と表示されたプロットエリアがありますが、これはその項目の上下左右に並んでいるプロットでその項目が使われていることを示します。

例えば、「lat」と「long」の2つが交差しているプロットには、latとlongによる散布図が表示されています。プロットの縦または横方向を見れば、その散布図がどの項目を使ったものかがわかるようになっているのです。

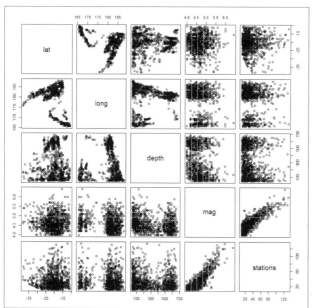

図5-3-1
quakesをplotでプロットする。すべての項目同士の散布図を自動生成する

特定の項目についてプロットする

この「全部の項目についてプロットする」という機能は、データフレームにあるすべてのデータの関係性を一目で把握でき、大変便利です。ただし、「全部は必要ない」「特定の項目の関係だけわかればいい」という場合のほうが多いかもしれません。そのような場合は、データフレームから特定の項目 (列) を指定してplotすればいいでしょう。
では、実際にquakesデータセットから特定の項目だけを取り出してプロットしてみます。

リスト5-3-2

```
01  data.x <- quakes$mag
02  data.y <- quakes$stations
03  plot(data.x, data.y)
```

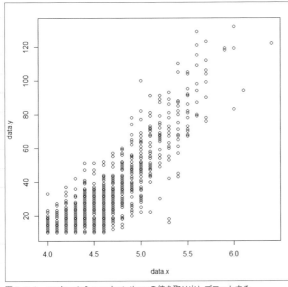

図 5-3-2　quakesからmagとstationsの値を取り出しプロットする

これを実行すると、quakesデータセットからmagとstationsのデータを取り出してプロットします。ここでは、quakes$magの値をdata.xに、quakes$stationsの値をdata.yに取り出してplotを行っていますね。データフレームは、このように「データフレーム$列」という形で特定の項目のデータをまとめてベクトルとして取り出せます。これを利用すれば簡単に特定の項目間の散布図を作成できます。
描画された散布図を見ると、magとstationsの間には明確な関係があることがわかります。マグニチュードが大きくなれば、それだけ地震の範囲が広がり、観測地点も増加する、ということがわかるでしょう。

グラフの種類について

難易度：★★☆☆☆

グラフの種類を指定するtypeオプション

ここまでは、plotを使った散布図を作成してきました。散布図は、多量のデータを視覚化するのに一般的に用いられるもので、plotではデフォルトでこのグラフが作成されます。しかし、それ以外のグラフが描けないわけではありません。

plotには「type」というオプションが用意されており、これを利用してさまざまな種類のグラフを描くことができます。用意されているtypeの値は右のようになります。

typeの値	作成されるグラフ
type = "l"	折れ線グラフ
type = "b"	点と折れ線（点内に線は描かない）
type = "o"	点と折れ線（点と線を重ねて描画）
type = "p"	点だけ（散布図）
type = "h"	縦線
type = "s"	階段（次の値から高さが変わる）
type = "S"	階段（前の値の直後から高さが変わる）

中には聞いたことのないものもあるでしょうが、散布図以外は基本的に「点と線によるグラフ」であることがわかるでしょう。いわゆる「折れ線グラフ」と呼ばれるものですね。縦線や階段は折れ線グラフの異なる表現をするものといえます。重要なものについては後で実際に作ってみますので、今は「こんな種類のものが用意されているんだな」ということがわかれば十分です。

散布図と異なり、これらのグラフは「描かれる値の順番」が重要になります。最初のデータから順に描いていくことで、値の変化を見ていくためのものですから。散布図は、そうした値の変化は考えず、多量のデータを一覧表示することで全体の傾向を表すものなので、両者は利用するデータの内容が異なると考えていいでしょう。散布図で表すデータを折れ線グラフにしてもほとんど意味はありません。「このデータはどのタイプで表すべきものか」を考えてtypeを指定しましょう。

ランダムなデータを用意する

では、散布図以外のグラフを使ってみましょう。まずはデータを用意します。ここではランダムな100の値をベクトルに用意し、それを小さいものから順に並べ替えて使ってみることにします。

リスト5-4-1

```
01  data.x <- as.integer(runif(20)* 100)
02  data.y <- as.integer(runif(20)* 100)
03  data.x <- sort(data.x)
04  data.y <- sort(data.y)
05  data.x
06  data.y
```

```
> data.x
 [1]  5  9 18 23 27 27 27 29 40 44 58 61 62 63 65 74 74 76 85 96
> data.y
 [1]  0  6 11 14 23 33 39 40 43 49 52 63 68 81 81 92 93 97 98 98
```

ここではruninf関数で20個の乱数データを作成しています。作ったものは100倍にして整数化しておきます。これで0〜99の乱数のベクトルが用意できます。

作成したベクトルは、「sort」という関数で並べ替えます。データの並べ替えは、先にarrangeという関数を使いましたが、これはデータフレームを特定の項目を基準にして並べ替えるものでした。このsortは、ベクトルのデータを小さいものから順に並べ替えます。

書式 ベクトルを並び替える

```
sort(ベクトル)
```

使い方は、このように簡単です。もし降順(大きいものから順)に並べ替えたければ、「decreasing」というオプションを用意します。

書式 ベクトルを降順で並び替える

```
sort(ベクトル, decreasing=TRUE)
```

このようにすれば降順にベクトルを並べ替えることができます。今回は、これで用意したランダムなデータを昇順に並べ替えておきました。

さまざまなグラフを描く

では、用意したデータをもとにグラフを描いてみましょう。まずは、一般的な折れ線グラフです。Rコンソールから以下の文を実行してください。

リスト5-4-2

```
01 plot(data.x, data.y, type='o')
```

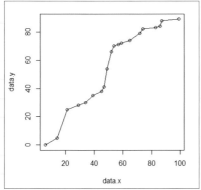

図5-4-1
点と線による折れ線グラフが描かれる

これで、線と点による折れ線グラフが描かれます。一般的な折れ線グラフは、type='o'かtype='b'で作成できます。また値の位置を示す点を使用せず、線だけで表示したいときはtype='l'を指定します。

この他、ちょっと変わった形のものとしては、縦線グラフと階段グラフがあります。

リスト5-4-3

```
01 plot(data.x, data.y, type='h')
```

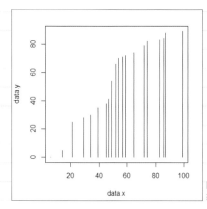

図5-4-2
縦線グラフを描く

リスト5-4-4

```
01 plot(data.x, data.y, type='s')
```

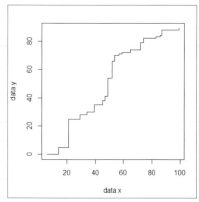

図5-4-3
階段グラフを描く

縦線グラフは、多数のデータによる細かな変化を表すようなものに使われます。また階段グラフは、例えば通信のデータ量と料金のように「これ以上になるとこう変わる」といった段階的な変化を表すのに使われます。

グラフの表示について

| 難易度：★★☆☆☆ |

点の形状を指定するpchオプション

グラフには、細かな表示の調整を行うための機能が用意されています。それらについて簡単に触れておきましょう。
まずは、グラフの「点」の形状についてです。これは「pch」というオプションを使って指定することができます。
pchは整数で指定するようになっており、指定する値によって点の形が変わります。pchに用意されている主な値と
点の形を以下にまとめておきましょう。

pchで指定できる点の形

値	点の形		値	点の形
1	○		7	□
2	△		8	※（＋と×を重ねた形）
3	＋		15	■
4	×		19, 20	●（19は大、20は小）
5	◇		17	▲
6	▽		18	◆

デフォルトでは、1の○になっています。散布図ではこれでいいのですが、折れ線グラフなどでは、値を示す円は○
より●の塗りつぶされたほうが見やすいでしょう。このようなときにpchは使われます。
点の大きさは「cex」というオプションで指定できます。デフォルトは「1」であり、数字が大きくなるほど点も大き
くなります。

リスト5-5-1

```
01 plot(data.x, data.y, type='o', pch=20, cex=2)
```

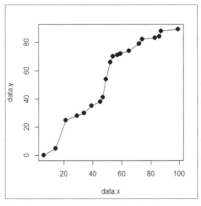

図5-5-1
円を塗りつぶして表示する

このようにplotを実行すると、折れ線の点が塗りつぶした形になり、見慣れた形になります。

グラフの色について

プロットされるグラフの線や点の色は「col」というオプションを使って指定できます。これは、色の名前や16進数、RGBの指定などを使って値を用意できます。順に説明しましょう。

番号で指定する例

```
col=1  col=2
```

「番号」というのは、Rに用意されている色の通し番号のことです。

Rでは、グラフなどで利用される色に番号を割り振って整理してあります。この番号を指定することで色を設定できるようになっています。

HINT

colで指定できる番号と対応色は以下の通りです。

番号	0	1	2	3	4	5	6	7	8
色	白	黒	赤	緑	青	シアン	マゼンダ	黄	グレー

名前で指定する例

```
col="red"      col="blue"      col="green"
```

名前で指定する場合は、colに色名のテキスト値を指定します。plot関数では、主な色の名前("red"、"green"、"blue"など)を値として認識するようになっています。基本的な色名だけでなく、"brown"や"coral"、"aquamarine"のようなものも、また"lightblue"や"darkgray"といったものも認識します。思った以上に使える色名は豊富ですので、いろいろと試してみてください。

HINT

上記以外にどんな色名が用意されているか知りたい人は、以下のURLを参考にしてください。
http://www.okadajp.org/RWiki/?%E8%89%B2%E8%A6%8B%E6%9C%AC (短縮URL：bit.ly/41uVNr7)

16進数で指定する例

```
col="#FF0000"  col="#6699ff"
```

16進数は、#記号の後にRGBの各輝度を00〜FFの2桁の16進数で表したものを使います。例えば赤ならば、"#ff0000"となるわけですね。この書き方は、Webのスタイルシートなどでも用意されているものですので、馴染みのある人も多いでしょう。

RGBで指定する例

```
col=rgb(1.0, 0, 0)      col=rgb(0, 0.5, 0.75)
```

rgb関数は、RGBの各輝度を引数に指定して色の値を作成する関数です。引数には0〜1の実数を指定します。例えば赤ならば、rgb(1.0, 0, 0)となります。

では、実際に色を指定してグラフを描画する例をあげておきましょう。先ほど設定したデータをplotで描画します。

```
01  plot(data.x, data.y, type='o', pch=20, col='red')
```

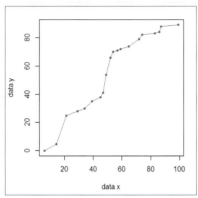

図5-5-2　グラフを赤で描く

これを実行すると、グラフの部分を赤で描画します。col='red'
で赤を指定されていますね。赤の表示は、col='#ff0000'あるい
はcol=rgb(1.0,0,0)とさまざまな方法で指定ができます。一通
りの書き方を試してみましょう。

タイトルとラベルの表示

グラフには、タイトルを表示できます。またX軸とY軸にもそ
れぞれラベルをつけることができます。これらは右のようなオ
プション引数として指定します。

これらはすべてテキストで値を指定します。これらをつけるこ
とで、よりグラフもわかりやすくなるでしょう。では、利用例
を挙げておきます。

ラベルを付けるためのオプション引数

値	ラベルの種類
main	メインタイトル。グラフの上部に表示される
sub	サブタイトル。グラフの下部に表示される
xlab	X軸のラベル。X軸の下に表示される
ylab	Y軸のラベル。Y軸の左に表示される

リスト5-5-3

```
01  plot(data.x, data.y, type='o', pch=20,
02      main="サンプルグラフ",sub="ランダムな値の視覚化",
03      xlab="data.xの値", ylab="data.yの値")
```

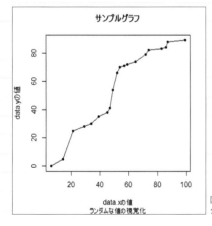

図 5-5-3
タイトル、サブタイトル、軸のラベルを表示する

ここではメインタイトル、サブタイトル、X軸とY軸のラベルをそれぞれ設定しました。これでだいぶグラフの意味がわかるようになりますね。

X軸とY軸のラベルは、デフォルトでは設定された値（変数やデータフレームの項目名など）が表示されるので、何を表示しているのかまったくわからないことはありません。ただ、「data[,1]」などといった表示がされていても、それだけでは何のデータかわからないでしょう。よりわかりやすいグラフにするなら、xlabやylabによるラベルの設定が必要です。

グラフの目盛りを調整する

X軸とY軸には、目盛りが自動的に割り振られます。デフォルトで、データのすべてが表示されるように目盛りの範囲や表示の細かさなどが適当な状態に調整されていますが、自分で細かく設定を行いたい、という人もいるでしょう。こうした人のために、plotにはメモリの表示に関するオプション引数が用意されています。

メモリ表示に関するオプション引数

値	指定内容
xlim、ylim	表示するグラフの範囲を指定するものです。これは、c(最小値, 最大値)というように2つの値のベクトルで指定します
xanp、yanp	X軸およびY軸の目盛りの間隔を指定するものです。これは、c(最小値, 最大値, 分割数)という3つの値のベクトルで設定します。これにより、X/Y軸の指定した範囲に指定の数の目盛りが表示されるようになります
xgap.axis、ygap.axis	目盛りに一定間隔で表示される数値の幅（数値と数値の間の幅）を指定するものです。これは数値で指定します

表示の範囲に関するものが2つあるので注意しましょう。xlim、ylimはグラフの表示範囲を指定するものであり、xanp、yanpは目盛りの範囲と間隔を指定するものです。

xanp、yanpは、例えばc(0, 10, 5)とすれば、0、2、4、6、8、10の位置に目盛りが表示されるようになります。

xgap.axis、ygap.axisは、これは表示するグラフをもとに、目盛りに表示される数値同士の最小間隔を指定するため、グラフの大きさによって表示される数値が変わってくるので注意してください。

では、実際の利用例をあげておきましょう。

リスト5-5-4

```
01 plot(data.x, data.y, type='o', pch=20, cex=2,
02     main="サンプルグラフ",sub="ランダムな値の視覚化",
03     xlab="data.xの値", ylab="data.yの値",
04     xlim = c(0,100), ylim = c(0,100),
05     xaxp = c(0, 100, 20),xgap.axis = 3,
06     yaxp = c(0, 100, 20),ygap.axis = 3)
```

これを実行すると、X軸とY軸にそれぞれ10単位で目盛りが割り振られます。数字が表示される間隔は、サンプルでは20ごとになっていますが、これはグラフの大きさによって変わります。グラフをリサイズして目盛りの変化を確認しておきましょう。

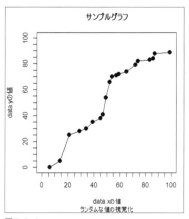

図5-5-4
X, Y軸で10ごとに目盛りが表示されるようにする

グラフに要素を追加する

難易度：★☆☆☆☆

さまざまな要素の描画方法

グラフは、ただ表示するだけでなく、必要に応じて図形やテキストなどを書き加えることができるとさらに便利に使えます。Rには、plotで作成したグラフに図形などを追加するための関数がいろいろと用意されています。これらを利用してみましょう。

書式 四角形の表示

```
rect(横, 縦, 横1, 縦1, col=色, lwd=線の太さ, border=輪郭色)
```

例

```
rect(60, 5, 95, 20, col='#ffeeee', lwd=3, border='red')
```

四角形を表示するものです。最初に2つの位置の値（横, 縦, 横1, 縦1）を指定すると、その2点が対角となるように四角形を作成します。colは、四角形の内部の塗りつぶし色を指定します。輪郭線は、lwdで先の太さを、borderで線の色を指定します。

書式 テキストの表示

```
text(横, 縦, テキスト, cex=サイズ, col=色)
```

例

```
text(77, 13, '重要!', cex=2, col = 'red')
```

テキストを表示するものです。位置（横, 縦）と表示するテキストを指定すれば、その場所にテキストの中心が来るように表示されます。cexはテキストの大きさを指定するもので、デフォルトを1とした倍率を指定します。またテキストの色はcolで指定します。

書式 矢印の表示

```
arrows(横, 縦, 横1, 縦1, code=種類, col=色, lwd=太さ)
```

例

```
arrows(50, 50, 75, 20, code=1, col='blue', lwd=3)
```

矢印を表示します。最初に矢印の2点の位置（横, 縦, 横1, 縦1）を指定します。code では、矢印の種類を数値で指定します。これは右のような値になります。

矢印の種類

値	矢印の種類
0	両端に矢印なし
1	開始位置に矢印
2	終了位置に矢印
3	両端に矢印

書式 シンボルの表示

```
symbols(横, 縦, [cirlecs, squares, rectangles, stars, thermometers, boxplots], bg=色,
inches=論理値, add=論理値)
```

例

```
symbols(50, 50, circles=10, bg='#00ff0033', inches=FALSE)
```

symbols関数は、シンボルと呼ばれる図形を追加します。最初に追加する位置を指定し、その後に、[ ]内に用意されているシンボルのいずれかを引数に指定します。表示するシンボルによって用意する値は異なります。

inchesは、シンボルの最大サイズが1インチになるように調整するものです。FALSEの場合はサイズは調整されません。addは、グラフに追加するか、それとも置き換えるかを指定するもので、TRUEにするとグラフに図形を追加します。

COLUMN

シンボルの位置や大きさはどう決める？

symbolsで作成する図形の位置や大きさは、グラフの座標を使って指定されます。従って、グラフの大きさなどが変わっても位置が変わったりすることもありません。ただ、正確に位置や大きさを指定するのが難しく感じるかもしれません。

図形を追加するときは、まず一度、グラフを作って表示してください。そしてそのグラフの座標をもとに、「このあたりにこのぐらいの大きさで図形を配置しよう」と位置決めをしていくといいでしょう。

注意したいのは、グラフで表示するデータが変わらないようにすることです。データが変わると表示されるグラフの座標範囲も変化し、図形の配置場所が本来考えていたところからずれてしまうこともあります。

グラフに図形を書き加える

では、これらの関数を使ってグラフに図形を追加してみましょう。ここでは例として、四角形、テキスト、矢印、円といったものを表示してみます。以下のスクリプトを実行してみてください。

リスト5-6-1

```
01  plot(data.x, data.y, type='o', pch=20, cex=2,
02      main="サンプルグラフ",sub="ランダムな値の視覚化",
03      xlab="data.xの値", ylab="data.yの値")
04
05  rect(60, 5, 90, 20, col='#ffeeee', lwd=3, border='red')
```

```
06  text(75, 13, '重要!', cex=2, col = 'red')
07  arrows(50, 50, 75, 20, code=1, col='blue', lwd=3)
08  symbols(50, 50, circles=10, bg='#00ff0033', inches=FALSE, add=TRUE)
```

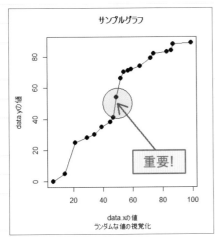

図 5-6-1
グラフに円、四角形、テキスト、矢印を追加する

まず、plotでグラフを作成します。図形表示の関数は、その後で呼び出します。ここでは、rect、text、arrows、symbolsという順番に関数を呼び出しています。

引数が多いのでわかりにくいでしょうが、基本的には位置や大きさ、色などの指定をするだけなので、それほど使い方が難しいものではありません。

唯一わかりにくいのはsymbolsでしょう。これはシンボルによって用意する値が違うので、どういうシンボルを表示するかを考える必要があります。ここでは円を追加していますが、これはcircles=10というように円の半径を指定するだけです。このように単純なものとしては、正方形を描くsquaresがあります。これも正方形の大きさを示す値をsquares=10というように指定するだけです。とりあえず、このもっともシンプルなシンボルの使い方だけ覚えておきましょう。

HINT
symbolsについては、実はもっと本格的なグラフ作成にも用いられます。これについてはChapter 5-09で説明します。

複数のグラフを描く

│ 難易度：★★★☆☆ │

plotで描画できるデータは、基本的に2つのベクトルをベースとするものです。散布図などは「2つのデータの関係」を表すのに使いますが、一般的な折れ線グラフなどは、基本的に「1つのデータを時系列や別の分類ごとにグラフ化したもの」であり、グラフに描かれるの1つのデータのみです。

例えば、1年間の製品の売上をグラフ化する場合、横軸は各月を表すものであり、実際に表示されるデータは1つだけです。では、「昨年と今年の売上を表示して比較したい」と思った場合はどうすればいいのでしょう。y軸に2列のデータを設定する？　それはできません。基本的に1列のデータだけしかplotでは描けないのです。

このような場合は、まず1列のデータをもとにplotでグラフを作成した後、2列目のデータをグラフに追記していくのです。Rにはplotで描いたグラフに図形を追加するための関数がいろいろと揃っていますから、それらを利用して折れ線グラフを図形として追加すればいいのです。

points/linesによるグラフの追加

plotで作成したグラフへの追加は、「points」「lines」といった関数を使って行います。これらは以下のように呼び出します。

書式 点を描画する

```
points( X軸データ, Y軸データ )
```

書式 線を描画する

```
lines( X軸データ, Y軸データ )
```

これらは、plotと同様にX軸とY軸のデータをベクトルにまとめたものを引数に指定します。基本はこの2つの引数があればいいのですが、plotと同様のオプションを持っており、それらを指定することでよりグラフらしい描画が行えます。colで色を指定したり、typeでグラフの表示スタイルを変更したりできます（従って、pointsで折れ線を描いたり、linesで散布図の点を描くことも可能です）。

では、これも簡単なサンプルを作成してみましょう。

リスト5-7-1

```
01  data.x <- as.integer(runif(20)* 100)
02  data.y <- as.integer(runif(20)* 100)
03  data.x <- sort(data.x)
04  data.y <- sort(data.y, decreasing=TRUE)
05  data.indx <- 1:20
06
07  plot(data.indx, data.x, type = "l", col="blue")
08  lines(data.indx, data.y, col = "red")
```

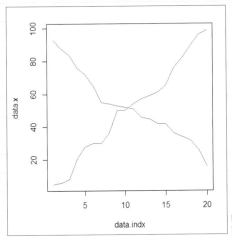

図 5-7-1
実行すると、青と赤の2つの折れ線グラフが描かれる

これを実行すると、ランダムに作成したデータを赤と青の2つのグラフで表示します。これまでと同様に、data.xと data.yにランダムなデータを保管し、それとは別にX軸の表示用に1〜20の数列をdata.indxに用意しておきました。data.xとdata.yはsortでソートしていますが、同じようにソートするとグラフが重なってわかりにくくなると思い、data.yは降順にソートしてあります。

ここではplotでグラフを描画した後、linesで追加の折れ線グラフを描画しています。青いグラフがplotで作成されたもので、赤がlinesによるものです。ここでは、以下のようにして赤いグラフを追加しています。

```
lines(data.indx, data.y, col = "red")
```

注意したいのは、「linesやpointsは、必ずplotの後に実行する」という点です。これらの関数は、plotで描いたグラフに対して実行するため、プロットされたグラフがないとエラーになります。

quakesのマグニチュードをグラフ化する

では、データセットを使って複数のデータを1つのグラフにまとめる例を見てみましょう。前章で使ったquakesデータセットを使います。このデータセットから複数箇所のデータを取り出し、そのマグニチュードの値をグラフ化してみましょう。

リスト5-7-2

```
01  # library(dplyr) #実行しておくこと
02  data.sample1 <- arrange(quakes[1:10,],mag)
03  data.sample2 <- arrange(quakes[11:20,],mag)
04  data.sample3 <- arrange(quakes[21:30,],mag)
05  data.indx <- 1:10
06  plot(data.indx, data.sample1$mag, type="l", col="blue",
07      ylim=c(4, 6.2), lty=1)
08  lines(data.indx, data.sample2$mag, col="red", lty=2)
09  lines(data.indx, data.sample3$mag, col="darkgreen", lty=3)
```

159

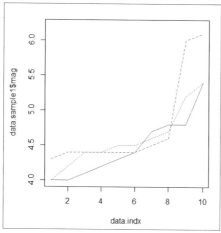

図 5-7-2
quakes の 1 〜 30 までのデータを 10 ずつグラフ化する

ここでは quakes からデータを 10 個ずつ 3 セット取り出し、これらをグラフ化しています。data.sample1 〜 data.sample3 に quakes からデータを取り出し（arrange で mag 順にソートしてあります）、それらを plot と lines でグラフにしています。それぞれ col で表示する色を変更してあります。また「lty」というオプションを用意していますが、これは線のスタイルを指定するものです。lty=1 は実線で、lty=2，3 は破線と点線になります。

いずれも X 軸には 1:10 の数列が設定された data.indx を指定してあります。複数のデータを 1 つのグラフに表示する場合、X 軸（あるいは Y 軸）に共通のデータを指定する、という点を忘れないようにしましょう。X 軸と Y 軸の両方を変更してしまったら、グラフの基準となるものがなくなり、何のために複数のグラフをまとめて比較できるようにしたのかわからなくなってしまいますから。

凡例の表示について

1 つのグラフに複数のデータを表示した場合、どれが何を示すのかがわかるように「凡例」を用意するのが一般的です。凡例の表示は、「legend」という関数を使って行います。

書式 凡例を表示する

```
legend(位置，legend=項目名，col=色，fill=塗りつぶし色，lty=線スタイル)
```

最初の「位置」は、配置場所を示す値を用意します。これは、グラフ内のどこに配置するかを示す以下のテキストのいずれかを指定します。

```
"bottomright", "bottom", "bottomleft", "left", "topleft", "top", "topright", "right"' ,
"center"'
```

例えば、"topright" と指定すればグラフの右上に凡例が表示されます。

legend 引数は、凡例に表示する項目名をベクトルにまとめたものを用意します。また col、fill、lty は、それぞれの凡例の表示に使う値をベクトルにまとめたものを指定します。注意したいのは「値の数は legend のベクトルと同じにする」という点です。

これらのオプションは、すべて凡例の項目の表示に関するものですから、凡例に表示する項目の数だけ値を用意する必要があります。それより多くても少なくても問題があります。例えば3つの項目を表示する凡例を作るなら、legend、col、fill、ltyは、すべて3つの成分を持つベクトルとして用意する必要があります。

グラフに凡例を追加する

では、先ほど作成したグラフに凡例を追加しましょう。Rコンソールなどから以下の文を実行してください。

リスト5-7-3

```
01  legend("topleft", legend = c("A列", "B列","C列"),
02        col=c("blue", "red","green"),
03        fill=c("blue", "red","green"), lty=c(1,2,3))
```

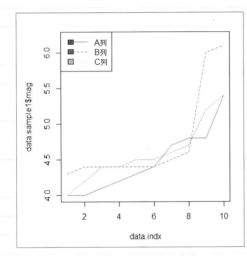

図5-7-3
3つの項目の凡例が表示される

これを実行すると、グラフの左上に「A列」「B列」「C列」という3つの項目がある凡例が表示されます。ここではlegendに各項目の名前を指定し、col、fill、ltyにそれぞれ3つの値のベクトルとして設定する値を用意しています。これらの設定により、凡例の3つの項目の表示が設定されているのがわかるでしょう。

Chapter 5-08

データフレームのグラフ化

| 難易度：★★★☆☆ |

quakesデータセットをグラフ化する

実際のデータを視覚化することを考えたとき、膨大なデータを丸ごとグラフ化することはかなり無理があることに気がつくでしょう。そうなったときには、データから必要な部分だけを抜き出してグラフ化する方法を知っておく必要があります。

では、実際のデータセットを使ってグラフ化してみましょう。例として、quakesから100個のデータを取り出してグラフ化してみます。

リスト5-8-1

```
01  data <- quakes[1:100,]
02  plot(data)
```

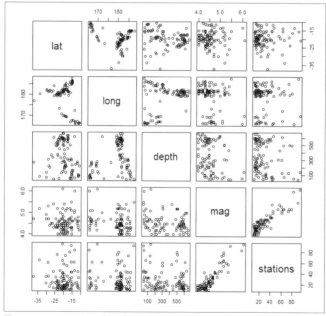

図5-8-1　quakesから100個のデータを取り出しグラフ化する

これを実行すると、quakesの最初の100個のデータをグラフ化します。quakes[1:100,]というようにして、冒頭から100個分を取り出していますね。これをそのままplotの引数に指定することで、100個のデータをグラフにしています。

描かれたグラフを見ると、lat、long、depth、mag、stationsの5つの項目についてグラフ化をしています。5×5−5＝計20個のグラフが一度に作成されているのがわかるでしょう。すべてのデータの関係をひと目で確認できるというのはかなり便利ですね。

列データをピックアップする

ただし、列データの数が増えてくると、この「すべての組み合わせのグラフを作る」というのが逆に困ったことになるかもしれません。例えば10列のデータがあったなら、10×10−10＝90個ものグラフが一度に作られることになります。それだけ作られると何が何だかわからなくなりますし、そもそも1つ1つのグラフが非常に小さくなり詳細が見えなくなってしまうでしょう。

そこで、データフレームをグラフ化する場合は、使用する列を限定し、必要な列データだけを抜き出してグラフ化するのがいいでしょう。例として、quakesデータセットを使い、緯度経度とマグニチュードのデータだけを取り出し、「どこでどのぐらいの地震が起きたか」だけをグラフ化してみましょう。

リスト5-8-2
```
01  data <- quakes[1:100,c(1,2,4)]
02  plot(data)
```

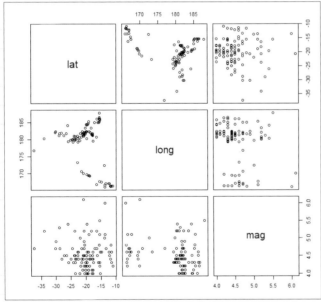

図5-8-2　緯度経度マグニチュードだけをピックアップしてグラフ化する

実行すると、「lat」「long」「mag」の3データでグラフ化をします。これを見ると、lat, longから地震がよく発生する場所がわかってきますし、発生する地震の大きさについても場所により偏りがあることがわかってきます。不要なデータを取り除くことで、よりわかりやすいグラフにすることができるわけです。

symbolsによるグラフ描画

難易度：★☆☆☆☆

symbols関数はグラフ作成もできる

plotによるグラフは、基本的に「XとYの2つのデータ」をもとに表示されます。では、3つ以上のデータがあるような場合は、どのように表示すればいいのでしょう。

こういうことは実際よくあります。散布図では、例えば第3のデータをプロットする点の大きさで表すことで3次元のデータをグラフ化することができます。このようなグラフを作成するのに用いられるのが「symbols」です。

symbolsは、先に「グラフに図形などを追加するための関数」として紹介しました（P.156参照）。先に説明したように、真円や正方形などの図形を追加するのにsymbols関数は使われます。が、そればかりではありません。「グラフそのものの描画」にもsymbolsは使われるのです。

真円でグラフを描く

では、実際にsymbolsでグラフを作ってみましょう。以下のスクリプトを実行してください。ランダムな100個のデータを表示します。

リスト5-9-1

```
01  x <- runif(100)
02  y <- runif(100)
03  z <- runif(100)
04  symbols(x, y,
05          circles = z, inches = .25, fg = 1:100)
```

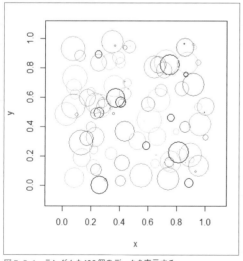

図5-9-1　ランダムな100個のデータを表示する

ここでは、runif関数を使って100個の乱数を作成し、それをグラフ化しています。このグラフ化には、plotを使っていません。symbols関数を使っています。

```
symbols(x, y, circles = z ……)
```

X軸とY軸には、それぞれベクトルを保管した変数xとyを指定しています。そして描画するシンボルとして、circles(真円)を指定してあります。circlesには、runifで100個の乱数をベクトルにまとめたものを代入してある変数zが使われていますね。

このcirclesの値は、「描画する真円の大きさ(要するに直径)」を示すものです。ここにベクトルを設定すると、ベクトルにあるデータを大きさとして円を描いていきます。例えば10個の値のベクトルを用意すれば、それらをもとに10個の円が描かれるのです。x、y、zの3つのデータを1つのグラフに表現することが可能になります。

ここでは、以下のようなオプションも用意していますね。

```
inches = .25, fg = 1:100
```

inchesは、先にplot関数のところで論理値として設定する働きについて触れておきました(P.156参照)。このように数値で指定することもできます。inches = .25により、inches = TRUE(つまり、縦・横の最大サイズが1インチ=2.54センチ)の4分の1の大きさで描くようにしています。

また、fgというのは、fourground color(前景色)のことで、Symbolsのシンボルの場合は線分の色を示します。ここに1:100の数列を指定することで、1つ1つのシンボルの色を変更しているのですね。この「ベクトルで個々の図形の色を設定する」という手法は、塗りつぶし色の「bg」でも使えます。

このcirclesと同様の使い方ができるシンボルとして「squares」というのもあります。こちらは正方形を描くもので、やはり引数にベクトルを用意すると、その値を正方形のサイズとして描いていきます。

書式 真円でグラフを描く
```
symbols(X軸データ, Y軸データ, circles=サイズデータ)
```

書式 正方形でグラフを描く
```
symbols(X軸データ, Y軸データ, squares=サイズデータ)
```

plotのグラフと同様、これにグラフのためのオプションを追加してグラフを作成できます。シンボルの最も基本となるものとして覚えておきましょう。

TIPS

先にリスト5-6-1でsymbolsを使ったときは、すでに描かれたプロットにシンボルを描き足しました。今回のsymbolsは、新たなグラフを描画しています。何が違うのか? といえば、「addオプション」です。先のサンプルでは「add = TRUE」というオプションが引数に用意されていました。これにより、「すでにあるグラフに追加する」という形でシンボルが描かれたのです。

今回、このオプションは省略されています。するとadd = FALSEと判断され、グラフに追加するのではなく、新しいグラフとしてシンボルを描画します。

symbols関数では、新しいシンボルを作成する際、plotと同様にグラフの目盛りやラベル、タイトルなども表示できるようになっています。また後からlegends関数で凡例を追加することもできます。基本的にplotによるグラフと全く同じものが作られると考えていいでしょう。

正方形でグラフを描く

この「symbolsによるグラフの作成」は、使用するシンボルの種類によって使い方と描かれるグラフが変化します。主なシンボルを使ったグラフ作成について説明しましょう。

真円・正方形のグラフというのは、X軸とY軸の他に、第3のデータとして真円や正方形のサイズを指定しました。これをさらに進め、「XとY以外に2種類のデータをグラフ化する」という場合に用いられるのが「rectangles」です。これは、2つのデータを四角形の縦横のサイズとして使うことで、全部で4種類のデータを一度にグラフ化します。

書式 四角形のシンボルでグラフを描く

```
symbols(X軸データ, Y軸データ,rectangles=サイズデータの行列)
```

rectanglesの場合、値には縦横のサイズデータをまとめた行列を指定します。これは、「横幅の列」と「高さの列」の2つの列を持った行列として用意します。この行列から各行の値を取り出して四角形のサイズとして使います。

では、これも利用例をあげておきましょう。

リスト5-9-2

```
01  x <- sort(runif(10))
02  y <- sort(runif(10))
03  x1 <- runif(10)
04  y1 <- runif(10)
05  symbols(x, y, rectangles = cbind(x1,y1),
06          inches = .5, fg = 1:10)
```

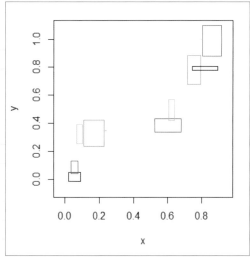

図5-9-2　4つのデータをもとに四角形を使ったグラフ
を描く

ここではx、y、x1、y1という4つのデータを用意しています。そしてx、yをそれぞれX軸とY軸に指定し、rectangles = cbind(x1,y1)でx1とy1による四角形を描かせています。rectanglesには、このようにcbindでデータを列として行列にしたものを設定するとよいでしょう。

rectanglesは四角形ですが、それ以外の多角形を描かせたい場合は「stars」を使います。これは以下のような形でstarsオプションに値を用意します。

書式 多角形のグラフを描く

```
stars = cbind(列1, 列2, 列3, ……)
```

必ずしもcbindを使わなければいけないわけではありませんが、「多角形の各頂点のデータを列にした行列」を引数に用意する必要があります。三角形なら3列の行列、五角形なら5列の行列としてデータを用意するわけです。これにより、多角形の各頂点の位置（中心から頂点までの距離）が行列データを使って設定されます。

では、利用例をあげておきましょう。

リスト5-9-3

```
01  x <- runif(10)
02  y <- runif(10)
03  z1 <- runif(10)
04  z2 <- runif(10)
05  z3 <- runif(10)
06  plot(x, y, pch=20)
07  symbols(x, y, stars = cbind(z1,z2,z3),
08          inches = 1, fg = 1:10, add = TRUE)
```

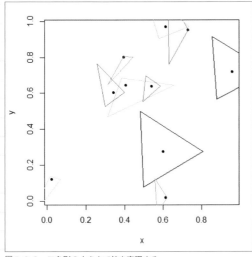

図5-9-3　三角形の大きさで値を表現する

$z1$、$z2$、$z3$という3列のデータを用意し、これを stars = cbind(z1,z2,z3)というようにして三角形のシンボルをグラフに描いています。ただ三角形があるだけでは大きさなどがよくわからないので、最初にplotでx、yの位置に黒い点を描き、これにsymbolsのシンボルを追加する形にしてあります。三角形の中の点から拡張点までの距離で値の大きさが表現されているのがわかるでしょう。

starsでレーダーチャートを作る

多角形の図形を使ってグラフが作れるということは、いろいろと応用ができそうです。例として、レーダーチャートを作ってみましょう。

レーダーチャートというのは、複数の項目があるデータを同心円状の中に多角形として描いていくものです。別名、蜘蛛の巣グラフというように、蜘蛛の巣がはられていくような形でグラフが描かれます。

多角形を描けるならば、このレーダーチャートも作れるでしょう。実際に簡単なものを作ってみましょう。

リスト5-9-4

```
01  x <- c(1,1,1,1,1)
02  y <- c(1,1,1,1,1)
03  z <- c(0.2,0.4,0.6,0.8,1.0)
04  x1 <- c(1,1,1)
05  y1 <- c(1,1,1)
06  z1 <- runif(3)
07  z2 <- runif(3)
08  z3 <- runif(3)
09  z4 <- runif(3)
10  z5 <- runif(3)
11  z6 <- runif(3)
12  symbols(x, y, stars = cbind(z,z,z,z,z,z),
13          inches = 1.8, fg = "lightgray",
14          xaxt="n",yaxt="n")
15  symbols(x1, y1,
16          stars = cbind(z1,z2,z3,z4,z5,z6),
17          inches = 1.8,
18          lwd=2, fg = 2:4, add = TRUE)
19  legend("topleft", legend = letters[1:3],
20          col=2:4, fill=2:4)
```

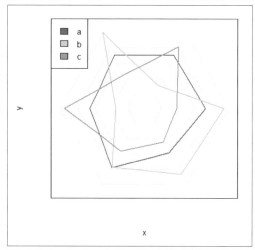

図5-9-4　レーダーチャートを使って3つのデータを表示する

ここでは6項目のデータを3つ、レーダーチャートで表示させました。スクリプトの前半は、すべてデータの用意です。

ここでは、レーダーチャートの目盛りとして、0.2単位でグレーの正六角形を描いています。そしてその上にランダムに用意したデータを描いています。symbols関数を2回呼び出していますが、1つ目でグレーの正六角形を描き、2つ目で赤青緑のグラフを描いています。

グラフの目盛りは、以下のようにして描いています。

```
x <- c(1,1,1,1,1)
y <- c(1,1,1,1,1)
z <- c(0.2,0.4,0.6,0.8,1.0)

symbols(x, y, stars = cbind(z,z,z,z,z,z),
        inches = 1.8, fg = "lightgray", xaxt="n",yaxt="n")
```

X軸とY軸の値はすべて1にし、starsで描く図形の大きさは0.2刻みで5つの値を用意してあります。これをもとに、symbolsで六角形を同心円状に描いています。オプションにxaxt="n",yaxt="n"とありますが、これは縦軸横軸の目盛りを非表示にするものです。またinchesの値は、表示するグラフの大きさに応じて適当に調整してください。これでグラフの目盛りとなる表示ができました。その上に六角形のグラフを描き足します。表示するデータは、z1〜z6として用意しておきました。これをsymbolsで描きます。

```
symbols(x1, y1, stars = cbind(z1,z2,z3,z4,z5,z6),
        inches = 1.8, lwd=2, fg = 2:4, add = TRUE)
```

lwd=2というのは、描くグラフの線の太さです。これを2にして少し太めに表示させています。そしてadd = TRUEで1回目のsymbolsで描いたグラフに描き足すようにしています。

HINT
なお、Rにはレーダーチャートを作成するパッケージもあります。これについては次章で説明する予定です。

温度計グラフ

3つ以上のデータを表示するときに用いられるグラフに「温度計グラフ」というものがあります。これは、温度計のようにバーで全体の割合を表示するタイプのグラフです。symbolsでは、「thermometers」というシンボルとして用意されています。これは以下のように使います。

```
thermometers = cbind(横幅, 高さ, 値)
```

thermometersでは、3つの列を行列として用意します。温度計の横幅と高さ、そして温度計に表示する値です。これにより、指定した縦横位置に、指定の大きさで温度計のシンボルが描かれます。

この温度計グラフというのは、日本ではあまり馴染みがないかもしれません。「見た記憶がない」という人もいるでしょうから、利用例をあげておきましょう。

リスト5-9-5
```
01  x <- 1:10
```

```
02  y <- sort(runif(10))
03  z <- runif(10)
04  symbols(x, y, thermometers = cbind(0.5,1,z),
05          inches = .5, fg = 1:10)
```

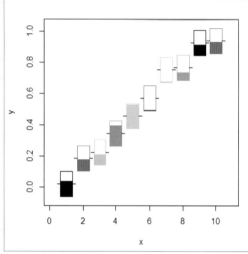

図 5-9-5　ランダムな値を表示する温度計グラフ

実行すると、ランダムな10個のデータを作成し、温度計グラフで表示します。ここでは、温度計のシンボルの大きさ（横幅と高さ）はすべて同じにして、表示される位置と温度計の値だけをランダムに設定してあります。大きさが同じなら、温度計の値の違いがひと目で分かるでしょう。

ここでは symbols に用意する温度計グラフの引数を以下のように設定しています。

```
thermometers = cbind(0.5,1,z)
```

横幅を0.5、高さを1に固定し、値だけをzのベクトルで指定しています。これにより、zベクトルの成分の数だけ温度計が作成され表示されるようになります。

作成された温度計グラフを見ると、「どこかで見たことがある」と思った人も多いのではないでしょうか。X軸Y軸の他に、温度計の縦横幅と値という全部で5項目のデータを同時に表すことができるため、覚えておくと結構重宝するでしょう。

箱ひげ図

複数のデータを効果的に表示するグラフとして、「箱ひげ図」と呼ばれるものもあります。これは四角形の上下と内部に直線が表示されたもので、データの分布やばらつきの状態などを表すのによく利用されます。X、Yの値の他にはこの縦横幅、上下のひげの長さ、箱内部の値を示すバーなど全部で5種類のデータを視覚的に表すことができます。ただし、すべての値にデータを割り振るとかなり見づらくなるので、箱の横幅などは一定幅に統一して使うことが多いでしょう。

これは「boxplots」というオプションとして用意されており、以下のように記述します。

```
boxplots = cbind(横幅，高さ，下ひげ，上ひげ，値)
```

boxplotsでは、全部で5列からなる行列を指定します。ここに用意された値により、箱とひげの表示が決まります。では、これも利用例をあげておきましょう。

リスト5-9-6

```
01  x <- 1:10
02  y <- sort(runif(10))
03  z <- runif(10)
04  x1 <- runif(10)
05  y1 <- runif(10)
06  b <- runif(10, min=0.25, max=1.0)
07  symbols(x, y, boxplots = cbind(0.5,b,x1,y1,z),
08          inches = .5, fg = 1:10)
```

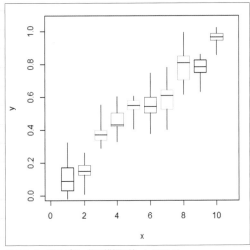

図5-9-6　箱ひげ図。箱の横幅は統一しておいた

これを実行すると、ランダムなデータをもとに10個の箱からなる箱ひげ図を作成します。すべてランダムな値にすると表示が見づらくなるので、X軸は1〜10の数列を使い、箱の横幅は0.5に固定しておきました。箱ひげの設定は以下のようにしています。

```
boxplots = cbind(0.5,b,x1,y1,z)
```

箱の横幅は0.5、箱の高さはrunif(10，min=0.25，max=1.0)で0.25〜1.0の乱数で設定しています。そして箱の上下のひげ（直線部分）と箱の内部の値はすべて0〜1の乱数を使っています。表示されているひげと値をよく見てみると、それぞれの値がどのように表示されているのかがわかってくるでしょう。

HINT

なお、統計ではデータの最小値、最大値、中央値などの値をもとに箱ひげ図を作成するのが一般的です。こうした具体的なデータに基づいた箱ひげ図についてはChapter 7で触れます。

chapter
5-09

171

symbolsは使えるものから覚える

以上、symbolsの各種シンボルの使い方を簡単にまとめました。いろいろなオプションがあるため、途中で混乱してきた人も多かったでしょう。

symbolsは、最初からすぐに使う関数ではありません。グラフの基本はplotであり、これさえきちんと覚えておけば当面は問題ないはずです。symbolsは、あくまで「おまけ」のグラフ機能と考え、余裕があれば覚えてみる、ぐらいに考えておきましょう。

実をいえば、Rにあるグラフの作成機能は、これで終わりではありません。まだまださまざまなグラフを描くための機能が用意されています。ですから、plotとsymbolsでお腹いっぱいになってしまっては困るのです。この章では、まず「plotの基本」についてしっかりと理解してください。それ以外のものは、「そういう機能がある」という程度に頭に入れておけば十分です。今すぐ覚えなくとも、いつか余裕ができたら勉強しなおせばいいのですから。

では、次の章でさらに多くのグラフ機能について学んでいくことにしましょう。

Chapter 6

その他のグラフ機能

この章のポイント
- **barplot** による棒グラフの基本を覚えよう。
- **hist** によるヒストグラムの仕組みと活用方法を理解しよう。
- その他にどんなグラフ機能があるか確認しよう。

barplotによる棒グラフ

難易度：★★☆☆☆

前章の「plot」は、Rでグラフを作成する際の基本中の基本とも言える関数です。これさえわかれば、データをグラフにすることはだいたいできるようになります。しかし、場合によっては、plotによるグラフ以外のものが必要となることだってあります。こうした「plot以外のグラフ」について説明しましょう。

まずは、おそらくビジネスユースではもっとも使用頻度が高いグラフ、「棒グラフ」についてです。plotは基本的に「点と線」によるグラフであるため、一般的な棒グラフは作成できません。では、どうやって棒グラフを作ればいいのか？これは、そのための専用関数が用意されています。「barplot」というものです。

このbarplotは、棒グラフで表示するデータをベクトルにまとめて渡すだけで自動的に棒グラフを作成してくれます。

書式 棒グラフを作成する

```
barplot(ベクトル)
```

非常にシンプルですね。では、実際に棒グラフを作成してみましょう。以下のスクリプトを実行してみてください。

リスト6-1-1

```
01  x <- sort(sample(1:100, size = 10))
02  barplot(x)
```

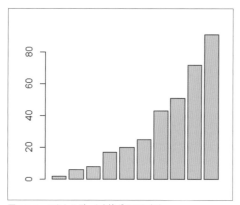

図6-1-1　ベクトルデータを棒グラフにする

実行すると、ランダムに用意した10個のデータを棒グラフで表示します。ここでは、sampleで用意したデータをsortで昇順に並べ替えたものをbarplotの引数に渡しています。ただ棒グラフを作るだけなら、このようにとても簡単です。

横軸の表示を用意する

作成された棒グラフを見て、いろいろと手直しが必要だと感じたことでしょう。よりグラフらしくするため、barplot には多くのオプションが用意されています。それらを使ってグラフの表示を整えていきましょう。

まずは、棒グラフの横軸の表示についてです。表示されたグラフでは、縦軸には自動的に目盛りに値が割り振られ表示されていましたが、横軸の各バーに関する表示は何もありません。

横軸に各バーの説明などのテキストを表示するには、いくつかのオプションを用意する必要があります。以下に主なものをまとめておきましょう。

横軸の表示に関するオプション

値	指定内容
axes = 論理値	横軸の表示
axisnames = 論理値	名前の表示
axis.lty = 数値	線スタイルの指定
names.arg = ベクトル	各バーの名前の指定

横軸とバーの名前表示を行うには、axesとasixnamesをTRUEにし、names.argに各バーの名前をまとめたベクトルを用意します。

では、先ほどのサンプルを修正して、各バーに名前が表示されるようにしてみましょう。

リスト6-1-2

```
01  x <- sort(sample(1:100, size = 10))
02  barplot(x, axes = TRUE, axisnames = TRUE,
03          names.arg = LETTERS[1:10])
```

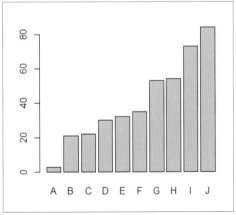

図6-1-2　各バーに名前が表示されるようになった

実行すると、A～Jまでのアルファベットが名前として表示されるようになります。これで各バーが何を示すかわかるようになりました。

axesとaxisnamesをそれぞれTRUEにし、names.argに各バーの名前を用意します。ここではLETTERS[1:10]でA～Jのアルファベットのベクトルを指定しておきました（lettersは小文字、LETTERSは大文字のアルファベットのベクトル）。これで横軸の表示がされるようになります。

色の設定

グラフに表示されるバーの色は、「col」と「border」というオプション引数を使って設定できます。

バーの色を指定するオプション引数

値	指定内容
col	バーの塗りつぶし色を指定
border	バーの輪郭線の色を指定

色の指定は、すでにRでは何度も登場しましたね（P.152参照）。番号・名前・16進数・rgb関数といったもので指定します。また、これらは複数の色の値をベクトルにまとめて渡すこともできます。そうすると、バーの色を1つずつ変えていくことが可能です。例えば赤と青をベクトルとして渡すと、奇数列と偶数列を赤と青に色分けできます。

では、実際の利用例を挙げておきましょう。

リスト6-1-3

```
01  x <- sort(sample(1:100, size = 10))
02  barplot(x, axes = TRUE, axisnames = TRUE,
03          names.arg = LETTERS[1:10],
04          col=1:10, border=1:10)
```

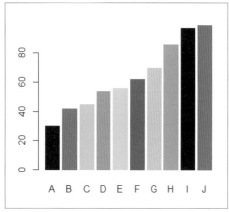

図6-1-3　各バーの色が変更される

実行すると、各バーの色がそれぞれ変更されます。ここでは、col=1:10，border=1:10というようにして、1〜10の値を各バーのcolとborderに設定しています。輪郭線にも塗りつぶしと同じ色を設定することで、輪郭線が表示されないバーになります。

その他のバー表示オプション

その他にも、棒グラフのバーに関するオプション引数は色々用意されています。覚えておくと便利なものを簡単にまとめておきましょう。

棒グラフのバーに関するオプション引数

値	指定内容
space = 数値	バー間のスペースを指定
density = 数値	斜線の密度（内部を斜線で塗りつぶす）を指定
angle = 数値	斜線の角度を指定
horiz = 論理値	横方向にバーを表示

spaceはバーとバーの間のスペースを調整するものです。バーの幅＝1とした割合で値を指定します。

densityとangleは、バーの内部を指定の色で塗りつぶすのではなく、一定間隔で線を描いて表示するためのものです。densityに密度を数値で指定し、angleに斜線の角度を指定すると、それらの情報をもとにバーの内部に斜線を描きます。

horizは、バーを縦ではなく横に伸びるようにするためのものです。要するに、X軸とY軸を逆にするものと考えていいでしょう。

では、これらのオプションの利用例を挙げておきます。

リスト6-1-4

```
01  x <- sort(sample(1:100, size = 10))
02  barplot(x, axes = TRUE, axisnames = TRUE,
03          names.arg = LETTERS[1:10],
04          col=1:10, border=1, space = 0,
05          density = 20, angle =45, horiz = TRUE)
```

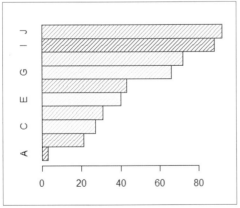

図6-1-4　バーの内部を斜線で塗り、横方向に表示する

これを実行すると、バーが横方向に表示されます。各バーはスペースを空けず密着して配置され、内部は塗りつぶされず斜線を引いて表示されます。同じ棒グラフといってもだいぶ雰囲気が変わりますね！

複数データを表示する

棒グラフは、1列のデータを表示する場合にしか使われないわけではありません。複数列のデータを1つのグラフに並べて表示したり、積み上げる形で表示したりすることもあります。こうした複数列のデータを棒グラフ化するにはどのようにするのでしょうか。

実は、これは簡単です。表示する各データを行にまとめた行列としてデータを用意すればいいのです。plotでは、データフレームなどにまとめたデータは、列ごとにグラフとして表示されました。barplotでは、行列の各列の成分が各バーの表示になります。1列目のデータが1つ目のバーとして表示され、2列目が2番目のバーとなり……という具合に各列の成分が各バーの値として表示されるのです。

では、実際に複数のデータを表示させてみましょう。

リスト6-2-1

```
01  x <- sort(sample(1:100, size = 10))
02  y <- sort(sample(1:100, size = 10))
03  barplot(rbind(x,y), axes = TRUE, axisnames = TRUE,
04          names.arg = LETTERS[1:10],
05          col=c(4,5), border=1)
```

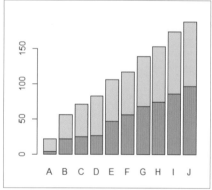

図6-2-1　実行すると、xとyのデータを縦に積み上げる形
　　　　　で表示する

ここでは、xとyにそれぞれ10個のランダムな値をデータとして用意しました。これをrbind(x,y)で縦方向に結合して行列にまとめてbarplotを実行すると、xとyの成分を積み重ねる形で棒グラフが作成されます。

複数データを行列にまとめて棒グラフにする場合、注意しておきたいのはcolとborderの色の設定です。これらのオプションに複数の値を設定すると、各行のデータごとに色が設定されます。ここではcol=c(4,5)としていますが、これにより、バーのx部分は4、y部分は5の値で塗りつぶされるようになります。複数データでは、1データのときのようにバーごとに色を変更することはできなくなります。

各値を重ねずに表示するには？

このように行列で複数のデータをまとめると、それらを積み重ねて棒グラフを作成できます。これは非常に便利ですが、まったく関連性のないデータを複数表示するような場合、積み重ねて表示されないほうがいいこともあるでしょう。このような場合は「beside」というオプションを用意します。これは論理型の値で、beside ＝ TRUEとすると、各データを積み重ねず、それぞれ別のバーとして表示します。実際に先ほどのbarplotで作成したグラフを修正してみましょう。

リスト6-2-2

```
01  barplot(rbind(x,y), axes = TRUE, axisnames = TRUE,
02          names.arg = LETTERS[1:10], beside = TRUE,
03          col=c(4,5), border=1)
```

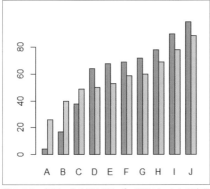

図6-2-2　各データを積み重ねず、別のバーとして表示
　　　　する

これを実行すると、積み重ねていたバーが別のバーとして表示されるようになります。バーの数が2倍になるので、あまり項目数が増えると見づらくなりますが、オプション1つでこのように表示を切り替えられるのは非常に便利です。

凡例を表示する

複数のデータを1つにまとめて表示する場合、やはり凡例を使ってそれぞれのデータの説明をつける必要があるでしょう。barplotのグラフに凡例を付けるやり方は2通りあります。
1つは、「legend.text」というオプションを使う方法です。これは凡例として表示する項目の名前をベクトルにまとめて設定するだけです。試してみましょう。

リスト6-2-3

```
01  barplot(rbind(x,y), axes = TRUE, axisnames = TRUE,
02          names.arg = LETTERS[1:10],
03          col=c(4,5), border=1,
04          legend.text = c("東京","大阪"))
```

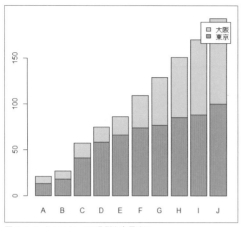

図6-2-3　legend.textで凡例を表示する

これを実行すると、グラフの右上に「東京」「大阪」という項目の凡例が表示されます。簡単に凡例を表示するには、この方法が一番です。

ただし、このlegend.textによる凡例は細かな調整ができません。ただ指定した名前を凡例としてグラフの右上に表示するだけです。表示する場所を変更することもできないため、グラフに重なって見づらくなってしまうこともあります。

もう1つの方法は、「legend」関数を利用するものです。これは、前章でplotによるグラフに凡例を追加するのに使いました（P.160参照）。barplotでも、作成されるグラフは基本的にplotのものと同じなので、legend関数で凡例を追加することができます。

リスト6-2-4

```
01  barplot(rbind(x,y), axes = TRUE, axisnames = TRUE,
02          names.arg = LETTERS[1:10],
03          col=c(4,5), border=1)
04  legend('topleft',c("東京","大阪"),col = 4:5, fill=4:5)
```

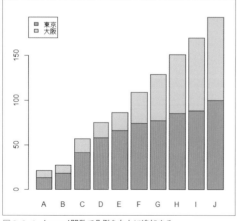

図6-2-4　legend関数で凡例を左上に追加する

これを実行すると、グラフの左上に凡例を表示します。これならグラフと重なることもなく見やすいですね。

legendによる凡例は、追加されるグラフの内容と連携しているわけではないため、colやfillなどでグラフと同じカラーを設定するのを忘れないでください。

histによるヒストグラム

ヒストグラム描画の基本

棒グラフのようにバーを使って表示するグラフに「ヒストグラム」があります。ヒストグラムは、棒グラフではありますが、通常の棒グラフとは表示される内容が違います。ヒストグラムは、データの分布状態を棒グラフで表すものです。

統計では、バラバラなデータをある程度整理して扱うための「度数分布」という考え方があります。度数分布とは、データをいくつかに分類し、各分類におけるデータの個数を示す分布のことです。

度数分布では、データを一定幅の区間（階級と呼ばれます）に分け、区間ごとのデータ数（度数）を集計したもの（度数分布表といいます）を作成して、データ全体の分布状態を調べます。この度数分布表を元にグラフ化したのが「ヒストグラム」です。このヒストグラムは、「hist」という関数で簡単に作成できます。

書式 ヒストグラムを描画する

```
hist(ベクトル)
```

数値データをベクトルにまとめたものを引数に指定して呼び出せば、そのデータを一定範囲の区間に分けて整理し、その個数をグラフ化します。非常に簡単ですので、まずは使ってみましょう。

リスト6-3-1

```
01  x <- rnorm(1000)
02  hist(x)
```

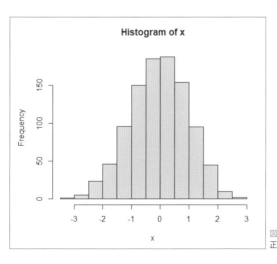

図6-3-1
正規分布に従って生成した乱数1000個をヒストグラムにする

ここでは、rnorm関数で1000個の乱数を作成し、それをそのまま引数にしてhistを実行しています。たったこれだけで、乱数データをヒストグラムで表示することができました！

rnormは、正規分布に沿って乱数を生成するため、histでヒストグラムにすると、グラフも正規曲線に沿う形で作成されることがわかります。

データ範囲の調整

作成されたデータを見ると、1の幅でバーが生成されていることがわかります。-3～-2、-2～-1、-1～0というぐらいですね。histは適当な区間でデータを分割しヒストグラム化してくれます。ただし、もう少しグラフ化する際の区間を細かくしたい、あるいはもっと広くしたい、ということはあるでしょう。

このような場合には、「breaks」というオプション引数を利用できます。これは以下のような形で値を用意します。

書式 指定した数に分割する場合

```
breaks = 分割数
```

書式 一定間隔ごとに分ける場合

```
breaks = 等差数列
```

breaksでは、いくつかの値がサポートされています。単純に1つの数値（整数）を指定すると、それはデータ全体をいくつに分割するかを指定します。例えば、breaks = 10とすれば、データの最小値から最大値までを10に等幅で分割してヒストグラム化します。

ヒストグラムで分割する範囲と分割幅をさらに細かく指定したい場合は、等差数列を使います。例えば、「-2, 0, 2」というような数列を指定すれば、-2～0、0～2といった区間でデータをまとめてヒストグラム化できます。

このbreaksに設定する等差数列は「seq」という関数を使って作成するのが一般的です。

書式 等差数列を作成する

```
seq(最小値, 最大値, 増加数)
```

seq関数は、等差数列を作成するための関数です。seqでは、作成する数列の最小値と最大値、そして数字の増減量を指定します。例えば、seq(1, 10, 2)とすれば、1、3、5、7、9といった数列が作成されます。1:10のような書き方では1ずつ増減する数列しか作れませんが、seqを使えば増減の幅を自由に設定して数列が作れます。この数列の数値が、データを分割する区間として使われます。

では、breaksを使って、ヒストグラムの各バーの幅を調整してみましょう。

リスト6-3-2

```
01  x <- rnorm(1000)
02  hist(x, breaks = seq(-5, 5, 0.25))
```

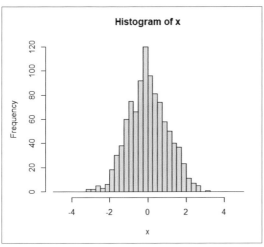

図6-3-2　0.25ごとにデータ数を集計し表示する

ここでは、0.25幅ごとにデータを集計してヒストグラム化しています。breaks = seq(-5, 5, 0.25)というようにして-5〜5の範囲で0.25ずつ増加する数列を作成し、これをbreaksに設定しています。デフォルトよりもかなり細かく区間を設定することで、より細かな分布状態がわかります。

確率分布について

ヒストグラムは区間ごとのデータ数（度数）を表示するものですが、データの数ではなく、確率分布を使った表示を行うこともできます。

確率分布とは、データにおいて、それぞれの値が得られる確率を表したものです。例えばサイコロを投げたとき、1〜6の目が出る確率を表したものなどをイメージすればいいでしょう。

サイコロのように出る値が決まっているものなら、それぞれの確率分布は簡単に求められるでしょう。しかし、例えばquakesデータセットのdepthやstationsの値などは、ほとんどがバラバラで1000個のデータがあれば1000個がすべて異なる値になっていることでしょう。こうしたものは、1つ1つの値について確率分布を得ても「全部、1000分の1」にしかなりません。

そこで、ヒストグラムの考え方が役立ちます。データ全体をいくつかの区画に分けて整理し、それぞれの区画ごとに確率分布を考えるのです。こうすれば、「この範囲の値が出る確率はこれくらい」ということを数値化できます。

ヒストグラムで確率分布を使うには、「freq」というオプションを指定します。これは論理値のオプションであり、TRUEだと度数表示、FALSEだと確率分布になります。では、試してみましょう。

リスト6-3-3

```
01  x <- rnorm(1000)
02  hist(x, breaks =seq(-5, 5, 0.5),
03       freq = FALSE, density = 10, col='blue',)
```

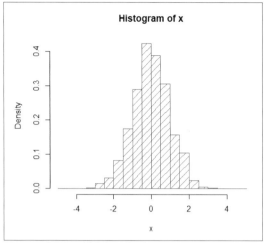

Histogram of x

図6-3-3　各区間の確率密度をY軸に表示する

これを実行すると、区間ごとの確率密度（その区画の値になる確率）をグラフ化します。Y軸の表示を見ると、0.0〜-0.4程度の範囲で目盛りが表示されているのがわかるでしょう。データの数（度数）ではなく、その区間の値になる確率がグラフ化されているのがわかります。

なお、ここでは`density = 10`というオプションを指定しています。`density`は、先に`barplot`でも使いましたね。バー内部を斜線表示するものでした。`hist`によるヒストグラムでも同様に指定することができます。

histオブジェクトを詳しく知る

`hist`によるヒストグラムは、`plot`や`barplot`などによるグラフの描画とは少し違うものであることは、おそらく使ってみて感じたことでしょう。`plot`や`barplot`は、ただ引数に指定したデータを使ってグラフを描くだけです。しかし`hist`は、渡されたデータから一定の区間ごとの度数を調べ、それを使ってグラフを作成しています。ただ与えられたデータを視覚化しているのとは違います。内部でデータを分析し処理しているのです。

この`hist`関数では、内部でどのような処理が行われ、どういう情報を保持しているのでしょう。ここで、`hist`関数で生成されるオブジェクトがどういうものか調べてみましょう。

リスト6-3-4

```
01  x <- rnorm(1000)
02  plot.1 <- hist(x, breaks = seq(-5, 5, 0.5))
03  plot.1
```

出力

```
> plot.1
$breaks
 [1] -5.0 -4.5 -4.0 -3.5 -3.0 -2.5 -2.0 -1.5 -1.0 -0.5  0.0
[12]  0.5  1.0  1.5  2.0  2.5  3.0  3.5  4.0  4.5  5.0

$counts
 [1]   0   0   1   0   4  14  50  88 159 179 199 165  77  42
[15]  19   3   0   0   0   0

$density
 [1] 0.000 0.000 0.002 0.000 0.008 0.028 0.100 0.176 0.318
[10] 0.358 0.398 0.330 0.154 0.084 0.038 0.006 0.000 0.000
[19] 0.000 0.000
```

```
$mids
 [1] -4.75 -4.25 -3.75 -3.25 -2.75 -2.25 -1.75 -1.25 -0.75
[10] -0.25  0.25  0.75  1.25  1.75  2.25  2.75  3.25  3.75
[19]  4.25  4.75

$xname
[1] "x"

$equidist
[1] TRUE

attr(,"class")
[1] "histogram"
```

これを実行すると、ヒストグラムが表示されると同時に、コンソールにplot.1の内容が出力されます。ここでは、hist関数をplot.1という変数に代入し、それを出力していますね。hist関数は、ただグラフを描画するのではなく、histクラスのオブジェクトを作成し、その中で必要な情報を保管し、グラフを描画しているのです。

この出力内容を見ると、histオブジェクトの中に以下のような値が保管されていることがわかります。

histオブジェクトに保管されている値

値	内容
$breaks	各区間を示す値がベクトルとして保管されます
$counts	各区間の度数（データ数）がベクトルとして保管されます
$density	各区間の確率密度がベクトルとして保管されます
$mids	各区間の中心の値がベクトルとして保管されます

この他にもいくつか値はありますが、histで使われるデータ関係は上記のものになります。histでは、まず$breaksにより各区間の区切りとなる値が生成され、これをもとに度数、確率密度、中心値といったものが演算されています。これらの値は、いずれもベクトルとしてまとめられており、これらの値をもとにヒストグラムが描かれていることがわかります。

区間により色を変更する

これらのデータを利用することで、ヒストグラムの表示をカスタマイズできるようになります。例えば、ヒストグラムの内、両端の少数の部分だけ色を変更してよりわかりやすくしてみましょう。

リスト6-3-5

```
01  x <- rnorm(1000)
02  plot.1 <- hist(x, breaks = seq(-5, 5, 0.5))
03
04  plot.c <- ifelse(plot.1$mids <= -2, "red",
05                   ifelse(plot.1$mids <= -1, "#ffaaaa",       ┐
06                   ifelse(plot.1$mids >= 2, "blue",          ├ 1
07                   ifelse(plot.1$mids >= 1 , "#aaaaff", "lightgray")))) ┘
08  plot.mx <- max(plot.1$counts) ─── 2
09  plot(plot.1, col=plot.c, ylim = c(0, plot.mx + 50)) ─── 3
```

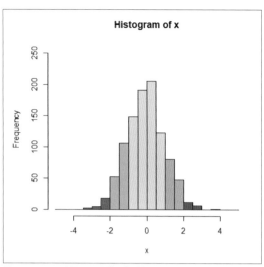

図6-3-4 -2, -1以下、1, 2以上で色が変わる

これを実行すると、-2以下は赤、-2〜-1はピンク、1〜2は水色、2以上は青で表示されます（それ以外の部分はグレーになっています）。区間により色分け表示しているのです。

区間ごとの色のベクトルを作る

リスト6-3-5では、histのオブジェクトをplot.1という変数に収め、■でその中のmidsの値をもとに表示する色を設定しています。plot.cに色の値を代入している部分を見てください。こんな具合に値が作成されています。

```
plot.c <- ifelse(-2以下, 赤,
    ifelse(-1以下, ピンク,
        ifelse(2以上, 青,
            ifelse(1以上, 水色, その他はグレー)
```

非常にわかりにくいですね。「ifelse」というのは、構文のところで説明しましたが、覚えていますか？　これは、条件をチェックして2つの値のどちらかを返す関数です（P.052参照）。

書式 ifelse構文

```
ifelse(条件, TRUEの値, FALSEの値)
```

このようになっています。問題は、このifelseが1つでなく、4つも入れ子状態で使われている点です。FALSEのときの値として、さらにifelseが使われているのです。

```
ifelse(条件1, TRUEの値, ifelse(条件2, TRUEの値, FALSEの値))
```

FALSEの値の部分（ifelse構文の3番目の引数）にifelseを入れると、こんな具合になりますね。条件1をチェックし、それがFALSEなら続いて条件2をチェックし、それに応じて値が得られるわけです。これをさらにつなげて、第

3のifelse、第4のifelseと組み込んでいったのがサンプルのplot.cを取得している文です。

こんなにifelseをつなげて一体何をしているのか？　それは、「plot.1$midsの値がいくつかによって、得られる値を変えている」のです。plot.1$midsの値が、

- ・-2以下なら赤
- ・-1以下ならピンク
- ・2以上なら青
- ・1以上なら水色
- ・それ以外ならグレー

このように値が得られるようになっていたのですね。これにより、plot.1$midsのベクトルから色の値のベクトルが作成され、plot.cに代入されていたのです。つまり、すべての区間ごとの色データがベクトルとしてplot.cに作成されたのです。

度数の最大値を調べる

もう1つ、データから「度数の最大値」を調べています（**2**）。これを行っているのが以下の文です。

```
plot.mx <- max(plot.1$counts)
```

ここでは「max」という関数を使っています。これは、引数のベクトルの中から最も大きな値を取り出すものです。ここでは、plot.1$countsで区間ごとの度数の値から最大値を取り出しています。この値をもとに、ヒストグラムのY軸の表示範囲を設定しよう、というわけです。

plotでhistオブジェクトを描画する

こうして必要な情報が一通り得られました。後はそれらをもとにヒストグラムを作成するだけです。これは、histではなく「plot」関数で行っています（**3**）。

```
plot(plot.1, col=plot.c, ylim = c(0, plot.mx + 50))
```

plotの第1引数に、histオブジェクトであるplot.1が設定されていますね。これで、histオブジェクトによるグラフの描画（つまりヒストグラムの描画）が行われます。colでplot.cを指定することで、各バーの色が設定され、ylimでY軸の範囲を指定できます。plotでヒストグラムを描く場合も、これらのオプションはそのまま活きているのですね。

ヒストグラムは、このように「histオブジェクトを変数に取り出し、必要な情報などを処理してからplotで描画する」という使い方ができます。こうすることで、ヒストグラムの度数や確率密度に応じた表示を行えるようになります。

これはヒストグラムの高度な利用になるので、今すぐ覚える必要はありません。しかし、「こういうテクニックもある」ということは知っておくといいでしょう。

複数グラフの描画

難易度：★★★☆☆

ヒストグラムは基本的に1つのデータ群を表示するものですが、場合によっては複数のデータをまとめて表示する必要が生じることもあります。このような場合はどうするのでしょうか。

これにはいくつかの方法があります。最も簡単なのは、histにデータをひとまとめにしたものを渡して描画させる、というものでしょう。histの第1引数に指定するデータは、通常ベクトルにまとめたものですが、複数のデータを表示させたい場合は、それらをさらに1つにまとめればいいのです。

まとめ方は、ベクトルでも行列でも構いません。c関数、cbind/rbind関数、いずれでデータをまとめてもそれぞれを認識しグラフ化してくれます。では、試してみましょう。

リスト6-4-1

```
01  x <- rnorm(1000)
02  y <- rnorm(1000) + 2.5
03  hist(c(x,y), freq = TRUE, breaks=seq(-5, 7, 0.5), col=2:3)
```

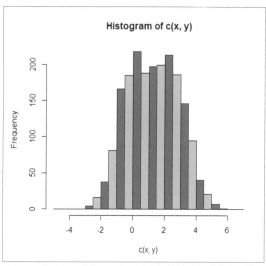

図6-4-1　実行すると2つのデータが1つのグラフ内にまとめて表示される

ここではxとyにそれぞれ1000個のランダムなデータをまとめてあります。ただし、同じrnormではグラフが重なってしまうので、yには2.5を足して少し値をずらしてあります。

これをc(x,y)でまとめてhistに渡すことで、2列のデータが1つのグラフにまとめて描かれます。赤と緑のバーが交互に表示されているのがわかるでしょう。

このように複数列のデータを用意した場合は、colでそれぞれの列の色を指定しておきましょう。これを忘れるとすべてグレーに表示され、区別が付きません。

ヒストグラムを重ねる

もう1つの方法は、複数のhistを実行してグラフを重ねるやり方です。hist関数で描かれるグラフはplotと同じものですから、add = TRUEを指定することで前のグラフに追加することができます。

これも実際の例を見てみましょう。

リスト6-4-2

```
01  x <- rnorm(1000)
02  y <- rnorm(1000) + 2.5
03  hist(x, breaks=seq(-5, 7, 0.5), col="#FF000099")
04  hist(y, breaks=seq(-5, 7, 0.5),col="#0000ff99", add = TRUE)
```

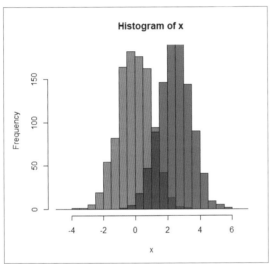

図6-4-2
xとyのヒストグラムを重ねて表示する

これを実行すると、xとyのヒストグラムが赤と青で表示されます。両者の重なる部分は紫で表示されているのがわかるでしょう。

add = TRUEでhistのグラフを重ねれば、複数のグラフを重ね合わせることができます。が、ここで注意したいのは、それぞれのグラフの色です。ここでは、以下のように色を設置していますね。

```
col="#FF000099"  col="#0000ff99"
```

2桁の16進数4つを指定し、RGBAを指定しています。アルファチャンネルの値を調整することで、半透明の色を使うことができます。これを忘れると、後から描いたグラフで前のグラフのバーが重ね描きされて見えなくなるので注意しましょう。

複数グラフを並べる

1つのグラフに複数のヒストグラムを重ねるのはこれでできました。次は、それぞれを別のグラフとして並べて表示させることを考えてみましょう。

Rには、複数のグラフを決まった形に並べて表示させる機能があります。例えば2つのグラフを横あるいは縦に並べたり、4つのグラフを2×2に並べて表示したり、といったものですね。先にquakesデータセットをそのままplotした際、5×5のグラフが一度に表示されたことがありました(P.146参照)。あれも、グラフを並べて表示する機能を使っています。

この複数のグラフを並べて表示する機能は「par」という関数として用意されています。

書式 複数のグラフを並べる

```
par(mfrow = サイズ)
```

引数には、mfrowという値を用意します。これはグラフを並べて横／縦の数をベクトルにしたものです。例えば、c(2,3)とすれば、横2×縦3で計6個のグラフを並べて表示できます。

実際に簡単なグラフを並べて表示させてみましょう。

リスト6-4-3

```
01  x <- rnorm(1000)
02  y <- rnorm(1000) * 2
03  z <- rnorm(1000) / 2
04  par(mfrow = c(1,3))
05  hist(x, breaks=seq(-10, 10, 0.5), ylim=c(0,400), col="red")
06  hist(y, breaks=seq(-10, 10, 0.5), ylim=c(0,400), col="blue")
07  hist(z, breaks=seq(-10, 10, 0.5), ylim=c(0,400), col="green")
```

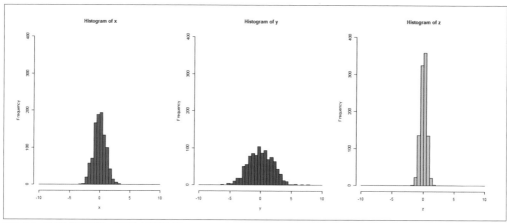

図6-4-3 3つのグラフを横一列に並べて表示する

これを実行すると、ランダムな1000個のデータを3セット作成し、それらのヒストグラムを横一列に並べて表示します。ここでは、まずpar(mfrow = c(1,3))を実行して1×3のグラフの配置場所を確保します。後は、グラフを作成する関数(ここではhist関数)を実行すれば、それが左上の配置場所から順に配置されていきます。異なる3つのデータも、こうして並べて比較すれば違いがよくわかりますね。

なお、ここではグラフのY軸の目盛りを統一するため、ylim=c(0,400)という引数を追加してあります。ylimはplotで登場したオプションで、Y軸目盛りの最小値と最大値を指定するものでしたね。これにより、3つのヒストグラムすべてでY軸の目盛りが同じになるようにしています。グラフを比較する際、目盛りの統一は重要です。

確率分布の線分表示

ヒストグラムで確率分布を表示する場合、それぞれの値を線分で結ぶことで変化をより把握しやすくできます。いわゆる「密度曲線」というものですね。これには、「lines」関数を使います。

書式 密度曲線を描画する

```
lines(density(データ))
```

グラフを描くためのデータを引数に渡しますが、このときデータそのものではなく、「density」関数を使って得られた値を渡します。

density関数は、密度曲線を描くためのデータを作成するものです。ヒストグラムで使うデータをそのまま引数に指定して渡すと、densityクラスのオブジェクトが作成されます。これをlinesで描画することで、密度曲線を描くことができます。実際に試してみましょう。

リスト6-4-4

```
01  x <- rnorm(1000)
02  hist(x, freq = FALSE, breaks=seq(-5, 7, 0.5))
03  lines(density(x), col = "red", lwd = 2)
```

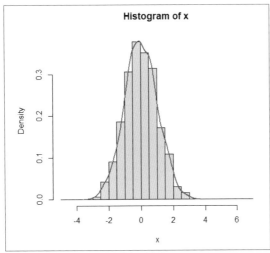

図6-4-4　ヒストグラムに密度曲線を追加する

RStudioを使っている場合、実行するとPlotの左側3分の1にヒストグラムが表示されてしまったかもしれません。この場合は「Clear all Plots」 ![icon] をクリックしてから再実行してください。これでPlot全体に表示されるようになります。

実行すると、ランダムに1000個のデータを作成し、その確率密度のヒストグラムと密度曲線を表示します。x <- rnorm(1000)で1000個のデータを作成し、histではxをfreq = FALSEで描画します。そしてlinesではdensity(x)を引数に指定して描画を行います。histのfreqの設定を忘れずに行ってください。

191

curveによる関数のグラフ化

難易度：★★★☆☆

グラフは、データをもとに作成するばかりではありません。数学では、数式や関数をグラフ化することも多いでしょう。こうした用途にRが使われることも多いのです。

こうした「式や関数をグラフ化する」という場合に用いられるのが「curve」という関数です。これは引数に指定した関数をグラフ化します。

書式 式や関数をグラフ化する

```
curve(関数, 開始値, 終了値)
```

グラフ化したい関数と、グラフを開始する値と終了する値を指定するだけで、その関数を使ったグラフが描かれます。この関数は、Rに用意されている関数をそのまま指定できます。

例として、三角関数のグラフ化を行ってみましょう。以下の文をRコンソールなどから実行してみてください。

リスト6-5-1

```
01 curve(sin, 0, 2*pi)
```

これを実行すると、0～2πの範囲でsin関数のグラフが描かれます（範囲の引数で使われているpiという値は、円周率です）。ここでは、関数に「sin」と指定をしていますね。これはRに用意されている三角関数です。同様に「cos」「tan」といった関数も用意されています。

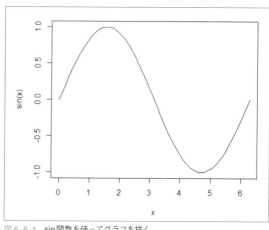

図6-5-1　sin関数を使ってグラフを描く

書式 三角関数（sin）

```
sin(角度)
```

書式 三角関数（con）

```
con(角度)
```

書式 三角関数（tan）

```
tan(角度)
```

これらの関数は、いずれも「1つの数値を引数に持つ」という形になっています。curveでは、こうした「引数が1つだけの関数」を第1引数に指定できます。これにより、第2, 第3引数の範囲の値を引数にして関数が呼び出され、得られた値がグラフ化されるのです。

curveで描画される値

では、curveでは具体的にどのようにしてグラフを作成しているのでしょうか。関数をそのままグラフにするわけではありません。関数を使い、XとY軸に表示する値を取得してグラフを描いているのです。

では、関数からどのような値を作成しグラフ化しているのでしょうか。ちょっと確かめてみましょう。

リスト6-5-2

```
01  data.fn <- curve(sin, 0, 2*pi)
02  data.fn
```

出力

```
> data.fn
$x
  [1] 0.00000000 0.06283185 0.12566371 0.18849556 0.25132741 0.31415927 0.37699112
  [8] 0.43982297 0.50265482 0.56548668 0.62831853 0.69115038 0.75398224 0.81681409
 [15] 0.87964594 0.94247780 1.00530965 1.06814150 1.13097336 1.19380521 1.25663706
...
[99] 6.15752160 6.22035345 6.28318531

$y
  [1]  0.000000e+00  6.279052e-02  1.253332e-01  1.873813e-01  2.486899e-01
  [6]  3.090170e-01  3.681246e-01  4.257793e-01  4.817537e-01  5.358268e-01
 [11]  5.877853e-01  6.374240e-01  6.845471e-01  7.289686e-01  7.705132e-01
...
[101] -2.449213e-16
```

これを実行すると、グラフを描画した後、ずらっと小数のデータが出力されます。これが、curveにより生成されたデータです。curveでは、xとyという2つのベクトルを持つリストとしてデータが生成されます。xとyそれぞれには計101個の値が保管されています。curveの第2引数〜第3引数の範囲を101等分し、それぞれの値ごとに関数の結果をまとめていたのですね。

複数curveを重ねる

このcurveによるグラフも、plotなどで描かれるグラフと基本的には同じものです。従って、同じ性質を持っています。例えばcolで色を設定したり、addですでにあるグラフに追加をしたりできます。

リスト6-5-3

```
01  curve(sin, 0, 2*pi, col = "red", lwd = 2)
02  curve(cos, 0, 2*pi, col = "blue", lwd = 2, add = TRUE)
03  legend('bottomleft',c("sin","cos"),
04          col = c("red","blue"), fill=c("red","blue"))
```

193

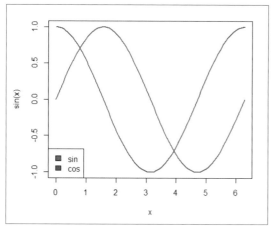

図6-5-2　sinとcosの関数を1つのグラフにまとめて表示する

ここではsin関数とcos関数のグラフを1つにまとめて表示しています。各グラフの色は赤と青になっており、線の太さも少し太めにして見やすくしています。そして邪魔にならないよう左下に凡例を表示しています。

curve関数を見ると、colとlwdでグラフの色と線の太さを設定しているのがわかります。また、2つ目のcurveでは、add = TRUEを指定して、すでにあるグラフに追加しています。凡例は、legend関数を使って追加しています。

いずれも、すでに学んだことばかりですね。プロットの基本がわかっていれば、このようにcurve関数のグラフでも自由に表示を作成できます。

式をグラフ化する

sin関数のように、Rに用意されている関数をそのままグラフ化するのはcurveで簡単に行えました。では、そうした関数がない場合はどうすればいいのでしょう。例えば、y = x^2（^は累乗の演算子）をグラフにしたい、と思ったときは、どうすればいいのでしょうか。

実は、これもcurve関数で行えるのです。関数の代わりに式を用意することで、その式を使ったグラフを作成できます。例えば、y = x^2ならば、curveの第1引数にx^2を指定するのです。そして、グラフ化したい範囲を第2、第3引数に指定すれば、第1引数の式を使って得られた値をもとにグラフが作成されます。

では、実際に簡単な式をグラフ化する例を見てみましょう。

リスト6-5-4

```
01  curve(x * 2, -2.5, 2.5, col = "red", lwd = 2)
02  curve(x^2 - 2, -2.5, 2.5, col = "blue", lwd = 2, add = TRUE)
03  curve(x^3  + x^2 - 2*x, -2.5, 2.5, col = "green", lwd = 2, add = TRUE)
```

ここでは3つの式をグラフにしています。curveを使い、add = TRUEで1つのグラフに追加するようにしているのですね。ここで描画しているグラフと式は以下のようになります。

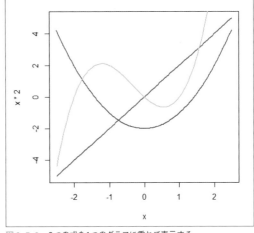

図6-5-3　3つの式を1つのグラフに重ねて表示する

y = x * 2

```
curve(x * 2, ……)
```

y = x^2 - 2

```
curve(x^2 - 2, ……)
```

y = x^3 + x^2 - 2*x

```
curve(x^3 + x^2 - 2*x, ……)
```

見ればわかるように、いずれも式は「y = ○○」という形で表したものの右辺を指定しています。この式のxに値を代入するとyの値が得られるようになっていることがわかるでしょう。

このように「xに値を代入するとyの値が得られる式」であれば、どのようなものでもcurveでグラフ化することが可能です。

plotとlineによる数式の描画

この「数式のグラフ化」は、curveを使わなければできないというわけではありません。基本であるplotや、線分を追加するlinesなどを利用してグラフを作ることもできます。実際にやってみましょう。

リスト6-5-5

```
01  x <- seq(-2, 2, 0.25)
02  y1 <- x^2
03  y2 <- x^2 * 2
04
05  plot(x, y1, type="l", col = "blue", lwd = 2)
06  lines(x, y2, col = "red", lwd = 2)
07
08  legend("bottomright", legend = c("y = x^2", "y = x^2 * 2"),
09          col = c("blue", "red"), lty = c(1, 1))
```

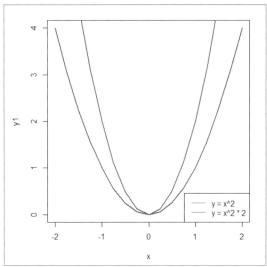

図 6-5-4　plot と lines を使って式をグラフ化する

これを実行すると、2種類の放物線がグラフに表示されます。青のグラフが y ＝ x^2、赤が y ＝ x^2 ＊ 2のグラフです。

curve関数の場合、引数に式や関数を用意し、後はグラフとして作成する範囲を指定するだけでグラフが完成しました。しかしplotは、X軸とY軸の値としてグラフを作成するものです。curveと同じやり方ではうまくいかないので注意が必要です。

ここでは、まずX軸のデータとして、-2～2の間の等差数列を用意しています。

```
x <- seq(-2, 2, 0.25)
```

これで、-2から2まで0.25刻みの数列が用意できました。これがX軸のデータとなります。続いて、Y軸用に式の結果を用意します。

```
y1 <- x^2
y2 <- x^2 * 2
```

これで、y1とy2にそれぞれx^2とx^2 ＊ 2の式の結果が保管されます。xには、seq関数で作った等差数列が入っていましたね？　これを演算で使う場合、等差数列の値をまとめたベクトルが値として取り出され演算されるのです。例えばy1 <- x^2では、xの等差数列のすべての値をベクトルにまとめたものがxの値として使われます。そして、x^2した数列がy1に代入されることになるのです。つまりy1 <- x^2は、「x^2の式をy1に代入する」のではなく、「あらかじめxに用意したベクトルをx^2で演算した結果のベクトルがy1に代入される」のです。

これで、xにはX軸用のベクトルが、y1とy2にはそれぞれ演算した結果のベクトルが用意できました。後は、これらをもとにplotやlinesでグラフを作成すればいい、というわけです。

pieによる円グラフの作成

難易度：★★★☆☆

データの各値の割合を見るのに用いられるのが「円グラフ」です。円グラフは、各データが占める割合を視覚的に表します。

この円グラフは「pie」関数で作成できます。

書式 円グラフを作成する

```
pie(データ)
```

引数には、グラフ化するデータを用意します。これは値をベクトルにまとめたものを指定すればいいでしょう。

これで円グラフは作られますが、デフォルトでは各項目は色分け表示されるだけで何の値かわかりません。よりわかりやすくするため、「labels」オプションを用意するようにします。

書式 円グラフにラベルを付ける

```
labels = 名前ベクトル
```

このlabelsは、円グラフに表示される各項目に名前を割り当てるものです。これは名前のテキストをベクトルにまとめたものを指定すればいいでしょう。

では、簡単な円グラフを作成してみましょう。

リスト6-6-1

```
01  x <- sort(sample(1:10, 5), decreasing = TRUE)
02  pie(x, labels = LETTERS[1:5])
```

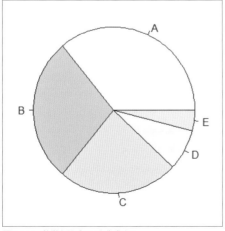

図6-6-1　簡単な円グラフを作成する

ここでは、1〜10の中からランダムに5つの値を選んで円グラフにしています。ここではsampleで1〜10から5個の値を取り出し、sortで大きいものから順に並べ替えておきます。これを引数にしてpie関数を呼び出します。labelsには、LETTERSを使ってA〜Eのアルファベットを渡してあります。

たったこれだけで、データを円グラフにできてしまいます。これは便利ですね！

時計回りと開始角度

デフォルトの円グラフは、円の中心から右に水平の位置（3時の位置）から反時計回りに各項目が配置されていきます。これは欧米では最もスタンダードな形ですが、日本では円の真上（12時の位置）から時計回りに配置する方式のほうが馴染みがあるでしょう。

これらを設定するには、以下の2つのオプション引数を用意する必要があります。

円グラフの開始位置と回転のオプション引数

clockwise	TRUEにすると、時計回りに配置されます
init.angle	開始地点の角度。3時の方向がゼロで、反時計回りに角度を指定します

これらを使って、真上（12時の方向）から時計回りに項目を配置させてみましょう。以下のようにスクリプトを実行してください。

リスト6-6-2

```
01  x <- sort(sample(1:10, 5), decreasing = TRUE)
02  pie(x, labels = LETTERS[1:5], clockwise = TRUE, init.angle = 90)
```

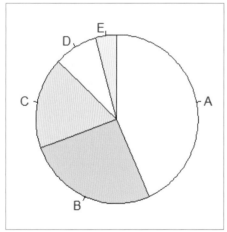

図6-6-2　12時の方向から時計回りに項目が配置される

各項目の表示オプション引数

pieによる円グラフは、デフォルトでそれなりに整った表示が作成されますが、細かな調整を行うためのオプション引数も一通り使えます。pieでは以下のようなオプション引数が利用可能になっています。

円グラフのその他オプション引数

col	内部の塗りつぶし色
border	輪郭線の色
density	内部を斜線で塗りつぶす際の線の密度
angle	斜線で塗りつぶす際の線の角度
radius	グラフの大きさ

すでに他のグラフ用関数でおなじみのものばかりですね。col、border、density、angleといったものは、1つの値だけでなくベクトルで複数の値を用意できます。そうすることで、円グラフの項目ごとに値を設定することが可能です。またradiusは、グラフが描画される領域を1.0とした割合で大きさを指定します。

では、これらのオプション引数の利用例をあげておきましょう。

リスト6-6-3

```
01  x <- sort(sample(1:10, 5), decreasing = TRUE)
02  pie(x, labels = LETTERS[1:5],
03      clockwise = TRUE, init.angle = 90,
04      density = seq(10,35,5), angle = seq(0,60,5),
05      col = 2:7, border = 2:7, radius = 1.0)
```

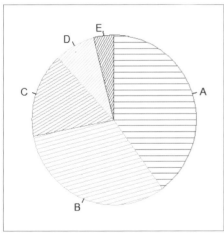

図6-6-3　円グラフの各項目の表示をカスタマイズする

実行すると、円グラフの1つ1つの項目ごとに、色や内部を塗りつぶす斜線の密度と角度が細かく設定されて描かれます。

塗りつぶしの斜線は、densityとangleにseqで等差数列を割り当てています。これにより、線の密度と角度が一定幅で変化するようにしています。colとborderは2〜7の色番号を割り当てておきました。これら基本的な設定を行うことで、円グラフの表示はかなり変わります。

ただし、pieによる円グラフは、機能的にはまだまだ足りないものもあります。例えばラベルの表示位置を調整したり、立体的にしたり、特定の項目だけ飛び出して目立つようにしたり、といった機能は今のところ用意されていません。

レーダーチャートを作成する

難易度：★★★☆☆

Rには、標準で各種のグラフを作成する関数が用意されていますが、それ以外にも多くのグラフを作成するライブラリが用意されています。それらの中からいくつか紹介していきましょう。まずは、レーダーチャートからです。

レーダーチャートは、「fmsb」パッケージに用意されている「radarchart」という関数で作成できます。このfmsbは、神戸大学大学院の中澤港教授により開発されたオープンソースのライブラリです。これを利用するには、まずfmsbパッケージの準備をする必要があります。Rコンソールから以下を実行してください。

リスト6-7-1

```
01  install.packages('fmsb')
```

これでfmsbパッケージがインストールされました。スクリプトから利用するには以下の文を実行してパッケージをメモリにロードしておきます。

リスト6-7-2

```
01  library(fmsb)
```

これでfmsbパッケージに用意されている機能が使えるようになります。後は、パッケージにあるradarchart関数を使うだけです。

radarchartの基本

では、radarchart関数の基本的な使い方を説明しましょう。もっとも単純な使い方は、ただ引数に表示用のデータを用意して呼び出すだけです。

書式 レーダーチャートを作成する

```
radarchart(データ)
```

非常に単純ですが、実際の利用の際は、例えば各項目の名前を示す「vlabels」という値も用意することがあるでしょう。これはレーダーチャートの各項目につける名前をテキストのベクトルとして用意しておくものです。

簡単そうに見えますが、問題はデータの中身なのです。データには、3行の値を持つ行列を用意します。これは以下のような内容になります。

```
1行目………チャートの最大値
2行目………チャートの最小値
3行目………チャートに表示するデータ
```

レーダーチャートは、円形の中に、同心円状にグラフの目盛りがあり、中心部が最小値、外側の輪郭線の部分が最大値となります。1行目と2行目には、最小値と最大値を指定します。これは、表示するデータの項目数だけ値を用意しますが、1つの値だけでも問題ありません（この場合はすべての項目に指定の値が最小値・最大値として割り当てられます）。

実際にチャートに表示するデータは、3行目に割り当てます。これは、データの値をそのまま指定するのではなく、データフレームにまとめたものを割り当てる必要があります。従って、データはrbindを使って3つの値を行列にまとめることになるでしょう。

3行のデータをrbindでまとめる

```
rbind(最大値, 最小値, データフレーム)
```

このような形ですね。データフレームには、表示するデータをそれぞれ列の成分として用意します。10個の値をレーダーチャートに表示したければ、それらの値を10列のデータフレームとして用意するわけです。

レーダーチャートを使う

では、実際に簡単なレーダーチャートの利用例をあげておきましょう。学校の通知表のようなものをレーダーチャートで作成してみます。

リスト6-7-3

```
01  data.v <- sample( 1:5 , 10 , replace=T)
02  data.mtx <- rbind(data.v)
03  data <- data.frame(data.mtx)
04  data <- rbind(5 , 1, data)
05  data.lbl <- c("国語" , "英語" , "数学" , "物理" , "化学", "生物",
06                 "地理" , "歴史" , "経済", "芸術" )
07  radarchart(data, vlabels = data.lbl)
```

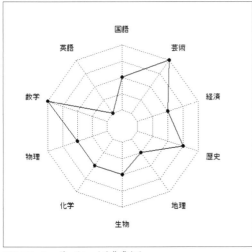

図6-7-1　レーダーチャートを作成する

201

これを実行すると、全部で10項目からなるレーダーチャートが作成されます。表示するデータは1〜5の値をランダムに用意していますので、再実行すればグラフも変わります。何度か実行してチャートの変化を確認しましょう。

レーダーチャートは、データの用意がもっとも重要です。まず、1〜5の値を10個、ランダムに用意し、これを10列×1行の行列にします。

```
data.v <- sample( 1:5 , 10 , replace=T)
data.mtx <- rbind(data.v)
```

これで表示するデータが用意できました。これをもとにデータフレームを作成します。これが、radarchart内でグラフ作成に利用されるデータになります。

```
data <- data.frame(data.mtx)
```

続いて、最大値・最小値と、作成したデータフレームを行列にまとめます。これでradarchartにわたすデータの準備ができました。

```
data <- rbind(5 , 1, data)
```

続いて、レーダーチャートの各項目に表示する項目名のデータを作成します。ここでは10個のテキストをベクトルにまとめたものを作成します。

```
data.lbl <- c("国語" , "英語" , "数学" , "物理" , "化学", "生物",
              "地理" , "歴史" , "経済", "芸術" )
```

さあ、これで必要なものはすべて揃いました。用意したデータと項目名の値を引数にしてradarchart関数を呼び出し、レーダーチャートを表示します。

```
radarchart(data, vlabels = data.lbl)
```

これでチャートができました。radarchartそのものの呼び出しより、ここで使うデータの準備がもっとも重要だ、ということがよくわかったでしょう。

レーダーチャートのオプション引数

このradarchart関数にも、グラフの表示に関する各種のオプション引数が用意されています。主なオプション引数を以下にまとめておきましょう。

グラフのタイトル

値	内容
title	タイトル。テキストで指定

チャートの線分

値	内容
pcol	チャートの線分の色
plwd	チャートの線分の太さ
plty	チャートの線分のスタイル
pfcol	チャート内部の塗りつぶし色

チャートの目盛り

値	内容
cglwd	チャートの目盛りの線の太さ
cglty	チャートの目盛りの線のスタイル
cglcol	チャートの目盛りの線の色

チャート内の塗りつぶし

値	内容
pdensity	チャート内部の斜線で塗りつぶす際の密度
plty	斜線の線のスタイル
pangle	斜線の角度

ラベルの表示

値	内容
axistype	同心円に表示されるラベルの種類
axislabcol	同心円に表示されるラベルの色
calcex	同心円に表示される目盛りのテキストのサイズ
vlcex	項目名のラベルのテキストのサイズ

チャートの目盛り部分、線分、内部の塗りつぶしなどについてのオプションが揃っているのがわかるでしょう。

では、チャートの線分と目盛りの表示をオプションでカスタマイズしてみましょう。以下のradarchart関数を実行してください。

リスト6-7-4

```
01  radarchart(data, plwd = 2, pcol = "red",
02          cglwd = 1, cglty = 1, cglcol = "green",
03          axistype = 1, axislabcol = "blue",  calcex = 1.0,
04          vlcex = 1.5, vlabels = data.lbl)
```

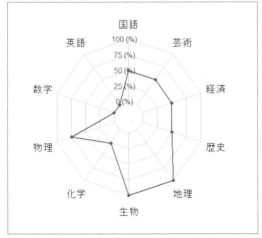

これを実行すると、チャートの同心円表示と中心からの線分の目盛りの部分がグリーンになり、12時の位置に表示される目盛りのラベルが青で表示されます。またチャートの線分は赤で若干太めで表示されます。

用意されているオプションの引数は、ざっと以下のようになっています。

図6-7-2
チャートの目盛りの線を緑、チャートの線分を赤で表示する

```
plwd = 2, pcol = "red",  ················  チャートの線分を太い赤にする
cglwd = 1, cglty = 1, cglcol = "green",  ············ 目盛りを緑の実線にする
axistype = 1, axislabcol = "blue",  calcex = 1.0,  ······· 目盛りのラベル表示を設定
vlcex = 1.5,  ·················· 項目名を大きめに
```

とにかく引数が多くなるので、なんだかとても難しそうに見えますが、1つ1つの設定を引数として用意しているだけです。それぞれの引数の役割さえわかっていれば、難しいことはないでしょう。

レーダーチャートの基本的な使い方はわかりました。では、1つのレーダーチャートに複数のデータを表示させることはできるのでしょうか。

これは、もちろん可能です。用意するデータを工夫すればいいのです。radarchartに渡すデータは、3行の行列になっており、実際のチャート作成に用いられるデータはデータフレームの形になっていました。このデータフレームに、表示するデータをそれぞれ行データとして追加すれば、それらをすべてチャートとして表示してくれます。

ただし、複数のデータを表示するとなると、それらがそれぞれはっきりと分かれて表示されるようになっていないといけません。どの線がどのデータのものかわからない、といったことは避けないといけません。そのためには、各データの線の色やスタイルなどを設定して、それぞれがひと目でわかるように工夫する必要があるでしょう。

では、実際に複数データをまとめて表示する例を挙げておきましょう。

リスト6-7-5

```
01  data.v1 <- sample( 1:5 , 10 , replace=T)
02  data.v2 <- sample( 1:5 , 10 , replace=T)
03  data.v3 <- sample( 1:5 , 10 , replace=T)
04  data.mtx <- rbind(data.v1, data.v2, data.v3)
05  data <- data.frame(data.mtx)
06  data <- rbind(5 , 0 , data)
07  data.lbl <- c("国語" , "英語" , "数学" , "物理" , "化学", "生物",
08                 "地理" , "歴史" , "経済", "芸術" )
09  data.c <- c("#ff0000","#0000ff","#009900")
10  data.fc <- c("#ff000033","#0000ff33","#00990033")
11  radarchart(data, plty = 1, plwd = 2,
12             pcol = data.c, pfcol = data.fc,
13             vlcex = 1.5, vlabels = data.lbl)
14  legend('topleft',c("太郎","花子","サチコ"),
15         col = data.c, fill=data.fc)
```

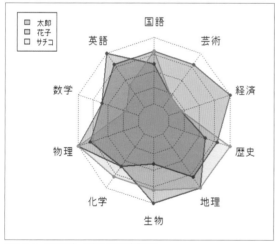

図6-7-3　3つのデータをまとめて表示する

ここでは3つのデータをまとめて表示しています。これらはそれぞれ赤・青・緑で色分けされています。またチャートの内部はそれぞれの色でうっすらと塗りつぶされており、各データの形状がひと目でわかるようにしてあります。

この章のポイント

・テーブルとクロス集計について理解しよう。

・統計の基本（平均・分散・標準偏差）を使えるようになろう。

・データの標準化・正規化、そして確率密度分布について学ぼう。

テーブルと集計

データの視覚化について一通り学び、データの扱いはだいたいできるようになってきました。では、いよいよデータからどのように情報を読み取るか、ということについて考えていきましょう。

データの扱いには、さまざまなやり方があります。まず、「集計」。データフレームのように複数の列を持つデータは、集計の仕方次第で、列間の関係性が見えてきます。どのようにデータを集計していくか、また集計したデータを視覚化し、そこからどのような情報を読み取るか、を考えていくことになるでしょう。

また、データの基本的な情報として、データの平均や中央値、分散偏差などの統計処理を行ってデータを調べていくことも必要です。こうした基本的な統計処理についても学ぶ必要があります。

テーブルを利用する

まずは、データの集計について考えていきましょう。Rでは、いくつもの列を持つデータはデータフレームとしてまとめて扱うのが基本です。このデータフレームから必要な情報を取り出して集計していくことになります。

データの集計には、「テーブル」と呼ばれるオブジェクトを作成して操作します。テーブルは、データフレームなどのデータから個々の個数を集計する（P.181で紹介した「度数分布表」を作る）ものです。膨大なデータがあったとき、その生データを眺めても内容はよくわかりません。データをもとに、それぞれの項目ごとの値の数を集計することで、全体の内容を把握できるようになります。

このテーブルは「table」関数で作成します。

書式 度数分布表を作成する(1)

```
table(ベクトル1, ベクトル2, ……)
```

tableは、このようにデータとなるベクトルを必要なだけ引数に指定します。あるいは、すでにデータセットがデータフレームとして用意されているときは、それをそのまま引数に指定することもできます。

書式 度数分布表を作成する(2)

```
table(データフレーム)
```

これで、データフレームに含まれているすべての列について集計を行います。tableは、データを集計するための基本といえるでしょう。

度数分布表とは?

前述のとおり、table関数は、データフレームを元に度数分布表を作成するものです。前章でも登場しましたが、度数分布表というのは、データをいくつかの区間に分けて、それぞれの個数を集計したものです。前章ではヒストグラムを作成しましたが、あれもデータを一定幅の区画に分けてデータ数をグラフ化する、度数分布表をもとに作成したグラフです。度数分布表は、データの広がりの傾向などを見るのに用いられます。

データフレームを作成する

では、実際に簡単なデータフレームを作って集計を行ってみましょう。ここではx、y、zの3つのデータを作成し、それをデータフレームにまとめます。

リスト7-1-1

```
01  x <- sample(5, 100, replace = TRUE)
02  y <- sample(LETTERS[1:5], 100, replace = TRUE)
03  z <- sample(c(TRUE, FALSE), 100, replace = TRUE)
04  data <- data.frame(x, y, z)
05  data
```

出力

```
> data
    x y     z
1   5 D  TRUE
2   5 D FALSE
3   2 D  TRUE
4   3 B FALSE
5   1 C  TRUE
6   2 E FALSE
7   2 B  TRUE
8   5 A FALSE
9   1 C  TRUE
10  4 E  TRUE
    ……略……
```

ここでは100行のデータをランダムに用意しました。xは0~5の整数、yはA~Eの文字、zは論理値をランダムに用意してあります。dataで出力された内容を見ると、3列のデータが作成されているのがわかります。

では、これをtableにしてみましょう。Rコンソールから以下を実行してください。

リスト7-1-2

```
01  table(data)
```

先ほどのデータフレームとは違った出力がされます。おそらく以下のような形になっているでしょう。

```
, , z = FALSE

    y
x   A B C D E
    1 2 3 5 4 3
    ……略……

, , z = TRUE

    y
x   A B C D E
    1 3 1 2 1 0
    ……略……
```

zの値がFALSEとTRUEの場合で、それぞれxとyの値ごとにデータ数がいくつかを集計して表示しています。例えば、z = FALSEの下にある一覧で、左端の列が1の行からA列の成分を見てみましょう。これは「z = FALSE, x = 1, y = "A"」のデータの個数です。こんな具合に、x、y、zのそれぞれの値ごとに、それらが一致するデータがいくつあるかが集計されているのです。

ftableでクロス集計する

このtableの出力は、3つ目の列の成分ごとに集計を出力していくので、値の数が増えてくるとかなり長い出力となりわかりにくくなります。もう少し整理して出力すれば、よりわかりやすくなります。

こうした場合、「ftable」という関数を使います。これは、引数にtableオブジェクトを指定して呼び出します。やってみましょう。

リスト7-2-1

```
01  ftable(table(data$x, data$z, data$y))
```

出力

```
> ftable(table(data$x, data$z, data$y))
          A B C D E

1 FALSE   2 3 5 4 3
  TRUE    3 1 2 1 0
2 FALSE   3 3 1 0 0
  TRUE    0 1 1 0 0
3 FALSE   0 0 0 0 2
  TRUE    3 4 1 3 6
4 FALSE   5 3 2 2 2
  TRUE    2 3 0 1 2
5 FALSE   2 5 1 2 3
  TRUE    3 4 2 2 2
```

x（一番左側の1から5の値）の値内にzの値（TRUE、FALSE）が置かれ、yのそれぞれの値（AからE）ごとに値の集計が表示されます。xとzが一つにまとめられているため、出力もコンパクトにまとめられます。またzの値がTRUEの場合とFALSEの場合が並べて表示されるため、zの値の違いによってxやyがどう変化するかが確認しやすくなります。

このように、複数の項目をかけ合わせる形で集計するやり方を一般に「クロス集計」といいます。ftableは、クロス集計を使ってテーブルを整形し表示するものだったのです。

このクロス集計は、tableに用意されている列の順番に従って集計を行います。従って、作成するtableで列データの順を入れ替えると違った形で集計されます。先ほどの文を以下のように書き換えて実行してみてください。

リスト7-2-2

```
01  ftable(table(data$z, data$y, data$x))
```

出力

```
> ftable(table(data$z, data$y, data$x))
          1 2 3 4 5

FALSE A   2 3 0 5 2
      B   3 3 0 3 5
      C   5 1 0 2 1
```

```
        D  4 0 0 2 2
        E  3 0 2 2 3
TRUE  A  3 0 3 2 3
        B  1 1 4 3 4
        C  2 1 1 0 2
        D  1 0 3 1 2
        E  0 0 6 2 2
```

今度は、zのTRUEとFALSEの中にyのA〜Eの項目が並んでいます。zのグループごとにyの値がまとめられるので、zがTRUEの場合とFALSEの場合でyとxがどう変わるかがわかりやすいでしょう。

このようにクロス集計は、集計する列を入れ替えながら、さまざまなパターンを実行することで、よりデータの内容がわかるようになります。

esophデータセットを集計する

では、具体的なデータセットでデータの集計を行ってみましょう。ここでは例として、「esoph」というデータセットを使っていきます。これは、成人の飲酒喫煙と食道癌の症例をまとめたデータセットです。

リスト7-2-3

```
01  esoph
```

このようにRコンソールから実行してみると、以下のようなデータが出力されます。

出力

```
    agegp    alcgp      tobgp ncases ncontrols
1  25-34 0-39g/day 0-9g/day      0        40
2  25-34 0-39g/day    10-19      0        10
3  25-34 0-39g/day    20-29      0         6
……以下略……
```

このesophデータセットには、5列のデータが保管されていることがわかります。これらはそれぞれ以下のようなデータになります。

esophデータセットの列

列	内容
agegp	年齢のグループ
alcgp	飲酒量のグループ
tobgp	喫煙量のグループ
ncases	食道癌の発症数
ncontrols	患者数

非常に興味深いデータですが、ただデータをズラッと出力しただけではここから意味ある情報を取り出すのは難しいでしょう。そこで、クロス集計が活用されるのです。

では、esophから調べたい項目をピックアップしてクロス集計をしましょう。まずは、「年齢」「喫煙」「発症数」の関係を見てみます。

リスト7-2-4

```
01  data.t <- with(esoph, table(agegp, tobgp, ncases))
02  ftable(data.t)
```

出力

```
> ftable(data.t)
                ncases 0 1 2 3 4 5 6 8 9 17
agegp tobgp
25-34 0-9g/day       4 0 0 0 0 0 0 0 0  0
      10-19          3 1 0 0 0 0 0 0 0  0
      20-29          3 0 0 0 0 0 0 0 0  0
      30+            4 0 0 0 0 0 0 0 0  0
35-44 0-9g/day       3 0 1 0 0 0 0 0 0  0
      10-19          2 1 0 1 0 0 0 0 0  0
      20-29          2 1 1 0 0 0 0 0 0  0
      30+            3 0 0 0 0 0 0 0 0  0
45-54 0-9g/day       0 1 0 1 1 0 1 0 0  0
      10-19          1 0 0 1 1 0 1 0 0  0
      20-29          1 1 1 0 0 1 0 0 0  0
      30+            1 0 1 0 1 1 0 0 0  0
55-64 0-9g/day       0 0 1 0 0 1 0 0 2  0
      10-19          0 0 0 1 0 0 2 1 0  0
      20-29          0 0 1 2 1 0 0 0 0  0
      30+            0 0 0 1 2 1 0 0 0  0
…略…
```

ここではagegp、tobgp、ncasesの3列のテーブルをdata.tに代入していますが、ちょっと見慣れない書き方をしていますね。

ここでは「with」という関数を使っていますが、これは指定したオブジェクトの中から値を参照して利用できるようにするためのものです。

書式 指定したオブジェクトの中から値を参照する

```
with(オブジェクト, 関数など)
```

このように記述すると、第2引数の「関数など」の中で、オブジェクト内の値をそのまま使えるようになります。作成したdata.tの文を通常の書き方に書き換えると働きがよくわかるでしょう。

```
data.t <- with(esoph, table(agegp, alcgp, ncases))
  ↓
data.t <- table(esoph$agegp, esoph$alcgp, esoph$ncases)
```

いかがですか？　tableを作成するとき、いちいちesoph$○○と書かずに済んでいることがわかります。

ざっと見ると、ncaseの値がゼロのものが一番多いのがわかりますが、これは「患者数ゼロ」ということなので「もっとも癌患者が少ないもの」といえます。5〜9のものがいくつかあり、中には17という突出した値のものも見えます。続いて飲酒量と発癌の関係も見てみましょう。

リスト7-2-5

```
01  data.t <- with(esoph, table(agegp, alcgp, ncases))
02  ftable(data.t)
```

出力

```
> ftable(data.t)
                 ncases 0 1 2 3 4 5 6 8 9 17
agegp alcgp
25-34 0-39g/day         4 0 0 0 0 0 0 0 0  0
      40-79             4 0 0 0 0 0 0 0 0  0
      80-119            3 0 0 0 0 0 0 0 0  0
      120+              3 1 0 0 0 0 0 0 0  0
35-44 0-39g/day         3 1 0 0 0 0 0 0 0  0
      40-79             2 1 0 1 0 0 0 0 0  0
      80-119            4 0 0 0 0 0 0 0 0  0
      120+              1 0 2 0 0 0 0 0 0  0
45-54 0-39g/day         3 1 0 0 0 0 0 0 0  0
      40-79             0 0 0 0 1 2 1 0 0  0
      80-119            0 1 1 1 0 0 1 0 0  0
      120+              0 0 1 1 2 0 0 0 0  0
55-64 0-39g/day         0 0 1 2 1 0 0 0 0  0
      40-79             0 0 0 1 1 0 1 0 1  0
      80-119            0 0 0 1 1 0 0 1 1  0
      120+              0 0 1 0 0 2 1 0 0  0
…略…
```

年齢ごとに飲酒量と食道癌の関係をクロス集計しました。やはり45〜74までの間で数字が多くなっていることがわかります。少なくとも年齢と発癌は明らかに関係がありそうです。

データを視覚化する

難易度：★★★☆☆

では、よりわかりやすくするため、データを視覚化してみましょう。データの視覚化はすでに学びましたね。「plot」
関数を使えば簡単にグラフにすることができました。では、Rコンソールから以下を実行してesophデータセットを
視覚化してみましょう。

リスト7-3-1

```
01  plot(esoph)
```

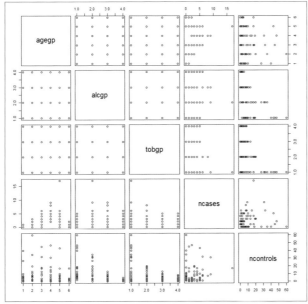

図7-3-1
esophをplotで視覚化する

実行すると、esophにある全列間のグラフがまとめて作成されます。これでそれぞれの列の関係性が見えてきたでしょ
うか。

じっくり眺めても、今ひとつよくわからない、と感じたかもしれません。これはその通りで、esophの生データをそ
のままグラフにしても、それだけでは関連性のあるグラフにはなりません。かろうじてncasesとncontrolsの間で
偏りが見えますが、患者数が増えれば発症者数も増えるのは当然ですね。

年齢と発症者を視覚化する

関連性がわかりにくい要因の一つが「グラフの表示方式」でしょう。ここではデータをすべて散布図で表示していま
した。細かく項目が分かれた状態で、患者数がゼロか1しかない項目が大半では、散布図にしてもあまり意味があり
ません。散布図は、多量のデータの分布状態を見るためのものなのですから。

213

では、よりわかりやすくするためにesophの中の項目を個別にplotしてみましょう。まずは年齢と発症数でグラフ化してみます。

リスト7-3-2

```
01  plot(esoph$agegp, esoph$ncases, ylim = c(0, 10),
02      xlab = "agegp", ylab = "ncases")
```

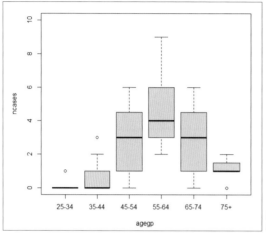

図7-3-2
agegpとncasesでグラフ化すると箱ひげ図で表示された

これを実行すると、明らかに先ほどとは違う結果となります。散布図ではなく、箱ひげ図で表示されるのです。この箱ひげ図は、各箱を右のような形でグラフ化しています。

「四分位」は、データを小さい順に並べて、4等分したもので、第1四分位なら下から4分の1の値になります。つまり、もっとも中心的な部分が箱で表され、上下のヒゲで「このぐらいまで範囲がありますよ」ということを示していたのですね。

この箱ひげ図を見れば、一目瞭然、年齢と発症者には明らかな関係が見られます。デフォルトの散布図ではまったくわからなかった関連性が、このグラフから見えてきますね。

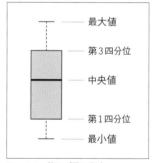

図7-3-3　箱ひげ図の意味

では、なぜグラフが自動的に箱ひげ図になったのでしょうか。その秘密は、このesophデータフレームのデータ構造にあります。esophでは内部に以下のような形でデータが保管されています。

```
   agegp     alcgp    tobgp ncases ncontrols
1  25-34 0-39g/day 0-9g/day      0        40
2  25-34 0-39g/day    10-19      0        10
3  25-34 0-39g/day    20-29      0         6
4  25-34 0-39g/day      30+      0         5
5  25-34     40-79 0-9g/day      0        27
6  25-34     40-79    10-19      0         7
7  25-34     40-79    20-29      0         4
……略……
```

つまり、agegpの値は、(25-34、25-34、25-34、……、35-44、35-44、……)というような形になっており、ncasesの値は、(0、0、0、0、0、……)というように細かく分かれた項目ごとに値がベクトル化されているわけです。このように、多数の項目ごとにデータが細分されているような場合、その中の列のデータは値ごとにグループ化して集計しないと意味がありません。agegpの値は、(25-34、45-54、55-64,……)と年齢層ごとにまとめられ、それに合わせてncasesやncontrolsも集計される必要があります。

こうしたデータフレーム内の列データをplotすると、指定した列データを集計し、データの範囲がわかるよう箱ひげ図で表示するのです。

複数の関連性をグラフでまとめる

では、グラフ化の基本がわかったら、関連がありそうな項目をグラフにしてみましょう。先に、複数のグラフを1つにまとめて表示するのに「par」という関数を利用しましたね（P.190参照）。これを使い、いくつかのグラフをひとまとめにして表示してみます。

リスト7-3-3

```
01  par(mfrow = c(1,3))
02  plot(esoph$agegp, esoph$ncases, ylim = c(0, 10),
03      xlab = "agegp", ylab = "ncases")
04  plot(esoph$alcgp, esoph$ncases, ylim = c(0, 10),
05      xlab = "alcgp", ylab = "ncases")
06  plot(esoph$tobgp, esoph$ncases, ylim = c(0, 10),
07      xlab = "tobgp", ylab = "ncases")
```

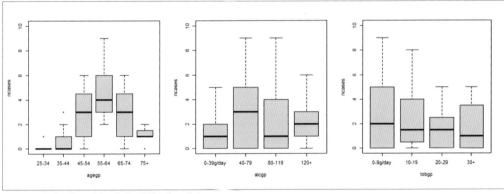

図7-3-4　年齢・飲酒・喫煙と発癌の関係をグラフ化する

ここではagegp、alcgp、tobgpとncasesの関係をグラフ化しています。これにより、年齢・飲酒・喫煙と発癌の関係が視覚化されました。年齢と飲酒については、発癌と何らかの関係がありそうです。喫煙は今ひとつはっきりとした傾向が見えませんね。

215

ただし、これで本当に飲酒や喫煙と食道癌の関連があるといえるのか、もう少し考える必要があります。調べたのは、年齢・喫煙・飲酒と、食道癌の発症者数です。が、患者数を見ると、あきらかに年齢層により患者数が変化していることがわかります。患者数が多ければ、発症者数が多くなるのは当然ですね。従って、比較すべきは患者数ではなく、発癌率です。発癌者数を患者数で割り、発癌した割合を比較すべきですね。

では、実行したスクリプトを修正して再度確認しましょう。

リスト7-3-4

```
01  par(mfrow = c(1,3))
02  plot(esoph$agegp, esoph$ncases / esoph$ncontrols,
03      xlab = "agegp", ylab = "ncases")
04  plot(esoph$alcgp, esoph$ncases / esoph$ncontrols,
05      xlab = "alcgp", ylab = "ncases")
06  plot(esoph$tobgp, esoph$ncases / esoph$ncontrols,
07      xlab = "tobgp", ylab = "ncases")
```

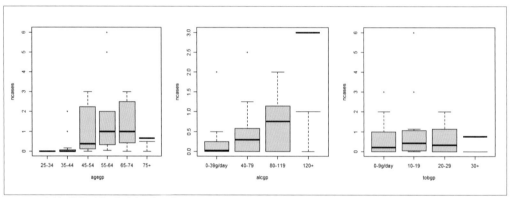

図7-3-5　年齢・飲酒・喫煙と発癌率をグラフ化する

今度は、年齢とアルコールでかなり顕著な関係が明らかになってきました。喫煙は、明確な差が見られないようです。食道癌の発症は、年齢とアルコールの摂取量と関係があることがグラフから見えてきました。

いかがですか。集計と視覚化だけでも、データの中からさまざまな情報が読み取れることがわかりますね。「集計し、視覚化する」というのは統計処理以前の「データ処理の基本」です。まずはこの基本部分をしっかりと行えるようになりましょう。

データの主な値を調べる

では、少しずつ統計処理らしい機能についても覚えていくことにしましょう。統計の基本は、「データの特徴をどのように捉えていくか」です。そのために、データからさまざまな値を調べていきます。

データの特徴を表す値としてまず誰もが思い浮かべるのは「合計」「最小値」「最大値」といったものでしょう。まずは、これらを調べる関数を覚えましょう。

書式 最小値を調べる

```
min(ベクトル)
```

書式 最大値を調べる

```
max(ベクトル)
```

書式 合計を調べる

```
sum(ベクトル)
```

これらの関数は、引数にベクトルなど1次元のデータを指定します。その値を使い、最小値・最大値・合計を計算して返します。

では利用例を挙げておきましょう。

リスト7-4-1

```
01  print("* ncases *")
02  cat("sum:", sum(esoph$ncases),
03      " min:", min(esoph$ncases),
04      " max:", max(esoph$ncases), "\n")
05  print("* ncontrols *")
06  cat("sum:", sum(esoph$ncontrols),
07      "sum:", min(esoph$ncontrols),
08      "sum:", max(esoph$ncontrols))
```

出力

```
> print("* ncases *")
[1] "* ncases *"
> cat("sum:", sum(esoph$ncases),
…略…
sum: 200  min: 0  max: 17
> print("* ncontrols *")
[1] "* ncontrols *"
> cat("sum:", sum(esoph$ncontrols),
…略…
sum: 775 sum: 0 sum: 60
```

これを実行すると、esophデータセットからncasesとncontrolsについて、最小値・最大値・合計を計算して表

示します。引数には、esoph$ncasesというようにしてesophから特定の列を指定します。esophそのものを引数にすると、1次元データではないためエラーになります。

平均と中央値

データの中心的な傾向を調べる値としてよく使われるのが「平均」と「中央値」です。これらは、そのデータを代表する値（「代表値」といいます）として利用されます。平均は、すべての値の合計をデータ数で割ったものですね。そして中央値は、データを小さいものから順に並べたときに中央に位置する値のことです。
この2つは以下のような関数で得ることができます。

書式 平均を調べる

```
mean(ベクトル)
```

書式 中央値を調べる

```
median(ベクトル)
```

使い方は合計などと同じく、ベクトルなどの1次元データを引数に渡すだけです。では利用例を挙げましょう。

リスト7-4-2

```
01  print("* quakes$mag *")
02  mean(quakes$mag)
03  median(quakes$mag)
```

出力

```
> print("* quakes$mag *")
[1] "* quakes$mag *"
> mean(quakes$mag)
[1] 4.6204
> median(quakes$mag)
[1] 4.6
```

ここでは、quakesデータセットから、地震データのマグニチュードの値の平均と中央値を調べました。どちらも値は4.6程度になり、この地震データではマグニチュード4.6が全体を代表する値となることがわかります。

最頻値について

データの代表値としては、もう1つ「最頻値」と呼ばれるものも用いられます。最頻値は、データの中でもっとも度数が高いもの（つまりデータ数が一番多いもの）のことです。
これは、実はRには専用の関数が用意されていません。しかし、いくつかの関数を組み合わせることで値を調べることができます。
最頻値を調べるためには、まず「それぞれの値がいくつあるか」を調べる必要があります。これは「table」関数で得られました。こうして得られたテーブルから、「もっとも多い値」を調べます。これは、「max」関数ではうまく得られません。maxでは、集計した値から一番多いものを選んでしまいます。「その一番多かった項目は何という値か？」

がわからないといけません。

これには、「which.max」という関数を使います。これは、テーブルからもっとも値の多いデータを調べるものです。これにより、そのデータの名前と値が取り出されます。ここから名前を「names」という関数で取り出します。これでようやく、もっとも数が多いデータの名前が得られます。

では、利用例を見てみましょう。

リスト7-4-3

```
01  print("* quakes$mag mode *")
02  names(which.max(table(quakes$mag)))
```

出力

```
> print("* quakes$mag mode *")
[1] "* quakes$mag mode *"
> names(which.max(table(quakes$mag)))
[1] "4.5"
```

これを実行すると、「4.5」という数字が出力されます。マグニチュード4.5が、もっとも多く検出された値であることがわかります。

この最頻値は、他の代表値である平均や中央値とは異なる性質を持っています。それは、「結果が数字とは限らない」という点です。平均や中央値は必ず数値が得られますが、最頻値は数値とは限りません。

例えば、esophのアルコール摂取量のデータから最頻値を調べてみましょう。

リスト7-4-4

```
01  names(which.max(table(esoph$alcgp)))
```

出力

```
> names(which.max(table(esoph$alcgp)))
[1] "0-39g/day"
```

これを実行すると、結果として"0-39g/day"と表示されます。この値がもっとも多かったからですが、このようにデータによっては数値以外の値がベクトルにまとめられていることもあります。こうしたものでは、最頻値はテキストになります。

偏差と分散

| 難易度：★★★★☆ |

平均・中央値・最頻値。これらの代表値でデータの性格がわかるとは限りません。これらの値が同じデータであっても、ほとんどの値が平均に近い値ばかりのデータもあれば、幅広く値が散らばっているデータもあるでしょう。こうした代表値とともに考えたいのは、「そのデータの散らばり具合」です。これを考えるために用いられるのが「偏差」と「分散」です。

「偏差」というのは、平均とデータの値との差を示すものです。この偏差を調べれば、それぞれの値がどれぐらいばらついているかがわかります。では、「データ全体のばらつき具合」を表す代表値のようなものはないのでしょうか。

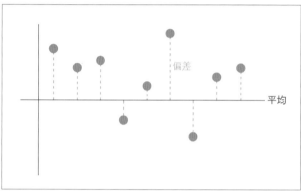

図7-5-1　データと平均の差を表すのが偏差。この偏差の二乗を平均したのが分散

それに相当するのが「分散」です。分散は、偏差の二乗の平均です。偏差は平均との差なので合計してもゼロになってしまいますから、二乗してすべて正数にした値の平均を調べることで、どのぐらい個々の値がばらついているかを調べるわけです。値が大きくなるほど、広い範囲にデータがばらついていることになります。

この分散は、「var」という関数で得られます。

書式 分散を計算する

```
var(ベクトル)
```

とても単純ですね。これも利用例を挙げておきましょう。quakesからいくつかのデータの分散を求めてみます。

リスト7-5-1

```
01  print("* quakes var *")
02  cat("mag:", var(quakes$mag))
03  cat("depth:", var(quakes$depth))
04  cat("stations:", var(quakes$stations))
```

```
> print("* quakes var *")
[1] "* quakes var *"
> cat("mag:", var(quakes$mag))
mag: 0.1622261> cat("depth:", var(quakes$depth))
depth: 46455.55> cat("stations:", var(quakes$stations))
stations: 479.6269
```

ここではquakesの地震データセットから、mag、depth、stationsの分散を調べました。いずれもデータの内容が違いますから比較することはできませんが、マグニチュードのように近い値が多いものでは分散の値は小さくなり、深度のようにばらつきが激しいものでは大きな値となることがわかるでしょう。

標本分散と不偏分散

分散には、「標本分散」と「不偏分散」の2つがあります。この2つは、偏差の二乗の合計をいくつで割るかによる違いです。分散は、偏差の二乗の合計を値の個数で割ったものでした。これは一般に「標本分散」と呼ばれるもので、得られているデータだけを考えた分散です。

これに対し、偏差の二乗の合計を「個数 - 1」で割ったものが「不偏分散」です。これは、データがもっと大きな母集団からピックアップされたものである、ということを考慮に入れています。母集団からいくつかのデータを取り出して分散を調べる場合、取り出すデータ量が多くなるほど母集団の分散に近づいていきます。このことを考慮して考えられたのが不偏分散です。

標本分散は、母集団の分散と比べると値が小さくなる傾向があります。不偏分散は、この点を考慮して作られています。

Rの分散関数「var」は、基本的に不偏分散を使っています。では、標本分散のための関数は？ 実は、Rには標準で用意されていません。統計では不偏分散を使うのが基本ですから、あまり必要性はないのかもしれません。

念のため、データを使ってvar関数と標本分散・不偏分散の演算結果を比較してみましょう。

リスト7-5-2

```
01  var(quakes$depth)
02  sum((quakes$depth-mean(quakes$depth))^2)/(length(quakes$depth)-1)
03  sum((quakes$depth-mean(quakes$depth))^2)/length(quakes$depth)
```

出力

```
> var(quakes$depth)
[1] 46455.55
> sum((quakes$depth-mean(quakes$depth))^2)/(length(quakes$depth)-1)
[1] 46455.55
> sum((quakes$depth-mean(quakes$depth))^2)/length(quakes$depth)
[1] 46409.1
```

これを実行すると、var関数、不偏分散の演算結果、標本分散の演算結果がそれぞれ出力されます。varの結果と不偏分散の演算結果は等しい値になっているのがわかるでしょう。

COLUMN

母集団と標本

統計のデータを扱うとき、念頭に置いておきたいのが「母集団」と「標本」です。社会で集めたデータというのは、大きな集団の中の一部だけを抜き出したものであることがほとんどです。例えば「日本人の平均○○」といったデータは、すべての日本人について調べているわけではありません。無作為に何人か(数百〜数千人くらい)を抽出してデータを取っているわけです。

この全体の集団(日本人全体など)を「母集団」といい、そこから抜き出して集められたデータを「標本」といいます。

私たちが扱うデータの多くは、それ自体で完結した完全なものではなく、あくまで「母集団」の中から取り出された「標本」なのだ、ということを意識して扱うようにしましょう。

標準偏差

分散は、偏差を二乗して値を求めているため、そのままでは元データとの単位が異なった状態になっています。そこで登場するのが「標準偏差」です。これは、分散から正の平方根を求めたものです。データの統計処理では、分散よりも標準偏差を使うことのほうが多いでしょう。

この標準偏差は、「sd」という関数として用意されています。

書式 標準偏差を計算する

```
sd(ベクトル)
```

これで、引数に用意したベクトルの標準偏差が得られます。このRでは、varの分散関数では不偏分散が用いられていました。sd関数も、やはり不偏分散をもとにした不偏標準偏差が得られるようになっています。

では、これも利用例を挙げておきましょう。

リスト7-5-3

```
01  print("* quakes sd *")
02  cat("mag:", sd(quakes$mag))
03  cat("depth:", sd(quakes$depth))
04  cat("stations:", sd(quakes$stations))
```

出力

```
> print("* quakes sd *")
[1] "* quakes sd *"
> cat("mag:", sd(quakes$mag))
mag: 0.402773> cat("depth:", sd(quakes$depth))
depth: 215.5355> cat("stations:", sd(quakes$stations))
stations: 21.90039
```

quakesデータセットからmag、depth、stationsの標準偏差を求めて表示しています。先ほどの分散と比較してみましょう。どちらのほうが、元データの値の散らばり方を把握するのに適切か? といえば、やはり標準偏差でしょう。分散では、depthの値などはあまりに大きなものになり、どう受け取ればいいのか困ってしまいます。標準偏差

ではdepthの値は215.5355となり、「なるほど、地震の深度はだいたい200mぐらいのばらつきがあるんだな」と理解できます。

偏差値を計算する

標準偏差はさまざまなところで使われますが、学生の頃にもっともお世話になった値として「偏差値」があるでしょう。偏差値は、平均と標準偏差を使って計算されます。計算式は以下のようになります。

偏差値の計算方法

```
（点数 − 平均） / 標準偏差 * 10 + 50
```

意外と簡単な式で偏差値は得られるのですね。では、実際に点数をもとに偏差値を計算する例を挙げておきましょう。

リスト7-5-4

```
01  data.score <- as.integer(rnorm(20, mean = 60, sd = 15))
02  data.score <- ifelse(data.score < 0, 0, ifelse(data.score > 100, 100, data.score))
03  data.hensachi <- as.integer((data.score - mean(data.score)) /
04                       sd(data.score) * 10 + 50)
05  data.df <- data.frame(name = LETTERS[1:20],
06                   score = data.score,
07                   hensachi = data.hensachi)
08  data.df
```

出力

```
> data.df
   name score hensachi
1     A    66       53
2     B    52       44
3     C    43       38
4     D    61       49
5     E    64       51
```

```
6     F    65       52
7     G    87       66
8     H    58       47
9     I    89       68
10    J    34       32
…略…
```

ここでは、rnormを使い、20個のランダムな点数データを作成し、それを使って偏差値を求めています。ただし、ただrnormでランダムな値を取り出すだけだと、ゼロ以下や100以上の値が混じってしまう可能性もあるため、ifelseを使い、ゼロ以下はすべてゼロに、100以上はすべて100にしてあります。

計算した偏差値はas.integerで整数の部分だけを取り出し、data.hensachiに保管しています。そしてダミーの名前（LETTER[1:20]）と点数（data.score）と共にデータフレームを作成し、それを出力しています。

標準偏差というと、一体どういうことに使っているのかピンと来ないでしょうが、このように意外に身近なところでも使われているのです。

chapter
7-05

HINT

ちなみに、乱数を作成するrnorm関数（P.114参照）でも、平均と標準偏差を引数に用意していました。これらの値を使って、正規分布に沿った乱数を生成させているのです。

四分位数について

この他、データを処理する際によく用いられる「四分位数」についても触れておきましょう。四分位数は、データを小さい順に並べて4つの等間隔に分割した際の値で、第1～第3まであります。それぞれの値は以下のようになります。

第1～第3四分位数の値

第1四分位	データの25%がこの値以下であることを意味します
第2四分位数	データの50%がこの値以下であることを意味します。中央値と同じです
第3四分位数	データの75%がこの値以下であることを意味します

四分位数は、データがどの程度正規分布に従っているかを示す上で重要です。この四分位数は、Rでは「quantile」という関数で算出することができます。

書式 四分位数を算出する

```
quantile(ベクトル)
```

これで、引数に渡したベクトルの四分位数が得られます。では、これも利用例を挙げましょう。

リスト7-5-5

```
01  quantile(quakes$mag)
02  quantile(quakes$depth)
03  quantile(quakes$stations)
```

出力

```
> quantile(quakes$mag)
  0%  25%  50%  75% 100%
 4.0  4.3  4.6  4.9  6.4
> quantile(quakes$depth)
  0%  25%  50%  75% 100%
 40   99  247  543  680
> quantile(quakes$stations)
  0%  25%  50%  75% 100%
 10   18   27   42  132
```

ここでは、quakesのmag、depth、stationsの四分位数を出力しています。実行するとそれぞれの列について、例えば以下のような5つの値が出力されるのがわかります。

出力

```
> quantile(quakes$mag)
  0%  25%  50%  75% 100%
 4.0  4.3  4.6  4.9  6.4
```

quantileで得られる値は配列なので、個々の値を利用する際には[1]というようにインデックス番号を指定して値を取り出します。また得られる値には「0%」のようにそれぞれラベルがついているので、数字だけを取り出したければ、as.vector(quantile(quakes$mag))というようにベクトルに変換して利用するとよいでしょう。

このquantileは、デフォルトで25%、50%、75%といったパーセンテージになっていますが、「probs」というオプション引数を使うことで調べるパーセンテージを設定することもできます。

probsでパーセンテージを設定した例

```
quantile(quakes$mag, probs = c(0, 0.1, 0.9, 1.0))
```

例えば、このようにすると10%と90%の値を得ることもできます。単に四分位数を得るというのではなく、「指定した割合で分けたときの値」を自由に指定して得ることができるのです。

summaryについて

データフレームなどで何列ものデータがあるデータセットを使う場合、1つ1つについて平均や中央値といったものを1つ1つ計算していくのは結構面倒ですね。実は、もっと簡単にこうしたデータの値を調べる方法があります。それは「summary」という関数を使うのです。

summaryは、さまざまなデータの要約を生成するためのものです。この関数は、引数に渡した値のクラスに応じて特定のメソッドを呼び出し、要約を表示します。データフレームの場合、各列の最小値・最大値・平均・中央値・第1／第3四分位、といったものをまとめて表示してくれるのです。

では、実際に使ってみましょう。esophデータセットのsummaryがどうなっているか調べてみます。

リスト7-5-6

```
01  summary(esoph)
```

出力

```
> summary(esoph)
     agegp          alcgp          tobgp         ncases         ncontrols
 25-34:15   0-39g/day:23   0-9g/day:24   Min.   : 0.000   Min.   : 0.000
 35-44:15   40-79    :23   10-19   :24   1st Qu.: 0.000   1st Qu.: 1.000
 45-54:16   80-119   :21   20-29   :20   Median : 1.000   Median : 4.000
 55-64:16   120+     :21   30+     :20   Mean   : 2.273   Mean   : 8.807
 65-74:15                                3rd Qu.: 4.000   3rd Qu.:10.000
 75+  :11                                Max.   :17.000   Max.   :60.000
```

これを実行すると、esophの各列について調べた値が一覧にまとめられ表示されます。出力内容を見ればわかりますが、agegp、alcgp、tobgpのようにグループ分けをするための列についてはそれぞれの列のデータ数を出力し、ncase、ncontrolsのように数値データの列については最小値・最大値・平均・中央値・四分位といった値を計算し出力しています。列のデータの内容（数値データかそうでないか）に応じて出力される値が変わるようになっているのです。

このsummaryは、常にこのような内容が出力されるわけではありません。値によっては出力される内容が変化することもあります。summaryは「このデータの内容がどういうものかをコンパクトにまとめて出力するもの」ですので、場合によっていろいろ変化することもあるのだ、ということは知っておきましょう。

標準化と正規化

| 難易度：★★★★☆ |

さまざまなデータについて調べていくと、そもそもデータの値自体が大きく異なっている場合、うまく比較ができないことに気がつくでしょう。例えば、quakesにはマグニチュードの値（mag）や震源の深度の値（depth）などがありますが、この2つのデータは値そのものが大きく異なっているため単純に比較することはできません。しかし、両者を同じような値に変換することができれば、データの相違性や違いなどを比較できるようになります。

このように、値の目盛りが異なるものを同じような目盛りに変換するために用いられるのが「標準化」や「正規化」といった手法です。

標準化は、データの平均値を0、標準偏差を1に変換する手法です。これは各値から平均を引いたものを標準偏差で割って求めます。

標準化の計算方法

```
（値 － 平均値） / 標準偏差
```

この標準化されたデータは、Rでは「scale」という関数を使って行えます。scaleはベクトルなどのデータをスケーリング（一定の方式に従ってデータの値を変換すること）のための関数で、以下のように使います。

書式 標準化する

```
scale(ベクトル)
```

これで引数のベクトルを標準化したベクトルが得られます。あるいは、引数にデータフレームを指定することで、データフレーム内のすべての列データを標準化することも可能です。ただしこの場合、データフレーム内に数値データ以外の列が含まれていると実行に失敗します。例えば、scale(quakes)は正しく結果を得られますが、scale(esoph)は実行に失敗します（esophではagegpなどグループ化のためのテキストのデータが含まれているため）。では、利用例を挙げましょう。

リスト7-6-1

```
01  data.dp.sc <- scale(quakes$depth)
02  data.stn.sc <- scale(quakes$stations)
03  summary(data.dp.sc)
04  summary(data.stn.sc)
```

出力

```
> summary(data.dp.sc) ──────── 1
        V1
 Min.   :-1.2591
 1st Qu.:-0.9853
 Median :-0.2987
 Mean   : 0.0000
```

```
   3rd Qu.: 1.0747
   Max.   : 1.7103
 > summary(data.stn.sc) ────────────2
          V1
   Min.   :-1.0693
   1st Qu.:-0.7040
   Median :-0.2931
   Mean   : 0.0000
   3rd Qu.: 0.3919
   Max.   : 4.5014
```

ここでは、quakesデータセットからdepthとstationsの値を標準化しました。summaryを出力すると、データが
どのように変換されたかがよくわかります。depthとstationsは、全く異なる内容のデータであり、値も全く違っ
ていました。標準化前の両者のsummaryを調べるとこうなっていました。

```
 > summary(quakes$depth)
   Min. 1st Qu.  Median    Mean 3rd Qu.    Max.
   40.0    99.0   247.0   311.4   543.0   680.0
 > summary(quakes$stations)
   Min. 1st Qu.  Median    Mean 3rd Qu.    Max.
  10.00   18.00   27.00   33.42   42.00  132.00
```

それが、標準化した上で両者のsummaryを出力すると上記の1と2のような形になっているのがわかります。
どちらも平均（Mean）は0.0であり、そこからデータが広がっているのがわかります。depthよりstationsのほうが
最小値最大値共に幅があり、より広い範囲に値が散らばっていることがわかるでしょう。

標準化をプロットで比べる

では、標準化によりデータがどのように変換されているのか、plotを使って視覚化してみることにしましょう。

リスト7-6-2
```
01  par(mfrow = c(1,2))
02  plot(quakes$mag, quakes$depth, col = "blue")
03  points(quakes$mag, quakes$stations, col = "red")
04  plot(quakes$mag, data.dp.sc, col = "blue")
05  points(quakes$mag, data.stn.sc, col = "red")
```

ここでは2つのグラフを作成し並べて表示しています。1つは、quakes$magを横軸にquakes$depthおよび
quakes$stationsをプロットしたもの。もう1つは、同じくquakes$magを横軸にしてdepthとstationsの標準
化された値をプロットしたものです。
元のデータでは、depthとstationsの値の目盛りとなるものが異なっているため、単純にグラフを重ねるとプロッ
トされる範囲がかなり違ってしまうのがわかります。しかし標準化されたデータでは、標準偏差が同じ1.0になるよう
に値が調整されているため、ほぼ同じような数値の散らばり具合となっているのがわかります。

227

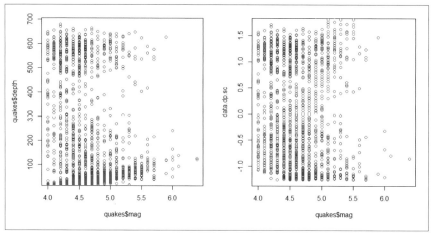

図7-6-1　元データと標準化されたデータを比較する

正規化について

この「標準化」と同じようにデータを一定の範囲に変換するものに「正規化」というものもあります。標準化は平均と標準偏差に基づいて値を変換するのに対し、正規化は一定範囲内に収まるようにデータを変換します。通常、0～1の範囲に変換するのが一般的です。

この正規化は、各値と最小値の差をデータの範囲（最大値と最小値の差）で割ることで求めることができます。

正規化の計算方法

```
（値 － 最小値） / （最大値 － 最小値）
```

標準化は標準偏差を使って変換するため、どのデータもすべて同じような分布になりますが、標準偏差の違いにより散らばる範囲は違ってきます。正規化は範囲が決まっているため、どんなデータでもすべて同じ範囲内に納めることができます。ただしデータにより変換の度合いは変わってきます。

この正規化も、「scale」関数を使って行えます。scaleに用意されている「center」と「scale」のオプション引数を以下のように指定することで正規化を行えるようになります。

書式 正規化する

```
scale(ベクトル, center = 最小値, scale = 最大値 － 最小値)
```

これにより、ベクトルのデータは0～1の範囲内に収まるように変換されます。では、これも利用例を見てみましょう。

リスト7-6-3

```
01  data.dp.rg <- scale(quakes$depth, center = min(quakes$depth),
02                  scale = max(quakes$depth) - min(quakes$depth))
03  data.stn.rg <- scale(quakes$stations, center = min(quakes$stations),
04                  scale = max(quakes$stations) - min(quakes$stations))
05  summary(data.dp.rg)
06  summary(data.stn.rg)
```

```
> summary(data.dp.rg)
      V1
 Min.   :0.00000
 1st Qu.:0.09219
 Median :0.32344
 Mean   :0.42402
 3rd Qu.:0.78594
 Max.   :1.00000
```

```
> summary(data.stn.rg)
      V1
 Min.   :0.00000
 1st Qu.:0.06557
 Median :0.13934
 Mean   :0.19195
 3rd Qu.:0.26230
 Max.   :1.00000
```

先ほどの標準化と同じく、quakesのdepthとstationsを正規化し、summaryを出力しました。どちらも最小値（Min）と最大値（Max）がゼロと1になっていることがわかるでしょう。ただし、平均値（Mean）と中央値（Median）を見ると、両者の値にはかなりの違いが見られます。同じ範囲内に収まるようデータを変換したため、両データの変換の度合いはかなり違っているのです。

標準化と正規化を比較する

では、標準化と正規化はどれぐらい違うのでしょうか。それぞれのデータを視覚化して見てみましょう。

リスト7-6-4

```
01  par(mfrow = c(1,3))
02  plot(quakes$mag, quakes$depth, col = "blue")
03  points(quakes$mag, quakes$stations, col = "red")
04  plot(quakes$mag, data.dp.sc, col = "blue")
05  points(quakes$mag, data.stn.sc, col = "red")
06  plot(quakes$mag, data.dp.rg, col = "blue")
07  points(quakes$mag, data.stn.rg, col = "red")
```

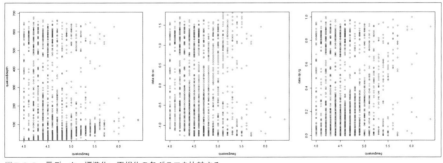

図7-6-2 元データ、標準化、正規化の各グラフを比較する

ここでは横軸をquakes$magにしてdepthとstationsの値をプロットしています。3つのグラフは、それぞれ元データ、標準化、正規化のデータになります。depthのプロットに対し、stationsのプロットは配置されるデータの傾向がそれぞれ変わっているのがわかります。

正規化は、外れ値まで含めてデータを0～1の範囲に変換するため、標準化よりも変化の度合いが小さくなる傾向にあります。例えば、たまたま極端な外れ値が1つ含まれていたりすると、ほとんどのデータは同じあたりに密集する形で表現されることになるでしょう。標準化はこうした場合もすべて同じ散らばり方で表現されます。ただし、極端な外れ値はグラフ外になり表示できない場合もあるでしょう。

度数分布とテーブル

多数のデータを扱う場合、それらをその値のまま利用するのではなく、何らかの形で集計して利用することもあります。例えば、学生のテストの点数は、もちろんそれぞれの点数から偏差値を計算するなりして利用することもありますが、全体の傾向などを調べるときにはそれでは困るでしょう。それよりも、例えば「100～90点の人」「89～80点の人」というように一定の幅で分けて、それぞれの範囲の人数を集計したほうが、全体の傾向を把握しやすいものです。

このように、データをいくつかの区画に分け、その中のデータ数（度数）を調べるものを「度数分布」といいます。度数分布は、前にも登場しましたね。データの中には、いくつかの値に分かれるものと、全くバラバラな値の集合体になっているものがあります。この「バラバラな値のデータ」から全体の傾向などを読み取るのに、度数分布はとても有効です。この度数分布は、Rでは「cut」という関数を使って作成します。

書式 度数分布を作成する

```
cut(ベクトル, breaks = 分割数または数列)
```

第1引数には、データのベクトルを指定します。そして「breaks」という引数にどのように分割するかを指定する値を用意します。整数を1つ指定すれば、その数に全体を分割をします。あるいは等差数列を指定すれば、その数列の値を元にデータを分割します。先にヒストグラムを作成するhist関数を使ったときにも、やはりbreaksというオプションがありましたね（P.182参照）。あれと同じものと考えていいでしょう。

このcutで作成されるのは、実は度数分布ではありません。cutが作るのは、各値の区画のベクトルです。つまりデータの1つ1つの値について「これはAの区画」「これはBの区画」といったグループ分けした結果の値をベクトルとして返すものなのです。

従って、得られたデータをもとに度数分布データを作成する必要があります。これは、すでに皆さん使ったことがあります。「table」という関数を使うのです。

書式 度数分布データを作成する

```
table(ベクトル)
```

tableは、ベクトルの成分をグループごとに集計したもの（度数分布表）を行列として返す関数です。これにより、cutで作成されたデータが度数分布データに変換されます。

度数分布データを作る

では、実際に例を挙げておきましょう。まず、乱数を元に度数分布データを作ってみることにします。

リスト7-7-1

```
01  data.r <- rnorm(1000, mean=50, sd=10)
02  table(cut(data.r, breaks = seq(0, 100, 5)))
```

```
> table(cut(data.r, breaks = seq(0, 100, 5)))
    (0,5]    (5,10]   (10,15]   (15,20]   (20,25]   (25,30]   (30,35]   (35,40]   (40,45]
        0         0         1         2         4        17        44        83       133
  (45,50]   (50,55]   (55,60]   (60,65]   (65,70]   (70,75]   (75,80]   (80,85]   (85,90]
      189       192       152       117        34        24         7         1         0
  (90,95]  (95,100]
        0         0
```

ここではrnormを使い、1000個のランダムなデータを作成しています。そして5ごとの区画に分け、度数分布を作成しています。

出力されたテーブルの内容を見ると、(50, 55]という区画あたりを中心にデータが広がっていることがわかるでしょう。一定の区画ごとにデータを整理することで、データの文法の状況がだいたい掴めます。なお、この (と] の記号は、その値を含むかどうかを示します。( ) はその値を含まず、[ ] はその値を含むことを示しています。(50, 55]ならば、50より大きく55以下の範囲を示します。これは実データでもそのまま利用できます。例として、quakes$depthを使い、地震深度の値を度数分布データに整理してみましょう。

```
01  data.tb <- table(cut(quakes$depth,
02          breaks = seq(0, max(quakes$depth), 50)))
03  data.tb
```

```
> data.tb
    (0,50]   (50,100]  (100,150]  (150,200]  (200,250]  (250,300]  (300,350]  (350,400]
        77        179         96         66         89         41         27         28
 (400,450]  (450,500]  (500,550]  (550,600]  (600,650]
        25         47         97        136         82
```

ここでは、depthの値をゼロから最大値まで50幅の区画に分けて度数分布を作成しています。結果を見ると、(50, 100]の比較的浅いところと、(550, 600]のかなり深いところ2ヶ所にピークがあることに気がつくでしょう。漫然とデータを眺めていてもこうした傾向には気づきにくいものです。

COLUMN

factorについて

cutで作成されるデータは、いくつかの区画とそこにある値がまとめられたものです。これは、ベクトルや配列の値ではありません。「factor」という値なのです。factorクラスはカテゴリ変数を表現するためのデータ型です。カテゴリ変数とは、限られた値の中から選ぶ変数のことで、例えば性別、季節、気候などがあります。こうした「いくつかの選択肢の値」を扱うのに用意されているのがfactorなのです。

factorクラスは、限られた値の中から選ぶ変数を表現するために、整数値と対応する文字列の2つの情報を持ちます。整数値は実際のデータとして扱われ、文字列はその値のラベルとして扱われます。

度数分布を視覚化する

度数分布データが得られたなら、これを使って視覚化するのは簡単です。例えば、先ほどquakes$depthから作成したdata.tbを棒グラフにするなら、以下のように実行するだけです。

リスト7-7-3

```
01  barplot(data.tb)
```

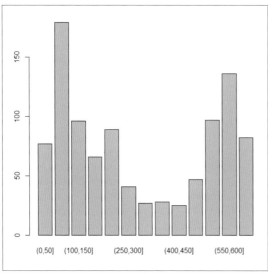

図7-7-1 data.tbをbarplotで棒グラフ化する

実行すると、先ほどのdata.tbを棒グラフにして表示します。これは、どこかで見たことありますね？　そう、hist関数で作成したヒストグラムです。histは、このように「度数分布データを作成して棒グラフにする」ということを行う関数だったのですね。

累積度数分布

度数分布は、各区画の度数を集計したものですが、データによっては各区画の度数を累積しながら集計することもあります。例えば年代ごとの死亡率などを集計する場合、それぞれの年代ごとの率だけでなく、それを累積していくことで「○○歳までに亡くなる確率はこれぐらい」ということがわかります。
こうした累積度数分布を作成するには、「cumsum」という関数を使います。これはベクトルなどの累積和を得るためのものです。

書式 累積度数分布を作成する

```
cumsum(ベクトル)
```

このように実行すると、ベクトルの各値を加算していった値のベクトルを作成します。例えば、c(1,2,3,4)というベクトルを引数にすると、c(1,3,6,10)というベクトルが作成されます。

では、この累積度数分布を利用した例を挙げておきましょう。

リスト7-7-4

```
01  barplot(cumsum(data.tb))
02  barplot(data.tb, col="blue", add = TRUE)
```

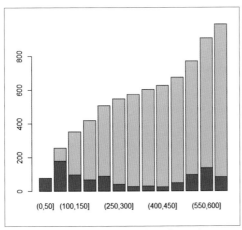

図7-7-2　累積度数分布と度数分布を重ねてグラフにする

ここでは、青いバーがdata.tbの度数分布、そしてグレーのバーが累積度数になります。このようにグラフを重ねると、値の伸びがよくわかりますね。

確率密度分布

度数分布は、それぞれの区画ごとの度数（データ数）を集計したものです。これはこれで役に立ちますが、いくつかのデータを度数分布で集計し比較するようなときは、度数よりも確率密度で比べたほうがわかりやすくなります。
確率密度というのは、その値の確率を表すものです。度数分布で、各区画の値の割合を表したものは、確率密度分布となるわけです。確率密度であれば、それがどんな値であっても同じように比較できますね。
確率密度は、各度数を全体数で割って割合を計算すれば得られます。確率密度にすれば、目盛りの異なるデータを同じグラフでまとめて表示させたりすることもできるようになります。
では、度数分布から確率密度分布を作ってグラフ化してみましょう。

リスト7-7-5

```
01  data.dp.tb <- table(cut(quakes$depth, breaks = 20))
02  data.st.tb <- table(cut(quakes$stations, breaks = 20))
03
04  barplot(data.dp.tb / length(quakes$depth), col="#0000ff99")
05  barplot(data.st.tb / length(quakes$stations), col="#ff000099", add = TRUE)
```

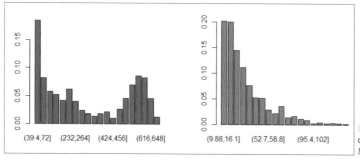

図7-7-3
depthとstationsの度数分布から確率密度分布を作成してグラフ化する

ここでは、quakesのdepthとstationsの度数分布をそれぞれdata.dp.tbとdata.st.tbに取り出し、そこから確率密度分布を計算してbarplotでグラフ化しています。青いバーがdepth、赤いバーがstationsになります。

累積確率密度分布にするには?

累積度数分布から確率密度分布を得る場合も、基本的には同じです。累積度数分布をデータ数で割ることで累積確率密度分布が得られます。

リスト7-7-6

```
01  barplot(cumsum(data.st.tb / length(quakes$stations)),
02          col="#ffaaaa")
03  barplot(data.st.tb / length(quakes$stations),
04          col="#ff0000", add = TRUE)
```

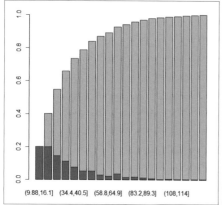

図7-7-4
quakes$stationsについて確率密度と累積確率密度をグラフ化する

quakes$stationsのデータから作成した度数分布(data.st.tb)を使い、stationsの確率密度分布と累積確率密度分布をグラフ化しました。どのように値の割合が増えていくのかがひと目でわかります。これで度数分布と確率密度分布については一通り使えるようになりました。

座標軸の異なるグラフを表示する

確率密度や標準化・正規化などは、目盛りの異なるデータをほぼ同じ範囲内にまとめて比較するのに役立ちます。し

かし、単に目盛りの異なる2つのデータをグラフなどにまとめて表示するだけなら、こうした手法を用いずとも可能です。

Rではplotを使ってグラフを描画しますが、このとき、2つの異なるY軸を設定してグラフを作成することができます。どうするのかというと、2つ目のグラフはY軸を非表示にした状態で前のグラフに上書きし、それから2つ目のY軸を別の場所（グラフの右側など）に追加するのです。

これは、手順さえ覚えてしまえば決して難しいものではありません。実際にやってみましょう。

リスト7-7-7

```
01  plot(data.st.tb, type = "l", lwd = 2,
02      col="blue")
03  par(new = TRUE)
04  plot(cumsum(data.st.tb), type= "l", lwd = 2,
05      axes = FALSE, ylab = "", col="red")
06  axis(4)
```

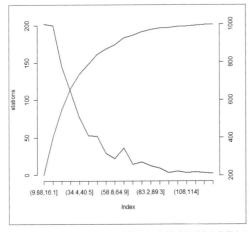

図7-7-5　quakes$stationsの度数分布と累積度数分布を表示する

ここでは、data.st.tbに代入したquakes$stationsの度数分布と、累積度数分布を1つのグラフにまとめて表示しています。青いグラフが度数分布、赤いグラフが累積度数分布です。青いグラフは左側に軸があり、赤いグラフは右側に軸があります。それぞれの軸の目盛りが異なっているのがわかるでしょう。データを加工しなくとも、このようにグラフの作成を工夫することで2つの異なるデータを一緒に表示できます。

ここでは、plotで1つ目のグラフを作成した後、まずpar関数で新しいグラフを重ねて作成します。

```
par(new = TRUE)
```

newオプションをTRUEにすることで、現在表示されているグラフに新しいグラフを重ねて描くようになります。続いて、plotで2番目のグラフを作成します。

```
plot(cumsum(data.st.tb), type= "l", lwd = 2,
    axes = FALSE, ylab = "", col="red")
```

235

ここでのポイントは、axes = FALSE, ylab = "" という引数です。 axes = FALSE により、2番目のグラフの
Y軸を非表示にします。ylabには空のテキストを指定していますが、これはY軸のラベルを表示させないためです。
これでY軸を表示しない形で2つ目のグラフが作成されました。最後に、Y軸をグラフの右側に表示します。

```
axis(4)
```

この「axis」は現在のグラフに軸を追加するものです。引数には1〜4の整数を指定し、これにより下・左・上・右
のいずれかの場所に軸を追加します。今回は4を指定して、右側に軸を追加しました。

これで軸の異なる2つのデータを表示できるようになりました。このテクニックは、これから先、2つの変数を持つ統
計を扱うようになるとさらに威力を発揮するはずです。今のうちにぜひ覚えておきましょう。

データ分析の基本

この章のポイント

・二項分布や正規分布がどういうものか理解しよう。

・相関係数を使い、2つのデータを比べてみよう。

・二項検定、t検定、カイ二乗検定がどんなものか理解しよう。

二項分布

統計で扱うデータにはさまざまな種類のものがあります。そうしたものの中で、「成功か失敗か」をデータ化するものというのも結構あります。さまざまな試験や実験、各種の調査などで「うまくいった」「ダメだった」といったデータを調べることというのは多いものです。

多くの場合、「何度試しても、成功の確率はだいたい同じ」であるものです。試行（試してみること）する度に、うまくいく確率が変わってしまう、ということはそう多くはありません。だいたい、「いつ何度試しても、成功の確率は変わらない」ということが多いでしょう。

このような「成功か、失敗か」といった2つの結果しかない試行で、成功の確率がどのように分布しているかを表すのが「二項分布」です。成功の確率は一定だとしても、常に「〇〇回試せば、必ず××回成功する」ということはないでしょう。試す度に、成功の回数が多かったり少なかったりするものです。けれど、何度も試してみるうちに、「だいたい、このぐらいの確率で成功するな」ということがわかってきます。この確率分布を表したものが二項分布です。

二項分布に沿った乱数の作成

二項分布のデータを利用する場合、「rbinom」という関数が利用できます。この関数は、二項分布に沿った乱数を生成するものです。

書式 二項分布に沿った乱数を生成する

```
rbinom(乱数の数, size = 試行回数, prob = 成功確率)
```

3つの値をこの順に指定して使う場合、size = やprob = といったオプションの名前を省略して、ただ3つの数値を指定するだけでも問題なく呼び出せます。

二項分布は、「〇〇回試行したとき、何回成功するか」の分布ですから、一度試行しただけではよい結果は得られません。何度も繰り返し試す必要があります。例えば「コインを100回投げたとき、何回表が出るか」を調べるとしましょう。これを10回行ったときの結果は、こんな形で得られます。

リスト8-1-1

```
01  rbinom(10, 100, 0.5)
```

出力

```
> rbinom(10, 100, 0.5)
 [1] 51 52 53 46 55 41 45 51 57 57
```

表と裏が出る確率は全く同じでそれぞれ50%のはずですから、成功確率は0.5にしました。これで100回試行した結果（実際の成功回数）が10個の値のベクトルとして得られます。

もちろん、これはランダムに値を取り出したものなので、実際にこうなるというわけでもないですし、繰り返し実行すればすべて結果は違うでしょう。しかし、試験的にデータを用意するときなどには役立ちます。

二項分布の確率

このrbinomの他にも、二項分布に関する関数は2つあります。rbinomは確率を元に試行したときの成功回数をランダムに得るものでした。残る2つの関数は、逆に二項分布から確率を求めるためのものです。

書式 成功回数の確率を計算する

```
dbinom(成功回数, size = 試行回数, prob = 成功確率)
```

これもsize =、prob =といったオプションの名前は、この引数の順に値を指定するならば省略できます。
このdbinomは、二項分布を元に、指定した回数成功する確率を求めます。例えば、「100回コインを投げて表が出る回数」を調べるとき、実際に表が50回出る確率は、こんな具合に求められます。

リスト8-1-2

```
01 dbinom(50,100, 0.5)
```

実行すると、0.07958924といった結果になるでしょう。だいたい8%弱ということですね。「100回、投げれば50回は表になるんだから、確率は0.5では?」なんて漠然と思ってた人。いいえ、51回のこともあるし、49回のこともあるはずです。「きっかり50回が表になる」ことは、意外に多くない、ということは想像がつくでしょう?

出力

```
> dbinom(50,100, 0.5)
[1] 0.07958924
```

書式 成功回数が指定の回数以下になる確率を計算する

```
pbinom(成功回数, size = 試行回数, prob = 成功確率)
```

こちらも、dbinomと同様、二項分布を元に、指定した回数成功する確率を求めるものですが、こちらは「ある値以下になる確率」を求めます。例えば、「100回コインを投げて表が出る回数」を調べるとき、表が出る回数が「50回以下」の確率は以下のようになります。

リスト8-1-3

```
01 pbinom(50,100, 0.5)
```

出力

```
> pbinom(50,100, 0.5)
[1] 0.5397946
```

これで50回よりも少ない場合の確率が調べられます。引数の使い方はdbinomと同じですから、2つセットで覚えておくとよいでしょう。

実際にpbinomで50回以下の確率を調べると、0.53……といった値になります。考えてみると、50回以下（0〜50）は、51回以上（51〜100）とほとんど違いなさそうですから、0.5になるのでは？　と思いますね。

これは、試行回数が100回だからです。50は0〜100のちょうど中央ですから、「50以下」と「50未満」ではわずかに差が生じます。これは試行回数が増えていけば、「中央値がどちらに含まれるか」による誤差は小さくなっていきます。

試しに試行回数をいろいろと変えて確率を調べてみましょう。

リスト8-1-4

```
01  pbinom(50,100, 0.5)
02  pbinom(500,1000, 0.5)
03  pbinom(5000,10000, 0.5)
04  pbinom(50,101, 0.5)
```

出力

```
> pbinom(50,100, 0.5)
[1] 0.5397946
> pbinom(500,1000, 0.5)
[1] 0.5126125
> pbinom(5000,10000, 0.5)
[1] 0.5039893
> pbinom(50,101, 0.5)
[1] 0.5
```

回数が増えるほど、試行回数の半分が表になる確率は0.5に近づいていくのがわかります。また試行回数を101回にすれば、ちょうど半分の確率になるのもわかりますね。同じ「半分が表の確率」といっても、試行の仕方によってはこんな具合に結果は微妙に変化することもあります。

二項分布曲線

この二項分布の結果は、何度も繰り返し試していくと、その結果のばらつき具合はだいたい決まった形に落ち着いていくことがわかります。これをグラフとして表したものが二項分布曲線です。

この二項分布曲線は、curve関数を使って描くことができます。curveは、Chapter 6で使いましたね。関数を引数に指定すると、その関数で得られる結果をグラフ化するものでした。

二項分布の成功回数ごとの確率は、dbinom関数で得られました。これを使えば、二項分布の曲線を描くことができます。例として、先ほどの「コインを投げて表が出る回数」の二項分布曲線を描いてみましょう。

リスト8-1-5

```
01  curve(dbinom(x,100,0.5), 0, 100)
```

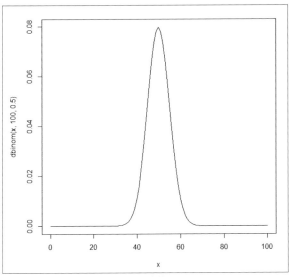

図 8-1-1　100回試行したときの二項分布曲線

ここでは、100回試行したときに表が出る確率を二項分布曲線として表しました。curveの第1引数にはグラフ化する関数を指定しますが、ここではdbinom(x,100,0.5)と値を指定していますねX軸の値が成功回数、100が試行回数、0.5が成功確率です。sinやconのように引数が1つだけの関数ならば、単に関数名を指定するだけでいいのですが、dbinomのように複数の引数が必要なものは、「どの引数にグラフの変数が当てはまるのか」がわかりません。そこで、「この引数にX軸の値を当てはめて結果を調べるんですよ」ということを「x」という変数で指定します。

ここでは100回試行したときに表が出る回数を調べますから、curveの範囲は0〜100にしてあります。これでグラフが作成されます。試行回数を増やしていくと、グラフがより狭い範囲に鋭く変化していくことがわかるでしょう。

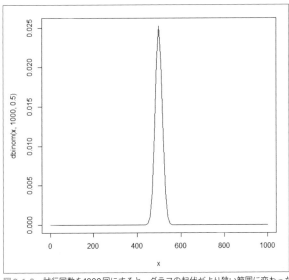

図 8-1-2　試行回数を1000回にすると、グラフの起伏がより狭い範囲に変わった

正規分布について

| 難易度：★★★★☆ |

続いて「コインの表が出る確率」のように、成功するか否かといった二者択一のデータではなく、一般的なデータの場合について考えてみましょう。「成功するか否か」では、成功する回数は、成功確率を元に得られる値を中心にした左右対称のグラフになっていました。

こういう「結果がある値になる確率」は、二項分布の場合、非常にはっきりとした規則性があることがわかります。では、一般的な数値データの場合はどうでしょうか。こうした規則性は見られるのでしょうか。

これは、もちろんデータの内容によりますが、多くのデータでは、ある値が得られる確率は「だいたいこのぐらいの値になるだろう」と思われる値を中心にしたグラフとして表せます。もちろん、明確に「このグラフに沿った値が必ず得られる」というわけではなく、「だいたい、こんなグラフに沿った形の値になっているだろう」と思われるものですね。

例えば、学校のテストの成績を考えてみましょう。この結果（点数）は、100点満点のテストなら0～100のどの値にもなる可能性はあります。けれど、そのデータをまとめると、いつのテストでも、どの教科でも、誰の成績でも、だいたい同じような分布のしかたになっていることがわかるでしょう。

その分布は、例えばテストの平均点が違えばもちろん全体的な点数の分布も違ってくるでしょう。けれど平均点の違いを補正すれば、だいたい似通った分布になるはずです。またテストの難易度などによっては大半が同じような点数になることも、低い点数や高い点数が多めになることもあるはずです。けれどこれもテスト結果の標準偏差（P.222参照）で散らばり具合を調べ、それをもとにして補正すれば、だいたい同じような分布となるでしょう。

このように、「平均と標準偏差を使ってデータを補正していくとだいたい同じような分布になる」というものは非常に多いのです。こうした分布を「正規分布」といいます。正規分布は、平均値を中心に左右対称な形になっており、標準偏差が小さいほど分布の範囲は狭くなり、大きいほど分布が広くなります。

正規分布は幅広い現象に適用できます。自然現象や生理学的な現象、社会のさまざまな統計データの多くが正規分布に従う形になっていることがわかっています。正規分布は、統計データのもっとも重要な分布といっていいでしょう。

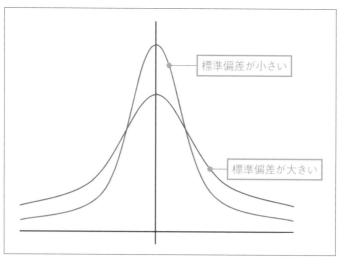

標準偏差が小さい

標準偏差が大きい

図 8-2-1
正規分布は、平均を中心に左右対称な形をしている。標準偏差が小さいほど縦に鋭くなり、大きいほど横になだらかに広がる

正規分布のデータをランダムに得る

実をいえば、この正規分布は、これまでに何度も利用しています。乱数を作成する際に「rnorm」という関数を使ってきましたね（P.114参照）。これは、正規分布を元に乱数を生成するものです。

書式 正規分布を元に乱数を生成する

```
rnorm(個数, mean = 平均, sd = 標準偏差)
```

第1引数には取り出す値の数を、meanとsdにはそれぞれ平均値と標準偏差を指定します。この3つの値を順に指定する場合、mean =、sd = といったオプションの名前は省略して値だけを記述して呼び出すこともできます。

このrnormはすでに何度も使っていますが、一応利用例を挙げておきましょう。

リスト8-2-1

```
01  rnorm(10, 0, 10)
02  rnorm(10, 0, 20)
```

出力

```
> rnorm(10, 0, 10)
 [1] -17.951527  24.500731  -10.145429   -5.613697
 [5]  -1.887632   8.818255   12.305946   -9.180630
 [9]  -5.696458  -3.849795
> rnorm(10, 0, 20)
 [1]  11.359147 -31.914205  -13.797868   22.053379
 [5]   8.350604 -22.855188    6.092723  -28.362482
 [9] -13.605081 -19.138220
```

これを実行すると、平均ゼロ、標準偏差が10の場合と20の場合で乱数を作成して表示します。実行してみるとわかりますが、標準偏差が10より20のほうがはるかに値のばらつきが広くなっていることがわかるでしょう。

その他の正規分布関数

二項分布でも確率を求める関数などが用意されていました。それと同様に、正規分布についても確率に関連する関数がいくつか用意されています。

書式 指定した値の確率密度を得る

```
dnorm(値, mean = 平均, sd = 標準偏差)
```

正規分布で、結果が指定した値になる確率密度（P.184参照）を求めます。第1引数には調べる値を指定し、meanとsdにそれぞれ平均値と標準偏差を指定します。なお、この3つの値を順に指定するならば、mean =とsd =のオプションの名前は省略し、数値を3つ引数に用意するだけで動作します。

```
pnorm(値, mean = 平均, sd = 標準偏差)
```

正規分布で、指定した値以下が得られる確率密度を求めます。引数は調べる値と平均値、標準偏差の3つを用意します。これにより、結果が指定した値以下になる確率が得られます。

この他、オプション引数として「lower.tail」という値が用意されています。これは指定した値以上と以下のどちらの累積確率密度を調べるかを指定するもので、TRUEだと下側（値以下）、FALSEだと上側（値以上）を返します。省略するとTRUEになります。

書式 指定した確率から値を得る

```
qnorm(確率, mean = 平均, sd = 標準偏差)
```

これはdnormの逆の働きをするもので、確率から値を求めるためのものです。正規分布で、指定した確率以上（あるいは以下）になる値はいくつかを調べます。引数には確率を示す実数と、平均値、標準偏差を用意します。

この他、オプション引数として「lower.tail」という値が用意できます。正規分布は、平均を中心に左右対称の形をしています。つまり、「確率が〇〇な値」を調べても、プラス側とマイナス側の両方に値が見つかるわけです。lower.tailをTRUEにすると下側の値が得られ、FALSEだと上側の値が得られます。省略するとTRUEになります。

テストの点数の分布サンプル

では、正規分布に基づいたデータの利用例を考えてみましょう。ここでは、テストの点数データを考えてみます。例として、平均が60点、標準偏差が10のテストの結果を1000人分、乱数を使って作成してみましょう。

リスト8-2-2

```
01  data.score <- as.integer(rnorm(1000, 60, 10))
02  data.score<- ifelse(data.score < 0, 0,
03                      ifelse(data.score > 100,
04                             100, data.score))
05  summary(data.score)
```

出力

```
> summary(data.score)
   Min. 1st Qu.  Median    Mean 3rd Qu.    Max.
  28.00   53.00   60.00   59.73   67.00   93.00
```

ここではrnormを使い、平均60、標準偏差10で1000個の乱数を作成しています。テストの点数なので、得られたベクトルをas.integerで整数にして使います。また、0以下の場合は0に、100以上の場合は100にしました。

summaryで、作成したデータの要約を見ると、中央値が約60、平均値が約60のデータが作成されていることがわかります（端数が表示されるのは、データの小数点以下を切り捨てていることと、ゼロ以下100以上の値を補正しているため、わずかに誤差が生じるからです）。

では、テストデータの分布状態を見てみましょう。まずdata.scoreからテーブルを作成し、それを元に棒グラフを作成してみます。

```
01  data.tbl <- table(data.score)
02  barplot(data.tbl)
```

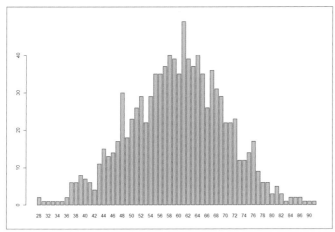

図8-2-2
テスト結果のテーブルをグラフ化する

テストの結果をグラフで視覚化すると、点数がなんとなく正規分布に沿っているのがわかります(正規分布に基づいて乱数データを作ってるのですから当たり前ですが)。これはダミーデータでの結果ですが、実際のテスト結果もだいたいこのようなグラフになることは想像がつくでしょう。

これで分布の状態はわかりましたが、そのままグラフ化したのではX軸の項目数が非常に多くなってしまいます。ヒストグラムを作るhist関数を使い、5点ごとにグラフ化してみます。

リスト8-2-4

```
01  hist(data.score, breaks =seq(0, 100, 5))
```

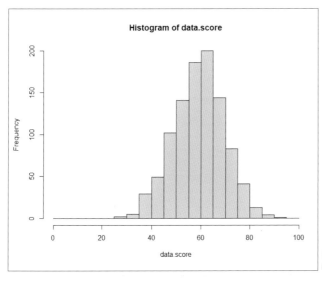

図8-2-3
hist関数でヒストグラムを作る

こうすると、さらに全体の傾向がよくわかりますね。平均点である60を中心に点数の分布が広がっている様子がひと目でわかります。

では、このテストで70点以上をとった人はどれぐらいいるのでしょうか。あるいは、上位10%に入るには何点以上であればいいのでしょうか。調べてみましょう。

リスト8-2-5

```
01  # 70点以上の確率
02  pnorm(70, 60, 10, lower.tail = FALSE)
03  # 上位10%は何点か？
04  qnorm(0.1, 60, 10, lower.tail = FALSE)
```

出力

```
> # 70点以上の確率
> pnorm(70, 60, 10, lower.tail = FALSE)
[1] 0.1586553
> # 上位10%は何点か？
> qnorm(0.1, 60, 10, lower.tail = FALSE)
[1] 72.81552
```

pnormを使うと、特定の値以上あるいは以下の累積確率分布が得られます。これで、点数が70以上の確率がわかります。これが、例えば0.15ならば、70点以上の人は上位15%ということになります。またqnormでは、指定した累積確率の境界値がわかります。これで上位何%、下位何%といった点数を調べることができます。ここでは上位10%以上となるのが何点か出力されているでしょう。

確率分布曲線と正規分布曲線を比較する

作成したデータは正規分布に従ってランダムに作成しています。世の中の多くのデータは正規分布に従った形で分布していることが多いのですが、しかし完全に正規分布と同じわけではありません。データによっては多少のずれが生じるものです。どの程度、正規分布に従う形をしているかはグラフを比較することでわかります。

では、データがどの程度、正規曲線に沿っているのか比較してみましょう。ヒストグラムを使い、確率分布とその曲線、さらには正規分布の曲線を重ねて比較してみます。

リスト8-2-6

```
01  hist(data.score, freq = FALSE, breaks = seq(0, 100, 2))
02  lines(density(data.score), col = "red", lwd = 2)
03  curve(dnorm(x, 60, 10),
04        col = "blue", lwd = 2, add = TRUE)
```

ここではdata.scoreのデータを2点幅でヒストグラム化し、その確率分布曲線と正規分布曲線を重ねて表示しています。赤い線が確率分布曲線、青い線が正規分布曲線です。両者がほとんど重なっていることがわかるでしょう(元データ自体が正規分布に沿った乱数データなので当たり前ですが)。

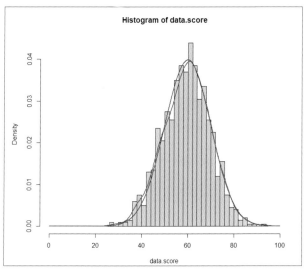

図8-2-4 data.scoreの確率分布と確率分布曲線を
正規分布曲線と重ねる

では、実データでも同じように重なるのか見てみましょう。何度も登場したquakesデータセットを今回も使うことにしましょう。quakesでは、地震の発生地点の緯度と経度のデータが用意されていました。これらが正規分布に沿っているか調べてみましょう。

リスト8-2-7

```
01  par(mfrow = c(1,2))
02
03  hist(quakes$lat, freq = FALSE,
04      breaks = seq(min(quakes$lat) - 10, max(quakes$lat) + 10, 1))
05  lines(density(quakes$lat), col = "red", lwd = 2)
06  curve(dnorm(x, mean(quakes$lat), sd(quakes$lat)),
07      col = "blue", lwd = 2, add = TRUE)
08
09  hist(quakes$long, freq = FALSE,
10      breaks = seq(min(quakes$long) - 10, max(quakes$long) + 10, 1))
11  lines(density(quakes$long), col = "red", lwd = 2)
12  curve(dnorm(x, mean(quakes$long), sd(quakes$long)),
13      col = "blue", lwd = 2, add = TRUE)
```

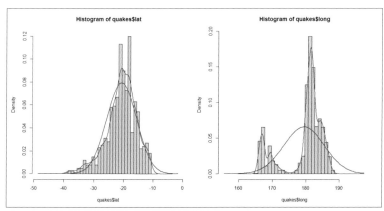

図8-2-5
地震の緯度と経度のデータについ
てヒストグラムと確率密度曲線、
正規分布曲線を重ねて描く

247

ここではparを使い、quakes$lat（地震の緯度）とquakes$long（地震の経度）のヒストグラムと確率分布曲線、正規分布曲線を表示しています。見ればわかるように、quakes$latのデータは、かなり正規分布に近い形で分布されています。しかしquakes$longはピークが2ヶ所あり、正規分布とはかなり違う形になっています。これは地震の震源となる場所が2ヶ所あり、それぞれの周辺で地震が多発していたことがわかるでしょう。となると、quakes$latが正規分布に近いのは、たまたま2つの震源がほぼ同じ緯度だったためであることがわかります。

この2つの震源をそれぞれ分けて調べれば、それぞれが正規分布に近い形で分布しているでしょう。ある一つの事象についてデータを調べれば、正規分布に沿っていることは非常に多いものです。ただし、実際のデータでは、複数の事象が混在していることもあることを考慮する必要があるでしょう。

正規分布に従っているかどうかチェックする

実際に調査や観測して得られるデータの多くは正規分布に沿った分布になっていることが多いものです。しかし、必ずしもそういうものばかりではありません。「果たしてこのデータは正規分布に沿って分布されているのか」を調べたいこともあるでしょう。

このようなときに便利な関数がRにはあります。それは「qqnorm」と「qqline」です。これらは「q-qプロット」と呼ばれるグラフを作成するためのものです。q-qプロットは、2つの確率分布を比較する手法です。値が正規分布に従う場合の期待値をY軸にとり、値そのものをX軸にとってグラフを作成します。

というと非常に難しそうですが、関数を使えば簡単に作図することができます。

書式 q-qプロットを作成する

```
qqnorm(ベクトル)
```

引数に渡したベクトルのデータが正規分布に従うと仮定してq-qプロットを作成します。正規分布に従うなら、だいたい左下から右上へと値はプロットされていくでしょう。

書式 正規分布の線を描画する

```
qqline(ベクトル)
```

qqnormで作成したグラフに正規分布の線グラフを追加します。これは、lines関数などと同様に、すでに作成されているグラフに対して追加をします。またcolでグラフの色を指定したり、lwdで先の太さを設定したりすることもできます。

では、これらの関数を使ってq-qプロットを作成し、データがどのくらい正規分布に沿っているかを確認してみましょう。先ほど利用したquakes$latのデータがどのぐらい正規分布に沿っているかを調べてみます。

リスト8-2-8

```
01  qqnorm(quakes$lat)
02  qqline( quakes$lat, lwd=2, col="red" )
```

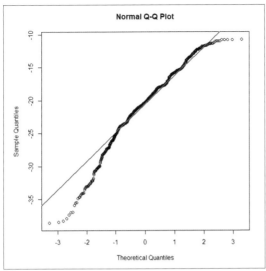

図 8-2-6 quakes$lat がどのくらい正規分布に沿っているかを調べる

これを実行すると、quakes$lat のデータがプロットされ、赤い直線で正規分布のグラフが表示されます。この2つが重なっていれば「正規分布に沿っている」と判断できるわけです。

見た感じでは、全体的に正規分布にそっているようにも見えますが、グラフの左下では次第に直線とプロットされた値が離れていくのがわかるでしょう。ある程度の正規性は見られるものの、けっこう沿っていない部分もあることがこれでわかります。

HINT

q-q プロットは、正規性の検定に関連する機能です。検定については改めて説明します。

Chapter 8-03

共分散と相関係数

正規分布は、平均と標準偏差によってその分布の状態が決まります。平均や標準偏差は、データの分布において非常に重要であることがわかります。

分散や偏差は、あるデータの散らばり具合を表すものですが、これらは基本的に「1つのデータ」ごとに計算します。ですが、なにかの関連性がある2つのデータについて、「どのぐらい、同じように散らばっているか」を調べたい場合には、それぞれの分散や標準偏差を比べるだけではうまく把握できないことも多いでしょう。

統計では、データの要素のことを「変数」と呼びます。「変数」というと、R言語のスクリプトで使ってる変数が思い浮かぶでしょうが、統計の世界の変数は「プログラミングの変数」とは意味合いが違います。統計では、データのさまざまな要素（項目）を変数と呼んでいます。

「テストの点数」のようなデータは、変数が1つあるだけのデータでした。しかし、もっと複雑なデータになると、変数が2つあるようなものも出てきます。

2つの変数があるデータというのは、「2つのデータの関連性」を調べるようなデータです。2つのデータ間の関係を調べるには、どのようにすればいいのでしょう。

共分散

このようなときに用いられるのが「共分散」です。共分散は、2つある変数の関係性を表す値です。これは、2つの変数が共に変化している度合いを調べるもので、2つの変数に含まれている各値の偏差をかけた値の総和をデータ数で割って計算します。

共分散の計算方法

```
（Xの各値 － Xの平均）×（Yの各値 － Yの平均）の総和 ÷（n － 1）
```

この共分散は、「cov」という関数で得ることができます。これは引数に2つのデータを指定して呼び出します。

書式 共分散を計算する

```
cov(ベクトル1, ベクトル2)
```

これで2つのベクトルの共分散が得られます。この共分散の値は、2つの変数の関係性が高くなるほど小さい値となり、関係性が薄まるほど大きな値になります。

この共分散の値は、一体どんな意味があるのでしょうか。XとYという2つの変数について共分散を求めたとき、その結果に応じて右のような意味があると考えていいでしょう。

共分散の見方

計算結果	傾向
正の値	Xが大きいときYも大きい傾向がある
ゼロに近い値	XとYにはあまり関係はない
負の値	Xが大きいときYは小さい傾向がある

相関係数について

この共分散は、調べるデータの目盛りなどにより値は変化します。このため、共分散の値を見ただけでは、2つの変数がどれぐらい関係があるのか、パッとはわからないでしょう。

データの散らばり方を見るとき、分散よりも標準偏差を使ったほうがよりわかりやすかったのと同様に、共分散よりももっと関係性を把握しやすい値があります。それは「相関係数」と呼ばれるものです。

相関係数は、2つの変数間の関係を数値化するための指標です。これは、共分散を2つの変数の標準偏差で割ったものです。通常、-1～1の範囲になり、1に近いほど正の相関、-1に近いほど負の相関、0に近いほど無相関となります。

相関係数は、共分散を2つの変数の標準偏差で割ったものにより算出されます。これはRでは「cor」という関数で用意されています。

書式 相関係数を計算する

```
cor(ベクトル1, ベクトル2)
```

使い方は共分散のcovと同じで、2つの変数に使われるベクトルをそれぞれ用意して呼び出します。これで2つの変数の相関係数が得られます。

共分散と相関係数を調べる

では、実際に共分散と相関係数を調べてみましょう。これには同じような傾向のある複数のデータが必要になります。ここでは乱数を使って3つのデータを作成してみることにします。

リスト8-3-1

```
01  data.rx <- as.integer(rnorm(10000, 60, 5))
02  data.rx <- ifelse(data.rx < 0, 0,
03                    ifelse(data.rx > 100,
04                           100, data.rx))
05  data.ry <- as.integer(rnorm(10000, 60, 10))
06  data.ry <- ifelse(data.ry < 0, 0,
07                    ifelse(data.ry > 100,
08                           100, data.ry))
09  data.rz <- as.integer(rnorm(10000, 60, 15))
10  data.rz <- ifelse(data.rz < 0, 0,
11                    ifelse(data.rz > 100,
12                           100, data.rz))
13
14  summary(data.rx)
15  summary(data.ry)
16  summary(data.rz)
```

出力

```
> summary(data.rx)
   Min. 1st Qu.  Median    Mean 3rd Qu.    Max.
   37.0    56.0    60.0   59.49    63.0    81.0
> summary(data.ry)
   Min. 1st Qu.  Median    Mean 3rd Qu.    Max.
  22.00   53.00   60.00   59.53   66.00  100.00
> summary(data.rz)
```

```
  Min. 1st Qu.  Median    Mean 3rd Qu.   Max.
  0.00   50.00   60.00   59.65   69.25  100.00
```

ここでは乱数を使って3つのデータを用意しています。いずれも10000個の数値があるベクトルです。rnormを使い、平均値60、標準偏差をそれぞれ5, 10, 15でデータを作成しました。summaryの結果を見ると、平均値（Mean）や中央値（Median）はどれもほぼ同じで、それほどの違いはないように見えます。

では、データがどのように分布しているか視覚化して確認しましょう。

リスト8-3-2

```
01  plot(table(data.rz), type = "l", col = "green", ylim = c(0, 1000))
02  lines(table(data.ry), type = "l", col = "blue")
03  lines(table(data.rx), type = "l", col = "red")
```

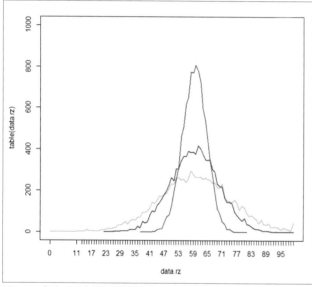

図8-3-1　各データの分布状況を確認する

plotとlinesを使い、3つのデータをtableで集計しグラフ化しました。Y軸は0〜1000の範囲にしていますが、乱数を使っているので必ずしもこの範囲に収まるとは限りません。必要に応じてylimの値を調整してください。

グラフを見れば、data.rx、data.ry、data.rzの順でデータが広がって分布しているのがわかります。さらに少し整理して分布を見るためにヒストグラムでも確認しておきましょう。

リスト8-3-3

```
01  hist(data.rx, breaks = seq(0, 100, 2), col = "#ff000033")
02  hist(data.ry, breaks = seq(0, 100, 2), col = "#0000ff33", add = TRUE)
03  hist(data.rz, breaks = seq(0, 100, 2), col = "#00ff0033", add = TRUE)
```

3つのデータを1つのヒストグラムに重ねてあります。data.rxがもっとも狭い範囲にデータが集中しており、data.rzがもっとも広く分布していることが確認できます。

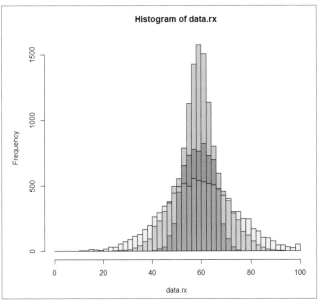

図8-3-2　ヒストグラムで3つのデータを表示する

では、共分散を調べてみましょう。

リスト8-3-4

```
01 cov(data.rx, data.ry)
02 cov(data.ry, data.rz)
03 cov(data.rx, data.rz)
```

出力

```
> cov(data.rx, data.ry)
[1] -0.1798311
> cov(data.ry, data.rz)
[1] -1.997025
> cov(data.rx, data.rz)
[1] -0.3350713
```

data.rx、data.ry、data.rzについて、各2つずつcovで共分散を調べていきます。おそらく値がマイナスのものとプラスのものがあるのではないでしょうか。プラスのものでは、一方が大きくなるともう一方も大きくなる傾向が見られ、マイナスのものでは、一方が大きくなるともう一方は小さくなる傾向が見られる、ということになります。標準偏差の違いにより値の分布の広がりがかなり違っているので、場合によってはマイナスの値になることもあるでしょう。

「この値からどういう関係性を読み取ればいいのか？　いくつ以上なら相関関係があり、いくつ以下なら関係がないと判断すればいいのか？」

そう考えた人。残念ながら「いくつ以上なら○、以下なら×」といったスッキリ判断できる基準というのはありません。実際にさまざまなデータの結果から、「この値だとそこそこ関係性があるとみていいかな？」ということを自分で判断していくしかないのです。

ただし、いくつかの数値を比較して、「これよりこちらの方が関連性が高そうだ」といったことを判断することはでき

るでしょう。例えば今回の結果を見ると、data.ryとdata.rzの共分散は他よりもマイナス値が大きくなっています。
となると、両者は他よりも関連性が高いと考えられますね。

では、続いて相関係数を調べてみましょう。

リスト8-3-5

```
01  cor(data.rx, data.ry)
02  cor(data.ry, data.rz)
03  cor(data.rx, data.rz)
```

出力

```
> cor(data.rx, data.ry)
[1] -0.003622777
> cor(data.ry, data.rz)
[1] -0.01352698
> cor(data.rx, data.rz)
[1] -0.00451652
```

これもランダムに生成したデータによりますが、おそらくcor(data.ry, data.rz)の値が一番大きいものになっているのではないでしょうか。相関関係が高いほど値は大きくなります。他のものと比べてdata.ryとdata.rzがより相関関係が高いという結果が相関係数でも得られました。

この共分散と相関係数は、この例のように2つ以上のデータがあってそれぞれの関係性を調べたい場合、何度も関数を呼び出すことになります。「いちいち2つずつ調べるのは面倒」というなら、すべてデータフレームにまとめて実行すれば、一度に結果を得ることができます。

リスト8-3-6

```
01  data.rdf <- data.frame(data.rx, data.ry, data.rz)
02  cov(data.rdf)
03  cor(data.rdf)
```

出力

```
> cov(data.rdf)
            data.rx      data.ry      data.rz
data.rx 25.4504470   -0.5121908   -0.6955781
data.ry -0.5121908  100.1059189    1.2373445
data.rz -0.6955781    1.2373445  219.3933400
> cor(data.rdf)
              data.rx      data.ry      data.rz
data.rx  1.000000000  -0.01014739  -0.00930645
data.ry -0.010147387   1.000000000  0.008349280
data.rz -0.009308645  -0.00834928   1.00000000
```

これを実行すると、3つのデータそれぞれの共分散と相関係数が一覧で表示されます。これならデータ数が増えてもまとめて関係性を調べることができます。

二項分布と検定

統計は、ただ集まったデータを集計し分布などを調べるだけででではありません。それらをもとにさまざまな仮説を立てて調べることができます。これが「仮説検定」です。

例えば、「コインを100回投げたとき」を考えてみましょう。このとき、「50回、表になる」という仮説を立て、それが成立するかを調べる。これが仮説検定の考え方です。

仮説検定では、とりあえず「こうに違いない」という仮説を立てて、それの正しさを検定で調べます。また「どうも仮説は正しくないみたいだ」というとき、代わりに立てられる仮説というのも用意します。これらは、それぞれ「帰無仮説」「対立仮説」と呼ばれます。

仮説の種類

帰無仮説	仮説検定で立てられる仮説のこと
対立仮説	帰無仮説が棄却されたときに採択される仮説のこと

仮説検定は、こうした仮説を立てて、それがどのぐらい正しそうかを調べる作業なのです。

二項検定について

統計にはさまざまな検定の方式があります。まずは、「コインの裏表」のデータとなる二項分布のデータを検定することからはじめましょう。これは二項分布の検定ですから、「二項検定」と呼ばれます。

Rで二項検定を行うには、「binom.test」という関数を使用します。この関数は、二項分布に従っているかどうかを検定するためのもので、以下のように利用します。

書式 二項検定を行う

```
binom.test(成功回数, 試行回数, 成功確率)
```

この他、「alternative」というオプション引数で対立仮説（仮説が棄却されたときに採択される仮説）の検定方法を指定することができます。これは、以下のいずれかが選べます。なおデフォルトでは"two.sided"が指定されています。

alternativeオプション引数で指定できる値

値	指定できる検定
"two.sided"	両側検定（成功確率が指定した値と異なるかを検定）
"greater"	左側検定（成功確率が指定した値よりも大きいかを検定）
"less"	右側検定（成功確率が指定した値よりも小さいかを検定）

例えば、「100回コインを投げたとき、表が出る確率は0.5だから、50回は表になるはずだ」という仮説を立てたとしましょう。これは以下のような形で実行します。

```
01  binom.test(50, 100, 0.5)
```

また成功確率がわからない場合も検定することもできます。この場合、成功回数と試行回数だけを引数に指定します。

リスト8-4-2

```
01  binom.test(50, 100)
```

出力

```
> binom.test(50, 100)

        Exact binomial test

data:  50 and 100
number of successes = 50, number of trials = 100, p-value = 1
alternative hypothesis: true probability of success is not equal to 0.5
95 percent confidence interval:
 0.3983211 0.6016789
sample estimates:
probability of success
                0.5
```

これにより、これが二項分布に従っているかどうかの検定を行うことができます。実際試してみるとわかりますが、どちらも出力される結果は同じです。

検定結果について

binom.testによる検定の結果は、いくつもの値がずらっと書き出されて驚いたかもしれません。出力される値がどういうものか簡単に整理しましょう。

データ（成功回数と試行回数）

```
data:  50 and 100
```

成功回数、試行回数、p値

```
number of successes = 50, number of trials = 100, p-value = 1
```

対立仮説の内容

```
alternative hypothesis: true probability of success is not equal to 0.5
```

95%信頼区間

```
95 percent confidence interval:
 0.3983211 0.6016789
```

推定値（成功確率）

```
sample estimates:
probability of success
                0.5
```

中にはよくわからないものもあるかもしれませんが、今すぐすべてを理解する必要はありません。

p値について

この中で重要なポイントは、「number of successes = 50, number of trials = 100, p-value = 1」という部分です。

ここでは、成功回数・試行回数の後に「p値」というものが出力されています。これこそが検定の結果を表す値です。p値は、帰無仮説が正しい場合、観測された結果が生じる確率を表します。

ちょっとわかりにくいかもしれませんが、要するに「p値が小さいほど、帰無仮説が正しいとは考えにくくなり、大きいほど帰無仮説が正しいと考えられる」ということです。p値は0〜1の実数で示されるため、0に近いほど仮説が正しい確率は低くなり、1に近いほど確率は高くなるわけです。

ここでは「p-value = 1」とありますから、これは完璧に仮説が正しいといえるでしょう。成功確率が0.5で、100回の内に50回が成功したのですから、まさに完璧ですね。

信頼区間とは？

もう1つ、「95％信頼区間」という値も重要です。「信頼区間」というのは、どの範囲に値が含まれるかを表すものです。信頼区間は「信頼水準」というもので「どのぐらいの水準で信頼区間を調べるか」を決め、それによって信頼区間の範囲が計算されます。95％信頼区間というのは、「とある結果になることが95％の割合で保証されるのはどのぐらいの範囲か」を調べるものなのです。

二項検定の場合で考えると、「95％信頼区間」というのは、「成功回数と試行回数から得られた95％以上信頼できる成功確率の範囲」を示します。例えば「100回コインを投げて何回表になるか調べた」というとき、その結果を元に、成功確率はいくつぐらいなのか、だいたい95％は間違いないだろうと思える範囲を計算したものなのです。

先ほどの実行結果ではこのような出力がされていました。

```
95 percent confidence interval:
 0.3983211 0.6016789
```

つまり、「100回コインを投げた」とき、成功確率はだいたい0.4〜0.60の範囲になる（表になる回数は40〜60回の範囲に収まる）だろう、ということですね。

「100回コインを投げて何回表になるか」を調べた場合、実際に試してみれば常に50回表になるわけではありません。「1回目は49回だった」「2回目は52回だった」というように、ばらつきがあるものです。そのようなデータを元に成功確率を計算するのは大変です。

二項分布や正規分布では、データの分布は中心をピークとして周囲に広がっていく独特の形をしています。常に正しい値になるわけではなく、外れ値が出てくることもあります。極端な値を切り捨てることで、「だいたい信頼できる範囲」というのを決めることができます。

そこで、成功回数と試行回数を元に、「だいたい成功確率はこの範囲内じゃないか。95％はそうだと信頼していいよ」という範囲を計算したのが「95％信頼区間」なのです。

この信頼区間という考え方は、二項分布以外でも用いられています。統計では、母集団から無作為に抽出された標本を元にさまざまな統計量（平均や標準偏差など）を計算します。標本から得られる値は、必ずしも母集団と一致するわけではありません。たまたま取り出した標本が偏っていて、母集団とは異なる統計量が得られてしまう、ということ

257

もあるでしょう。

そこで登場するのが「信頼区間」という考え方です。信頼区間を求めることで、「だいたい、これぐらいの確率で標本の値は母集団の値と同じになるだろう」ということがわかるわけですね。

二項検定というのは、コイントスのようなものだけでなく、もっと実用的な使い方もされます。例えば、ある製品を量産するとき、その歩留まり（どれぐらい製品として出荷でき、どれぐらい失敗して廃棄するか）を調べる、というのも二項検定になりますね。その場合、抽出した標本から歩留まりの信頼区間を調べることで、「母集団（工場で生産される製品すべて）でも、だいたいこのぐらいの歩留まりになると考えていいだろう」ということがわかるわけです。

二項検定に限らず、あらゆるデータの分析で、この信頼区間という考え方は用いられます。統計は、一般的な数学のようにデータを元に統計量を計算して「これが答えだ！」と結果が得られるわけではありません。得られるデータはあくまで標本であり、そこから得られる統計量も真の統計量（母集団の統計量）とは限らないのです。

「標本を元にして考えると、だいたいこのぐらいになると考えていいかな？」というのが、統計で得られる答え（結果）です。その「だいたいこのぐらい」を見極めるために用いられるのが信頼区間なのです。

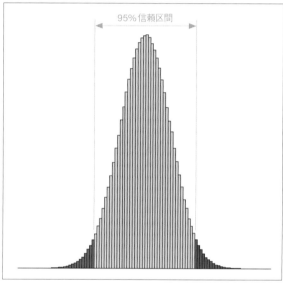

図 8-4-1
95%信頼区間は、極端な外れ値を切り捨て、「95%の確率で信頼できる範囲」を得るもの

実データでの二項検定

二項検定は成功回数と試行回数をただ数字で指定するだけですから、適当に思いついた数字をbinom.testの引数に指定すれば簡単に結果が得られます。しかし、実際の計測データでは、そんなに明確な結果が出るとは限らないでしょう。

では、実際に計測したデータで二項検定をする場合はどのように行うのでしょうか。例として、sampleでランダムにコインを投げた結果のデータを作成し、これをもとに検定を行ってみましょう。

リスト8-4-3

```
01  # データをsampleで生成
02  data.count <- rnorm(1, 1000, 100) ─────────────■
03  data.bi <- sample(2, data.count, replace = TRUE) ─────■
04  # テーブルを作成
```

```
05  data.bi.table <- table(data.bi) ──────────────────────── 3
06  #成功確率を0.5と仮定
07  p0 <- 0.5
08  #二項検定を実施
09  binom.test(data.bi.table[1], length(data.bi), p = p0) ── 4
```

出力

```
> binom.test(data.bi.table[1], length(data.bi), p = p0)

        Exact binomial test

data:  data.bi.table[1] and length(data.bi)
number of successes = 507, number of trials = 1023, p-value = 0.8025
alternative hypothesis: true probability of success is not equal to 0.5
95 percent confidence interval:
 0.4645245 0.5267032
sample estimates:
probability of success
              0.4956012
```

ここでは、まずrnormを使って1000回平均、標準偏差100の乱数で試行回数を決めます（1）。そしてそれを使ってsampleでサンプルデータを作ります（2）。このデータは、1～2の値をランダムに選んだもので、1ならコインは「表」、2なら「裏」と考えることができます。

こうして作成されたデータを、table関数を使ってテーブル化します（3）。これで1が出た回数と、2が出た回数がわかります。こうして得られた値を元に、成功確率を仮に0.5と仮定してbinom.testを実行しています（4）。結果はどのようになるでしょうか。

乱数を使って作成しているため、試行回数も表が出る回数も変化します。結果に応じてp値は大きく変化するでしょう。1000回前後の試行回数では、場合によってかなり偏った結果となることもあります。そうなるとp値はぐっと低下し、時には0.1～0.2の値となることもあるでしょう。成功回数とp値の関係を見ると、「どのぐらいの範囲であれば帰無仮説が成立すると考えていいか」が次第にわかってきます。

また、95%信頼区間の結果も重要です。成功回数が多少偏ったときも、そうでないときも、信頼区間はだいたい0.5前後の値になっているはずです。試行回数と成功回数から「だいたいこれぐらいだな」と考えられる範囲は、確かにほぼ正しい値になっているのです。

数値データとt検定

「表か裏か」といった二項分布の場合、検定は「成功回数はいくつか、成功確率はいくつか」といったことで仮説を用意して実行しました。では、そうではないデータの場合はどうなるのか考えてみましょう。

実測データの場合、多くは数値でデータが得られます。多くの実測データは、実際に細かく集計したり内容を調べたりするまで、そのデータがどのようになっているのかよくわかりません。

こうした「おそらく正規分布に従っているのだろうと思えるけど、実際にデータがどうなっているのかよくわからない」というような場合、そのデータの分布状態として用いられるのが「t分布」というものです。t分布は、母分散（母集団の分散）が未知のときに使用される確率分布です。つまり、どんな具合にデータが散らばっているかわからないようなときのためのものなのです。

t分布は「自由度」というパラメータを持ちます。自由度は、母分散が未知の場合に使用される標本の大きさによって変化します。t分布は、正規分布に非常に似た形をしていますが、標本標準偏差を使用して自由度を修正します。自由度が大きいほど、t分布は正規分布に近づきます。

HINT

上記で「母集団」という言葉が登場しましたのでおさらいです。多くの統計データは、母集団からいくつかの標本をピックアップして作られたものでしたね（P.222参照）。

---

t分布のグラフを描く

このt分布というのがどういうものか、説明だけではよくわからないでしょうから、視覚化してみましょう。

t分布のグラフは、curve関数で作成できます。curveは、第1引数にグラフのための関数を指定しましたね。t分布の場合、ここに「df」という関数を指定します。

dt関数は、t分布を使って値を得るための関数で以下のように利用します。

書式 t分布で値を得る

```
df(値, 自由度)
```

前述のとおり、t分布は、自由度と言われるパラメータを持っています。この値を指定することでt分布の広がり具合が決まります。それを元に、値を指定して呼び出すと、その値の確率密度（その値が得られる確率）が返されます。これを利用し、以下のようにしてcurveを呼び出します。

書式 t分布曲線を描画する

```
curve(df(x, 自由度), 最小値, 最大値)
```

これで、指定した自由度のt分布曲線が作成されます。

では、実際にやってみましょう。自由度の異なるいくつかのt分布曲線を描いてみます。

```
01 curve(dt(x, 5) ,-5, 5, col = "blue")
02 curve(dt(x, 2), -5, 5, col="red", add = TRUE)
03 curve(dt(x, 1), -5, 5, col="black", add = TRUE)
```

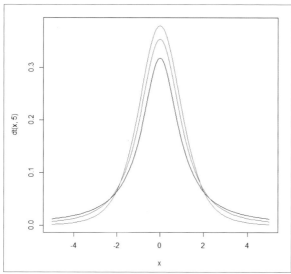

図8-5-1 自由度が1、2、5のt分布を表示する

ここでは自由度1を黒、2を赤、5を青で表示しています。自由度が大きくなるほど、より中心に集中する形になっていることがわかるでしょう。逆に自由度が小さいほど、より幅広く分布するようになります。

このt分布を踏まえて、数値データの検定を考えることになります。

t検定について

多くの数値データはt分布に沿う形で値が分布していると考えることができます。このようなデータの場合、代表値である平均値を使って仮説を立て、検定する方法が取られます。

例えば、あるテストの結果があった場合、「平均は60点である」という仮説を立て、それが成立するかを調べたりするわけです。こうした検定を「t検定」といいます。

t検定は、「t.test」という関数を使って行います。これは以下のように利用します。

書式 t検定を行う(1)

```
t.test(ベクトル, mu = 平均値)
```

第1引数には、検定に使うデータをまとめたベクトルを渡します。そしてmuに検定する平均値を指定します。これにより、そのデータの平均がmuと等しいかどうかを検定します。

この他、オプションとして以下のような値を用意できます。

t.testのオプション引数

値	指定内容
alternative	対立仮説。"two.sided"、"less"、"greater"のいずれかを指定
var.equal	muと等しいかの指定。TRUEなら等しいか、FALSEなら等しくないか
conf.level	信頼区間の信頼水準。デフォルトで0.95

alternativeとconf.levelは二項検定のbinom.testでも登場しましたね。var.equalは平均が等しいか、等しくないかを指定する論理値です。デフォルトなら等しいかどうかを調べます。

t検定を行う

では、実際に試してみましょう。テストの点数データを作成し、その平均が60点であるか検定してみます。

リスト8-5-2

```
01  data.rx <- as.integer(rnorm(1000, 60, 10))
02  data.rx <- ifelse(data.rx < 0, 0,
03                    ifelse(data.rx > 100,
04                           100, data.rx))
05  t.test(data.rx, mu = 60)
```

出力

```
> t.test(data.rx, mu = 60)

        One Sample t-test

data:  data.rx
t = -0.28835, df = 999, p-value = 0.7731 ─────────────────1
alternative hypothesis: true mean is not equal to 60
95 percent confidence interval:
 59.2819 60.5341
sample estimates:
mean of x
   59.908
```

ここではランダムに作成した1000個の標本からなるデータを用意し、それをもとにt検定を行います。ここではランダムにデータを生成していますから、母集団は「正規分布に完全に従っている架空のデータ」と考えていいでしょう。そこからrnormを使ってランダムに標本が抽出された、というわけですね。

実行すると、二項検定（binom.test）のときと同じように検定結果が出力されます。検定結果では、まず以下のような値があるでしょう（1）。

```
t = 0.0041912, df = 999, p-value = 0.9967
```

得られた数値は、元データが乱数を使って生成しているので違うものになっているでしょう。しかし「t」「df」「p-value」といった項目は同じです。これらは以下のような値です。

t	「t値」と呼ばれる値
df	t分布の自由度の値
p-value	p値のこと

わかりにくいのが「t値」でしょう。t値とは、比較するデータに意味ある差があるかどうかを示す数値です。t値が大きいほど母集団の平均値から大きく異なっていることを示します。値が小さいほど、母集団の平均に近いことを示します。

またdfは自由度の値でしたね。この自由度は値が大きいほど正規分布に近づきました。ここでの値は、t値は非常に小さく、dfは非常に大きくなっており、データが正規分布に非常に近いものであることがわかります。正規分布をもとに乱数を作成したのですから当たり前といえば当たり前ですが、検定結果にもそのことがちゃんと表れていますね。

この他の値は、だいたいわかることでしょう。p-valueはp値のことでしたね。これは値が大きい(1に近い)ほど仮説が成立する確率が高くなる、というものでした。

また、95 percent confidence intervalというのは、95%信頼区間のことです。これはt検定の場合、「平均の範囲」を示します。例えば「59.908 60.002」というように値が表示され、平均値が95%の確率でその範囲に収まることを示します。

最後にあるmean of xは、データの平均値を示します。この値とmuで指定した平均値を比べると、どれだけ両者が近いかがわかります。

2つのデータを比較する

このt検定は、「平均がいくつか検定する」という他に、「2つのデータの平均が同じくらいか調べる」ということにも使われます。この場合、t.testは以下のように記述します。

書式 t検定を行う(2)

```
t.test(ベクトル1, ベクトル2)
```

2つのデータを引数に指定することで、両者の平均が同じかどうかを検定します。muにより平均値を指定する場合は、2つの平均の差を指定します。デフォルトでは0が設定されているため、「平均が等しい」かどうか検定するようになっていたのですね。mu = 1とすれば、「平均の差が1かどうか」で検定します。

では、これも試してみましょう。

リスト8-5-3

```
01  data.ry <- as.integer(rnorm(1000, 60, 15))
02  data.ry <- ifelse(data.ry < 0, 0,
03                  ifelse(data.ry > 100,
04                      100, data.ry))
05
06  t.test(data.rx, data.ry)
```

```
> t.test(data.rx, data.ry)

        Welch Two Sample t-test

data:  data.rx and data.ry
t = -0.16375, df = 1743.4, p-value = 0.8699 ──────────────────1
alternative hypothesis: true difference in means is not equal to 0
95 percent confidence interval:
 -1.219857  1.031857 ───────────────────────────────────2
sample estimates:
mean of x mean of y
   59.908    60.002 ──────────────────────────────────3
```

リスト8-5-2でdata.rxデータを用意したので、ここでは同様にしてもう1つdata.ryというデータを用意しました。data.rxと同じ平均・標準偏差でrnormを使って作成しています。そしてt.testで両者を比較します。

結果のt値とp値を確認してください（1）。t値の絶対値が非常に小さい値（0に近い値）となり、p値はそれなりに大きい値（1に近い値）となっているのではないでしょうか。これにより、data.rxとdata.ryは平均値の等しいデータであると判断できます。

また、2標本のt検定の場合、t.testで得られる値のいくつかが1標本のときと少し違っています。まず95%信頼区間ですが、これは平均値の範囲ではなく、両者の平均値の差を示す値となっています（2）。両者の差はほぼ信頼区間の範囲内に収まるだろうと判断できます。

また最後にはmean of x mean of yというように2つのデータの平均がそれぞれ表示されます（3）。これで両者の違いを目で確認できるでしょう。

対応のあるt検定

2つのデータを比較する場合、考えておきたいのが両者の関係性です。全く関係のないデータであれば、そのまま検定すればいいでしょう。けれど両者の1つ1つのデータが関連を持っている場合もあります。

例えば、入院患者の体重測定データを考えてみましょう。100人の体重を測ったデータがあり、入院時と退院時の体重の違いを調べてみるとします。そうすると、1つ1つのデータは「これはAさんのデータ」「これはB君のデータ」というように、1つ目のデータの1つ1つに2つ目のデータの1つ1つが対応しています。こうした1つ1つの値が対応するような2つのデータをt検定する場合、少しだけ書き方が違ってきます。

書式 値が対応している2つのデータでt検定を行う

```
t.test(ベクトル1, ベクトル2, paired = TRUE)
```

「paired」は、2つのデータが対応するかどうかを示すもので、これをTRUEにすることで対応のある検定を行うようになります。muを指定する場合は、平均ではなく、2つの平均の差を指定します。これは省略すると0になり、「平均差はない（等しい）」という仮説で検定することになります。

では、これも例を挙げましょう。先ほど作成したdata.rxにランダムに値を加算して新たにdata.rx.sというデータを作ります。この2つをt検定しましょう。

リスト8-5-4

```
01  data.rx.s <- data.rx + as.integer(rnorm(1000, 5, 2))
02  t.test(data.rx, data.rx.s, mu = -4.5, paired = TRUE)
```

出力

```
> t.test(data.rx, data.rx.s, mu = -4.5, paired = TRUE)

        Paired t-test

data:  data.rx and data.rx.s
t = -0.42378, df = 999, p-value = 0.6718
alternative hypothesis: true mean difference is not equal to -4.5
95 percent confidence interval:
 -4.652026 -4.401974
sample estimates:
mean difference
        -4.527
```

ここでは、data.rxにas.integer(rnorm(10, 5, 2))を加算しています。rnormで正規分布に沿って平均5、標準偏差2で乱数を足しているのですね。これでランダムではあるけれどdata.rxと対応するデータになったでしょう。

t.testでは、mu = -4.5を指定しています。これは、data.rxの平均とdata.rx.sの平均 - 4.5が同じである、という仮説を立てているものです。mu = 4.5ではないので注意しましょう。

(なぜ-5ではなく-4.5か? というと、rnormで作成した実数をas.integerで小数点以下を切り捨てて整数にしているため、平均はだいたい0.5少ない4.5になっているだろう、と仮説を立てたわけです)

結果はどのようになったでしょうか。おそらく以下のような値が出力されたでしょう。

```
t = -0.42378, df = 999, p-value = 0.6718
```

ランダムにデータを作成しているのでこの通りにはなりませんが、似たような値になったのではないでしょうか。t値は1以下、p値は0〜1の間である程度1よりの値になっているでしょうか。これらの値により、仮説(平均の差は-4.5)の正しさがわかります。

また95%信頼区間の範囲や、mean differenceの値を見ると、両者の平均の差がだいたいどうなっているかがわかります。おそらく-4.5近辺の値になっていることでしょう。

Chapter 8-06

グループ分けとカイ二乗検定

| 難易度：★★★★★ |

データというのは、「成功か失敗か」といった二者択一のもの、数値データ、といったものの他にもまだまだあります。それは「グループ分け」のデータです。

例えば、政党支持率の調査などはそうでしょう。いくつかある選択肢の中から「これ！」と選んだデータですね。このようなグループ分けのデータは、例えば政党支持率なら「A党は50%、B等は35%と予想されるが、そういう結果になっているか」というように各値の割合が予想通りかどうかをチェックするような使い方がされます。あるいは男性と女性で政党支持率を整理し、「男性と女性で政党支持率に差があるか」を調べるような使い方もします。

このようなグループ分けしたデータでは、これまでの二項検定やt検定などとはまた違った考え方をする必要があります。こうしたデータの検定に用いられるのが「カイ二乗検定」と呼ばれるものです。

カイ二乗検定というのは、仮説が正しければ検定統計量が漸近的にカイ二乗分布に従うような統計的検定法です。といってもまるでわかりませんね。

カイ二乗分布についてはこの後で触れるとして、まずカイ二乗検定というのがどういう使い方をするものかまとめておきましょう。

● グループのそれぞれの割合が予想通りか、違っているかを調べる
● グループAとグループBのデータが同じような割合になっているか、を調べる

こうした検定を行うのがカイ二乗検定なのです。従って、カイ二乗検定を行うには、「グループ化されたデータ」が必要です。これまでのように、ただ計測した値をズラッと並べただけのようなデータは利用できないのです。

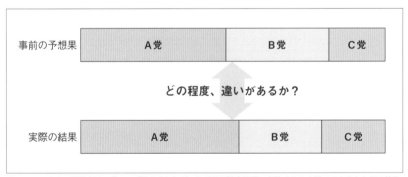

図 8-6-1　カイ二乗検定は、グループ分けされたデータがどの程度予想に合致するかを調べるようなときに使う

カイ二乗分布

このカイ二乗検定では、「カイ二乗分布」という分布が利用されます。これはt分布のように「自由度」というパラメータを持った分布で、平方の正規分布の和に基づいたものです。わかりやすくいえば、「自由度が大きいとほとんど正規分布のようになる」「自由度が小さいと正規分布より広がりが大きくなる」分布です。自由度は、いわば「どれぐらい不確かか？」というレベルを表すもの、と考えればいいでしょう。

これも、curve関数を使って作成することができます。

書式 カイ二乗分布を描画する

```
curve(dchisq(x, 自由度), 最小値, 最大値)
```

引数に用意するのは「dchisq」という関数です。これが、カイ二乗分布の確率密度を計算するもので、引数に値と自由度を指定します。では、実際にいくつかの自由度を設定してグラフを作成してみましょう。

リスト8-6-1

```
01 curve(dchisq(x, 1), 0, 25,
02      xlab = "x", ylab = "density",
03      main = "Chi-squared Distribution")
04 curve(dchisq(x, 3,), 0, 25,
05      xlab = "x", ylab = "density", col = "red",
06      main = "Chi-squared Distribution", add = TRUE)
07 curve(dchisq(x, 5,), 0, 25,
08      xlab = "x", ylab = "density", col = "blue",
09      main = "Chi-squared Distribution", add = TRUE)
10 curve(dchisq(x, 10,), 0, 25,
11      xlab = "x", ylab = "density", col = "magenta",
12      main = "Chi-squared Distribution", add = TRUE)
13 curve(dchisq(x, 20,), 0, 25,
14      xlab = "x", ylab = "density", col = "brown",
15      main = "Chi-squared Distribution", add = TRUE)
```

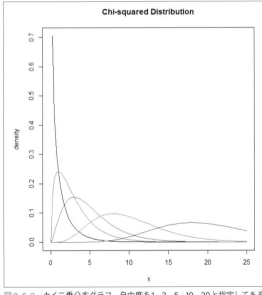

図8-6-2　カイ二乗分布グラフ。自由度を1、3、5、10、20と指定してある

ここでは自由度を変えたカイ二乗分布曲線をいくつか重ねて描いています。不思議な形をしているのがわかりますね。自由度が大きくなるほど曲線のピークがプラスに移動しながら低くなっていくのがわかります。自由度が「どれぐらい不確かか？」というレベルを示す、ということが、このグラフでなんとなくわかるでしょう。自由度の値が高くなるほどに確率密度曲線はなだらかになっていきます。自由度の値が小さいほどピークは鋭くなり、狭い範囲で高い確率を示すようになります。

この自由度は、データの組み合わせによって決まります。カテゴリ（いくつかに分かれているグループのことです）を行、変数（データのことです）を列にしたテーブルで考えると、自由度は以下のように計算されます。

自由度の計算

```
（行数-1）（列数-1）
```

カテゴリの数と変数の数が増えるほどに自由度は高くなり、曲線は緩やかで不確かなものになっていくわけです。

カイ二乗検定について

では、カイ二乗分布に基づいた検定（カイ二乗検定）はどのように行うのでしょうか。これは、「chisq.test」という関数を使います。

書式 カイ二乗検定を行う

```
chisq.test(テーブル, p = ベクトル)
```

単純に関数を実行するだけなら、検定するデータを引数に指定するだけです。このデータは、グループ分けしたデータを検定するならば、各グループの値を列にまとめたものを必要なだけ「テーブル」に用意します。例えば、こんな形です。

「テーブル」に用意するデータ

選択肢	変数A	変数B	…略…
項目1	値1	値1	…略…
項目2	値2	値2	…略…
項目3	値3	値3	…略…

1つのグループの確率をチェックする場合は変数が1つだけのテーブルを作成しますし、複数のグループ間の差をチェックする場合は複数の変数をテーブルにまとめておきます。

pという引数は、1つのグループの確率をチェックする場合に、各項目の確率をベクトルにまとめたものとして用意します。複数グループ間の差をチェックするようなときは不要です。

esophデータセットをテーブルにまとめ

では、実際にカイ二乗検定を行ってみましょう。そのためには、まずデータを用意する必要があります。ここでは例として、esophデータセットを利用することにしましょう。ここから年齢のグループ（カテゴリ）、発症数、患者数の3つのデータを取り出し、カイ二乗検定で利用できる形のテーブルを作成します。

リスト8-6-2

```
01  library(dplyr)
02  data.es.gr <- esoph %>%
03    group_by(agegp) %>%                                              ■1
04    summarise(ncases=sum(ncases), ncontrols=sum(ncontrols))          ■2
05  data.es.gr
```

出力

```
> data.es.gr
# A tibble: 6 × 3
  agegp ncases ncontrols
  <ord>  <dbl>     <dbl>
1 25-34      1       115
2 35-44      9       190
```

```
2 35-44      9       190
3 45-54     46       167
4 55-64     76       166
5 65-74     55       106
6 75+       13        31
```

ここでは、dplyrパッケージを利用するので、最初にlibrary(dplyr)を実行しておくのを忘れないようにしてください。そして「group_by」と「summarise」という2つの関数を使ってesophのデータを集計したものを作成しています。まずは「group_by」関数です。これは以下のように使います。

書式 指定した列の成分でデータをグループ分けする

```
group_by(データフレーム，列)
```

これで、データフレームにある指定した列の成分を元にデータをグループ分けします。■ではgroup_by(agegp)と呼び出していますが、これは%>%演算子を利用しています。%>%は、dplyrパッケージに用意されている機能で、「パイプ演算子」と呼ばれます。以下のように使います。

書式 パイプ演算子

```
オブジェクト %>% 関数
```

この演算子は、左辺の値を右辺の関数に渡し、結果を再び左辺に返します。つまり■では、esophをgroup_byの第1引数のデータフレームとして指定しています。

続いて「summarise」関数です。これは、グループ分けされたデータを集計するもので、以下のように使います。

書式 グループ分けしたデータを集計する

```
summarise(データフレーム，ラベル1=値1，ラベル2=値2，……)
```

第1引数にデータフレームを指定し、それ以降には、集計したデータとそれにつけるラベルを「ラベル=値」という形で指定します。ここでは、%>%演算子によって、第1引数にagegpでグループ分けされたesophが指定されます。■では、ncases=sum(ncases)，ncontrols=sum(ncontrols)というように引数が用意されています。「sum」というのは、合計を計算する関数でしたね。つまり、ncasesとncontrolsのそれぞれについて、グループごとに値を集計したものを列として用意していたのですね。

これを実行すると、agegp、ncases、ncasesといった列を持つオブジェクト(tibbleというクラスのオブジェクトです)が作成されます。これはデータフレームやテーブルと同じように列と行でデータを扱える値です。

カテゴリの予想確率をチェックする

では、まず「カテゴリの予想」から行ってみましょう。ncasesのデータで、年齢層ごとの割合を用意し、その予想通りになっているかを調べます。

リスト8-6-3

```
01  # 1つのグループ
02  data.es.tbl <- as.table(cbind(data.es.gr$ncases))        ■
03  data.es.p <- c(0.005, 0.045, 0.2, 0.4, 0.28, 0.07)        ■
04
05  # X，Yにラベルを付ける
06  dimnames(data.es.tbl) <- list(
07    X = c("25-34","35-44","45-54","55-64","65-74","74+"),   ■
08    Y = c("ncases"))
```

```
09
10  # カイ二乗検定
11  data.es.sq <- chisq.test(data.es.tbl, p = data.es.p) ──────────4
12  data.es.sq
```

出力

```
> data.es.sq

        Chi-squared test for given probabilities

data:  data.es.tbl
X-squared = 1.1893, df = 5, p-value = 0.9459
```

実行すると、「カイ自乗近似は不正確かもしれません」と表示されるかもしれませんが、結果は表示されるはずです。
このスクリプトは、いくつかの部分に分かれています。順に説明しましょう。

まず最初に、先ほど作成したdata.es.grからncasesのデータを取り出してテーブルにし(**1**)、それとは別にカテゴリの予想確率をベクトルに用意します(**2**)。予想確率は、年代ごとにc(0.005, 0.045, 0.2, 0.4, 0.28, 0.07)というような形で用意しておきました。

これでdata.es.tblにテーブルが、data.es.pに予想確率のベクトルが用意できました。このままではテーブルの内容がわかりにくいので、テーブルにラベルを設定します。これは「dimnames」という関数を利用します。

書式 テーブルにラベルを付ける

```
dimnames(data.es.tbl) <- リスト
```

3のようにすることで、data.es.tblにリストを列・行のラベルとして設定します。

これで準備ができました。chisq.testを実行し、結果をdata.es.sqに代入します(**4**)。実行した結果を見ると、以下のように出力されているでしょう。

```
data:  data.es.tbl
X-squared = 1.1893, df = 5, p-value = 0.9459
```

chisq.test関数の結果には、カイ二乗値、自由度、p値が含まれています。X-squaredがカイ二乗値、dfが自由度、p-valueがp値です。

カイ二乗値というのは、調べるデータ(観測値といいます)と「こうだろう」と予想する値(期待値)の差の二乗を期待値で割ったものの和です。式で書くとこうですね。

カイ二乗値の計算

```
Σ( (観測値 - 期待値) ^2 / 期待値 )
```

カイ二乗値が大きいほど、観測値と期待値の差が大きいため、有意な差がある可能性が高くなります。

自由度は、すでに触れましたね。カイ二乗分布のパラメータとなる値です。またp値は帰無仮説がどれぐらい成立しそうかを表す0〜1の値でした。

p値が小さいほど、帰無仮説(カテゴリデータ間に差がない)を棄却し、対立仮説(カテゴリデータ間に差がある)を採

択することになります。またカイ二乗値が大きいほど、帰無仮説を棄却する強さが高くなります。逆にp値が大きく（1に近い）カイ二乗値が小さいほど帰無仮説を採択することになります。

ここでは、X-squared = 1.1893, p-value = 0.9459となり、p値は非常に高く、またカイ二乗値も相当に小さい値になっています。これを見れば、帰無仮説（各カテゴリの値は予想確率の割合になっている）は成立するとみなされ、採択されることになるでしょう。

2グループを比較する

続いて、2つのグループの内容を比較してみましょう。今度はncasesとncontrolsの値を用意し、それぞれの年齢ごとの値が近い状態になっているかを調べてみましょう。

リスト8-6-4

```
01  # ncases, ncontrolsをテーブル化
02  data.es.tbl <- as.table(cbind(data.es.gr$ncases,data.es.gr$ncontrols))    ━ 1
03
04  # X, Yにラベルを付ける
05  dimnames(data.es.tbl) <- list(
06    X = c("25-34","35-44","45-54","55-64","65-74","74+"),              ━ 2
07    Y = c("ncases","ncontrols"))
08
09  # カイ二乗検定
10  data.es.sq <- chisq.test(data.es.tbl)
11  data.es.sq
```

出力

```
> data.es.sq

Pearson's Chi-squared test

data:  data.es.tbl
X-squared = 97.036, df = 5, p-value < 2.2e-16                            ━ 3
```

data.es.tbにはncasesとncontrolsを追加したテーブルを用意し（1）、これらにラベル付けをしてから（2）カイ二乗検定を実施しています。今回は2つのグループを比較するので期待確率の値（p引数）は用意しません。なお、ここではp-valueに「2.2e-16」といった値が表示されていると思いますが、これは「2.2 × 10の-16乗」を表します。「e整数」あるいは「E整数」という記述は、「10の〇〇乗」を表すものです（P.036参照）。

これを実行すると、p値は限りなくゼロに近くなり、カイ二乗値は100近い値（あるいはそれ以上）となっていることでしょう。2つのデータの間にはあまり明確な関係はなさそうです。帰無仮説は棄却されたといってよいでしょう。

乱数で近似データを用意する

これで使い方がわかりました。最初の「データを期待確率で検定する」のは納得できる検定結果でしたが、後の「2つのデータを比較する例」は、かなり期待外れな値で、「本当にチェックできるんだろうか」と思った人もいるんじゃないでしょうか。

では、値が近ければ本当に関連性があると判断できるのか、試してみましょう。ncasesと、ncasesにランダムな値を足して作ったデータを用意してみます。

```
01  data.es.tbl <- as.table(cbind(data.es.gr$ncases,
02                      data.es.gr$ncases * rnorm(6, 1, 0.25)))
03  data.es.tbl
```

出力

```
> data.es.tbl
          A          B
A  1.000000   0.9563529
B  9.000000   6.6801295
C 46.000000  41.2311078
D 76.000000  65.9849081
E 55.000000  57.6662308
F 13.000000  11.4698196
```

ここではdata.es.gr$ncasesとは別に、data.es.gr$ncases * rnorm(6, 1, 0.25)という演算で得られた
データを用意しました。rnormを使い、平均1、標準偏差0.5の乱数6個を作り、これをncaseに加算して新しいデー
タにしています。

この2つのデータを元にカイ二乗検定を行ってみてください。

リスト8-6-6

```
01  chisq.test(data.es.tbl)
```

出力

```
> chisq.test(data.es.tbl)

        Pearson's Chi-squared test

data:  data.es.tbl
X-squared = 0.80388, df = 5, p-value = 0.9768

Warning message:
In chisq.test(data.es.tbl) :   カイ自乗近似は不正確かもしれません
```

p値と比較的小さいカイ二乗値(X-squared、大きくとも数十程度)が得られるでしょう。乱数を使っているので、何
度かデータを生成し直して確かめてみてください。

2つのデータの値はかなり違いますが、それぞれのカテゴリはだいたい同じぐらいの割合で分けられていることがわ
かります。データが本当に同じような傾向であれば、カイ二乗検定でちゃんとそれが確認できることがわかるでしょう。

Chapter

9

回帰分析と予測

この章のポイント

・lmで基本的な回帰分析を行えるようになろう。

・分析結果の読み方と視覚化の方法を理解しよう。

・機械学習で基本的な学習モデルを使って予測してみよう。

回帰分析について

統計データでは、いくつもの値を集め、それらの内容を見ながら、データの関連性などを調べていくわけです。データの内容を調べていくうちに、「これが要因となって、この結果が得られているんじゃないか？」と予想できることがあります。例えば、「夏の平均気温があがるとエアコンの販売数が伸びる」とか、「失業率が上がると、自殺者数も増える」とか、そういう「これって、この値と明らかに関係があるよね？」と思うデータの関連というのはいろいろあります。このように結果の値とその要因となる値から、「これらはこういう関係にあるんじゃないか？」ということを見つけ出そうとするのが「回帰分析」です。

回帰分析とは、ある変数と別の変数の間の関係を数学的にモデル化する手法です。2つの変数は、こう呼ばれます。

回帰分析における2つの変数

目的変数	結果となる変数
説明変数	結果の要因となる変数

回帰分析の目的は、目的変数を説明変数から予測することです。両者の関係を見つけ出し、説明変数がわかれば、対応する目的変数がいくつか推測できるようにする、それが回帰分析の目的です。

線形単回帰

「ある変数と別の変数の間の関係を数学的にモデル化する」といっても、「モデル化するってどういうことだ？」と思ったかもしれませんね。

「モデル化」とは、わかりやすくいえば「数式を作る」ということです。つまり、説明変数を使った数式を作り、「この式に説明変数の値を当てはめれば、目的変数の値が得られる」というようにするわけです。

この回帰分析は、さまざまなものがあります。もっとも単純なのは「単回帰」とよばれるものです。単回帰は、1つの説明変数と1つの目的変数の間の関係を1次式で表す回帰のことです。これは、以下のような式で表せます。

単回帰の式 (1次式)

目的変数 ＝ 傾き ＊ 説明変数 ＋ 切片

この式は「回帰式」と呼ばれます。回帰分析で得られる数式ですね。この式を元に計算すれば目的変数の値が得られるだろう、ということなのです。説明変数に「傾き」と呼ばれる値をかけ、「切片」と呼ばれる値を足すと目的変数が得られる、というわけです。中学の数学で、こんな式が出て来たことがありませんか。

1次式 (一次関数)の例

y ＝ ax ＋ b

いわゆる「一次関数」というやつですね。これが単回帰の基本的なモデルになります。「単回帰分析」なんて聞いただけで難しそうですが、そのモデルは、実は中学の数学レベルの非常にシンプルなものなのです。

こういう一次関数は、グラフにすると真っ直ぐな直線として描かれます。「〇〇の2乗」といったものが含まれた式（2次式）やそれ以上のもの（3次式、4次式、等々）になるとグラフは直線ではなくて複雑な形の曲線になってきます。

こういう「直線で表せる回帰式」の回帰分析のことを「線形回帰」と呼びます。そして2次式などのように直線では表せない回帰式の場合は「非線形回帰」と呼びます。単回帰は一次式を使いますから「線形単回帰分析」というわけです。

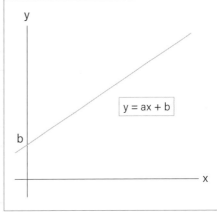

図9-1-1　y = ax + bの1次関数。単回帰の回帰式は、基本的にこのような一次関数で表せる

回帰係数

線形単回帰は、回帰分析の中で一番簡単なものです。しかし目的変数と説明変数の他に「傾き」とか「切片」といったものを用意しないといけません。

これらの値は「回帰係数」といいます。回帰分析は、この回帰係数の値を割り出すことができれば、式は完成し、説明変数から目的変数が予測できるようになります。回帰係数がいくつになるのかを割り出していくのが、回帰分析といってもいいでしょう。いろいろと新しい言葉が出てきたので、最後に整理しておきましょう。

回帰分析で使う言葉

傾き・切片	説明変数に掛けたり割ったりする値が「傾き」、式に足したり引いたりする値が「切片」
回帰式	目的変数を予測するため、説明変数を使って作った式
モデル	説明変数から目的変数を予測するための仕組み全般のこと
単回帰	1つの説明変数だけで目的変数を予測する回帰分析
線形・非線形	1次式で表せるものが「線形」、2次式以上が「非線形」

回帰分析のための関数

この線形単回帰のモデルの分析に用いるのが「1m」という関数です。この関数は、以下のように呼び出します。

書式 線形モデルを分析する

```
1m(目的変数~説明変数の式)
```

引数には、目的変数のベクトルと説明変数を使って作った式（回帰式のことです）のベクトルを「~」という記号でつなげて記述します。これだけで、回帰係数の予測値が計算され返されます。実際のデータを扱う場合、データ全体がデータフレームの形でまとまっていて、そこから必要な列を変数として取り出し利用することになるでしょう。そのような場合は「data」というオプションを使って、使用するデータフレームを指定できます。

```
1m(列1~列2, data = データフレーム)
```

このようにすると、データフレーム内の列1と列2がそれぞれ目的変数と説明変数として設定され1mが実行されます。この1m関数とそっくりなものに「glm」という関数もあります。これは1mの拡張版といったもので、「一般化線形モデル」という、正規分布に基づく確率モデルを使って分析を行います。どういうことか？　というと「1mは線形分析を行うのに用いられるもので、glmはデータの平均や分散が決まってない、線形モデルより複雑なものを扱うもの」と考えましょう。使い方は、glmも1m関数とほぼ同じです。

書式 一般化線形モデルを分析する(1)

```
glm(目的変数~説明変数の式)
```

書式 一般化線形モデルを分析する(2)

```
glm(列1~列2, data = データフレーム)
```

最初に目的変数と説明変数による式を引数として用意すれば、それに基づいて回帰分析を行います。dataでデータフレームを指定できる点も同じです。

使い方はほぼ同じなので、ある程度回帰分析の世界がわかってくるまでは「1mもglmも、どっちもだいたい同じ」と考えて問題ないでしょう。

ランダムなデータを単回帰分析する

では、簡単なサンプルを作って試してみましょう。ランダムなデータと、それを元にして作ったデータを用意し、単回帰分析を行ってみます。

リスト9-1-1

```
01  x <- sample(100, 100, replace = TRUE) ────── 1
02  y <- x * 2 + as.integer(rnorm(100, 0, 20)) ────── 2
03  flm <- lm(y~x)
04  flm
```

出力 (ランダム出力のため出力は毎回異なります)

```
> flm

Call:
lm(formula = y ~ x)
```

```
Coefficients:
(Intercept)            x
    -0.6864       2.0261
```

1 では、まずxに100までのランダムな値を100個まとめたベクトルを作成します。そしてx * 2にrnormで作成した乱数を足した値をyに代入します。**2** の部分をシンプルに見るとy = x * 2 + nというような形になっていますが、足す値は乱数を使っているので「ゼロの前後のいくつか」になり、xの2倍から多少増減された値となっています。これで1m(y~x)としてyを目的変数、xを説明変数に指定し、「xをもとに計算してyが得られる」という単回帰分析を行います。結果は、例えば上記のような感じになっているでしょう。

(Intercept)には切片(xに足す値)が、xには傾き(xにかける値)が、それぞれ出力されます。乱数を使ってyを作成しましたが、本来の値(傾き＝2、切片＝0)に近い値になっているのがわかるでしょう。簡単な例ですが、正しく回帰係数を推測できているのがわかりますね。

線形単回帰の視覚化

では、lmで得られた回帰係数による式がどれぐらい正確か、グラフを使って確認してみましょう。用意したデータと、回帰係数を使った数式によるグラフを重ねれば、どれぐらい正確に分析できているかがわかります。

リスト9-1-2

```
01 plot(x, y)
02 abline(flm, col = "#ff0000", lwd = 4 )
```

実行すると、xとyを散布図でプロットしたものと、回帰係数を元に描かれた線分（「回帰直線」といいます）が表示されます。回帰直線を見ると、プロットされた値のほぼ中央を貫くように描かれていることがわかるでしょう。かなり正確に分析できていますね！　ここでは「abline」という関数を使って回帰直線を描いています。

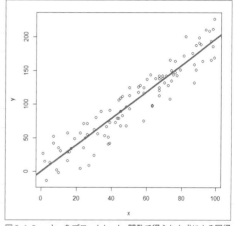

図9-1-2　xとyをプロットし、lm関数で得られた式による回帰直線を追加する

書式 回帰直線を描画する

```
abline(回帰結果)
```

lm関数の戻り値を引数に指定すると、回帰直線をグラフに追加してくれます。複雑なグラフ（直線ではない非線形回帰のグラフ）はこれでは描けませんが、線形単回帰のように単純な直線ならこれで簡単に追加できます。

ここでは、さらにcolやlwdといったオプションを追加して線の色と太さを指定してあります。ablineでは、plotやlinesなどのグラフで使われる基本的なオプションがそのまま利用できます。

datariumデータセットを利用する

難易度：★★★★★

人為的に作成したデータは、乱数を使っているとはいえ全体的にはある程度まとまった形になっているかもしれません。実際に計測されたデータではまた違った結果になるのでは？　と思った人もいることでしょう。

そこで、実際のデータセットを使って単回帰分析を行ってみることにします。今回は、Rで使えるデータセットとして広く利用されている「datarium」というパッケージを利用してみましょう。

まずはdatariumパッケージをインストールし、ライブラリを使用できるようにしておいてください。

リスト9-2-1

```
01  #パッケージのインストール
02  install.packages('datarium')
03  #ライブラリの利用
04  library(datarium)
```

準備ができたら、datariumにあるデータセットを使ってみましょう。今回、使用するのは「marketing」というデータセットです。これは、3つの広告メディア（youtube、facebook、新聞）が売上に与える影響を調べたもので、売上と各メディアの広告予算のデータが用意されています。これは線形回帰分析の学習などでよく利用されるサンプルデータです。

ここでは、youtubeの広告予算と売上の関連を調べてみましょう。両者の間には何らかの関係があると想像ができますね。

リスト9-2-2

```
01  flm <- lm(sales~youtube, data = marketing)
02  flm
```

出力

```
> flm

Call:
lm(formula = sales ~ youtube, data = marketing)

Coefficients:
(Intercept)      youtube
    8.43911      0.04754 ─────────────────────────1
```

今回はmarketingデーテフレーム内の2列を使うので、data = marketingで使用するデータフレームを指定しています。こうすると、sales~youtubeというように第1引数の記述もシンプルにできます。

実行すると、ちゃんと回帰係数が計算されました。出力内容を見ると**1**のようになっていることがわかります。

この結果は、切片が約8.4で、傾きが約0.047であることを示しています。つまりyoutubeの予算を0.047倍して8.4を足すと売上が得られる、ということですね。もちろんデータはばらつきがありますからこれで正確な値が得られるわけではありませんが、「だいたいこのぐらいになるだろう」と予測される、ということですね。

結果を視覚化する

では、結果を視覚化してみましょう。これはplotで散布図を作成した後、abline関数を使って単回帰分析による回帰直線を表示してみます。

リスト9-2-3

```
01  plot(marketing$youtube, marketing$sales)
02  abline(flm, col = "#ff0000", lwd = 4 )
```

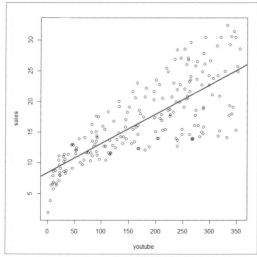

図9-2-1
youtubeとsalesの分析結果を視覚化する

視覚化してみると、確かにsalesとyoutubeの間にはそれなりの関係があることがわかります。そして、プロットされているデータ群のほぼ中央あたりを回帰直線が貫いているのがわかるでしょう。実測データでも、けっこう正確に回帰係数を分析できていることがわかりますね。

summaryで要約を調べる

単回帰分析の結果は、回帰係数とグラフでしかわからないのでしょうか。もっと詳しい情報が欲しい、という場合、どうすればいいのでしょう。

実は、lm関数の結果をsummaryで出力すると、さらに詳しい情報が出力されるのです。やってみましょう。

リスト9-2-4

```
01  summary(flm)
```

出力

```
> summary(flm)

Call:
lm(formula = sales ~ youtube, data = marketing)

Residuals:
     Min       1Q   Median       3Q      Max
-10.0632  -2.3454  -0.2295   2.4805   8.6548

Coefficients:
             Estimate Std. Error t value Pr(>|t|)
(Intercept) 8.439112   0.549412   15.36   <2e-16 ***
youtube     0.047537   0.002691   17.67   <2e-16 ***
---
Signif. codes:  0 '***' 0.001 '**' 0.01 '*' 0.05 '.' 0.1 ' ' 1

Residual standard error: 3.91 on 198 degrees of freedom
Multiple R-squared:  0.6119,	Adjusted R-squared:  0.6099
F-statistic: 312.1 on 1 and 198 DF,  p-value: < 2.2e-16
```

これを実行すると、さまざまな値がずらっと出力されます。どんな値が出力されるのか簡単に整理しておきましょう。

summary関数の出力結果

Residuals		残差（実際の観測値と回帰式で予測された値の差）
Coefficients	Estimate	回帰係数の推定値
	Std. Error	各回帰係数の推定量の標準誤差
	t valuet	t値（回帰係数＝0の帰無仮説でt検定により得られるt値）
	Pr(>|t|)	p値（回帰係数＝0の帰無仮説での検定結果のp値）

Residualsによる残差は、最小値、第1四分位、中央値、第3四分位、最大値の各残差が表示されます。これでどのくらい回帰式の予測と差があるのかわかるでしょう。ただし、「たまたまその値が外れ値で大幅に差が出た」ということもありますので、これだけで判断するのは禁物です。

Coefficientsには、(Intercept)とmarketing$youtubeの2行が表示されています。1行目の(Intercept)は切片の情報、2行目のmarketing$youtubeはyoutubeの傾きの情報になります。このあたりの数値を見れば、実際のデータとの差がどのぐらい大きいかがわかるでしょう。Std. Error（標準誤差）が大きくなればそれだけ不正確になりますし、p値は1に近くなるほど正しい値が得られるようになっていることがわかります。

回帰分析は、1つの回帰式ですべてのデータの傾向を表そうというものですから、これで正しい値が計算できるというわけではありません。

「このデータの散らばり具合からすると、この式に当てはめて計算すれば『目的変数の値は、だいたいこのぐらいになる』と予測できるんじゃないかな」

というものなんですね。必ずそうなるのではなくて、「だいたいそうなる確率が高い」というものなのです。

Chapter 9-03

多項式回帰

| 難易度：★★★★★ |

直線単回帰は、目的変数を説明変数にいくつか掛けて求めよう、というものです。両者の関係は真っ直ぐな直線で表せる、とてもシンプルなものです。

けれど、現実はもっと複雑なものですよね？　直線ではなく、放物線のように曲線を描くようなものもあるでしょう。例えばCOVID-19の拡散は、途中から加速度的に広がっていきました。こうしたものでは、直線で表す単回帰ではどうしても不正確になります。

こうした場合、多項式で表した回帰式を使って回帰分析を行うことがあります。例えば、2次式で表す回帰式を考えてみましょう。

多項式で表した回帰式

```
目的変数 = 傾き * 説明変数^2 + 傾き * 説明変数 + 切片
```

なんだか難しそうになってきました。しかし、これも実は中学の数学で出てきた以下のような式と同じものです。

2次式の例

```
y = ax^2 + bx + c
```

x^2とxのそれぞれに傾きの値がありますから、回帰係数が1つ増えることになりますね。しかし基本的な考え方は単回帰と同じですし、Rでの使い方（lm関数の利用）もだいたい同じです。「多項式」だからといって、いきなり難しくはなりません。

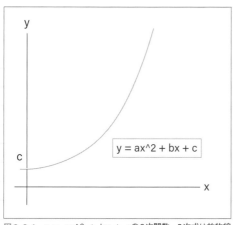

図9-3-1　y ＝ ax^2 ＋ bx ＋ cの2次関数。2次式は放物線の形になっている

scaleとyoutubeを多項式回帰する

では、これも実際に使ってみましょう。先ほどと同じく、marketingのyoutubeとsalesで2次式による回帰式で回帰分析してみます。

リスト9-3-1

```
01  flm <- lm(sales~I(youtube^2) + youtube, data = marketing)
02  flm
```

出力

```
> flm

Call:
lm(formula = sales ~ I(youtube^2) + youtube, data = marketing)

Coefficients:
 (Intercept)   I(youtube^2)          youtube
   7.337e+00     -5.706e-05         6.727e-02
```

ここでは、I(youtube^2) + youtubeというように式を組み立てています。youtuve^2ではなく、I(youtube^2)となっていますが、これはyoutube^2を一つの独立した変数として扱うようにするためです。

lmでは、このように2次式や2次式などの式を値として指定しますが、そこで使われる演算記号が別の意味に解釈され、正しく値を扱えなくなることがあります。そこでI関数というものを使い、「これは、youtube^2で一つの変数と考えてください」ということを指定しておくのですね。この書き方は、3次式、4次式といったものでも使うので覚えておきましょう。

では、実行した結果を見てみましょう。(Intercept)には7.337e+00、I(youtube^2)に-5.706e-05、youtubeには6.727e-02という値が得られました。つまり、以下のような回帰式が得られたわけです。

```
y = -(5.706e-05) * x^2 + (6.727e-02) * x + (7.337e+00)
```

回帰係数は3つに増えましたが、基本的に傾きと切片の値ですから、値の意味と扱い方は単回帰とほぼ同じです。

2次式をグラフ化する

では、得られた結果をグラフ化してみましょう。今回もplotで散布図を描きますが、回帰式のグラフはablineでは描けません。ablineは関数から直線を描くものなので、2次式のような曲線は描けないのです。代わりにlinesを使って座標データから線を描きます。

リスト9-3-2

```
01  flm.ftd <- fitted(flm)                              1
02  flm.rsd.x <- sort(marketing$youtube)
03  flm.rsd.y <- flm.ftd[order(marketing$youtube)]
04
05  plot(marketing$youtube, marketing$sales,
06       xlab = "youtube", ylab = "sales" )
```

```
07  lines(flm.rsd.x, flm.rsd.y,
08        col = "red", lwd = 3)
```

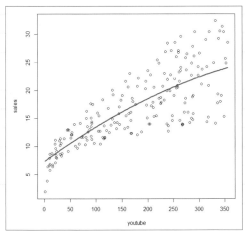

図9-3-2　散布図と2次式のグラフを表示する

これを実行すると、lmで得られた結果を元に2次式のグラフを赤い色で表示します。緩やかにですが曲線になっているのがわかるでしょう。

fittedで得た予測値をグラフ化する

1 では、新しい関数が登場しています。「fitted」というものです。これは以下のように用意していますね。

```
flm.ftd <- fitted(flm)
```

このfittedは、回帰分析関数の結果から予測値を取得するための関数です。lmで返された値を引数に指定して呼び出すと、予測値が得られます。得られた値の予測値は、説明変数を[]で指定すると、その予測値が取り出されるようになっています。例えば、youtubeの予測値は、flm.ftd[marketing$youtube]という形で取り出すことができます。

後は、youtubeの値と予測値を使ってlinesで描画をすれば、直線が描かれます。ただし、flm.ftdでは、実測値と予測値は順番などもバラバラのままになっていますから、これを使ってグラフを描くためには小さいものから順に並べないといけません。

```
flm.rsd.x <- sort(marketing$youtube)
flm.rsd.y <- flm.ftd[order(marketing$youtube)]
```

youtubeの値を並べ替えるのは、sort関数を使って元データであるmarketing$youtubeを並べ替えればいいでしょう。flm.ftdから予測値を並べ替えて取り出すには、[]にmarketing$youtubeの値を小さいものから並べたインデックスを用意する必要があります。それを行っているのが「order」関数です。これは、引数のベクトルの成分を小さい順に並べ替え、そのインデックスを返します。このインデックスを使って、小さい値から順に取り出すよ

うにしていた、というわけです。

これで、小さいものから順に並んだyoutubeとその予測値が得られました。後はこれを使い、グラフを描くだけです。linesはすでに何度も使っていますから説明は不要でしょう。

3次式で回帰分析する

2次式ができたなら、3次式もできそうですね。3次式というのは、以下のような式で現れるものです。

3次式

```
y = ax^3 + bx^2 + cx + d
```

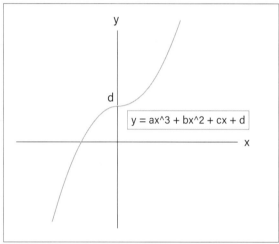

図9-3-3
y = ax^3 + bx^2 + cx + dの3次関数。3次式は左下から右上、または左上から右下へ抜ける曲線になっている

さらに回帰係数が増えましたが、基本的な考え方はだいたい同じです。lm関数で式を記述して解析を行い、さらに増えた回帰係数がどうなっているか確認します。そしてまたplotとlinesで実際のデータと回帰式のグラフを確認すれば、どういう結果が得られたかわかるでしょう。

では、早速やってみましょう。

リスト9-3-3

```
01  flm <- lm(sales~I(youtube^3) + I(youtube^2) + youtube, data = marketing)
02  flm
```

出力

```
> flm

Call:
lm(formula = sales ~ I(youtube^3) + I(youtube^2) + youtube, data = marketing)

Coefficients:
 (Intercept)   I(youtube^3)   I(youtube^2)        youtube
   6.504e+00      3.869e-07     -2.627e-04      9.643e-02
```

lm関数で指定する式がだいぶ長くなってきましたね。sales~I(youtube^3) + I(youtube^2) + youtubeと
なりました。これを実行すると、以下のように回帰係数の値が得られました。

```
(Intercept)  I(youtube^3)  I(youtube^2)       youtube
   6.504e+00    3.869e-07    -2.627e-04     9.643e-02
```

それぞれの値が何を示すかはもうわかりますね。(Intercept)が切片で、残る3つは3次式のそれぞれの傾きです。
では、得られた結果を使いグラフを作成してみましょう。グラフの描画は、**リスト9-3-2**を使って行えます。これを実
行すると、3次式によるグラフが描かれます。わずかにですが曲線になっていることがわかるでしょう。これまで作
成した1次式、2次式のグラフと比べると、これがもっとも元データの分布に近いように思えますね。

多項式回帰は、「これが正解」というものがあるわけではありません。実際にさまざまな式を考え、試してみて、どれ
がもっとも実測データの分布に近い形になっているかを探り出していく、それが「分析する」ということなのですから。

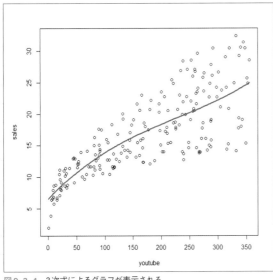

図9-3-4　3次式によるグラフが表示される

Chapter 9-04

重回帰分析

難易度：★★★★★

多項式の回帰分析は、次数が増えても扱う変数そのものは増えてはいません。説明変数自体はyoutubeだけであり、youtubeの値を元にsalesを予測するという点では2次式も3次式も変わりありませんでした。

しかし、実際には複数の要因により結果が影響される場合もあります。例えば、サンプルで使ったmarketingでは、youtubeの他にfacebookやnewspaperといった項目もありましたね。これらの複合的な要因により売上が変化したとするなら、youtubeだけでなく、他のものも含めてどのような関係になっているかを探る必要があるでしょう。

このように、複数の説明変数によって目的変数を予測するような回帰を「重回帰」といいます。重回帰は、例えばこんな形になるでしょう。

重回帰の式

```
目的変数 = 傾き * 説明変数1 +傾き * 説明変数2 + 切片
```

2つの説明変数があるなら、このようになります。$z = ax + by + c$というような式になるわけですね。

この重回帰も、やはり分析するには「lm」「glm」といった関数を使います。この関数で指定する式を修正するだけで重回帰も行えるのです。

youtubeとfacebookの効果を調べる

では、実際に重回帰分析を行ってみましょう。marketingデータセットで、youtubeとfacebookの広告効果を調べてみることにします。

リスト9-4-1

```
01  flm <- lm(sales~youtube + facebook, data = marketing)
02  flm
```

実行すると、youtubeとfacebookの2つの説明変数でsalesを予測する重回帰分析を行います。実行すると以下のような結果が得られたでしょう。

出力

```
> flm

Call:
lm(formula = sales ~ youtube + facebook, data = marketing)

Coefficients:
(Intercept)      youtube     facebook
    3.50532      0.04575      0.18799 ──────2
```

2で、youtubeとfacebookの傾きと切片の値が出力されました。では、得られた結果を元にグラフ化してみましょう。

重回帰では複数の説明変数それぞれについて結果を確認する必要があるでしょう。「売上とyoutube予算」「売上とfacebook予算」というようにそれぞれをプロットし、それぞれのグラフに回帰直線を描いていく必要があります。

リスト9-4-2

```
01  par(mfrow = c(1,2))
02  plot(marketing$youtube, marketing$sales,
03      xlab = "youtube", ylab = "sales")
04  abline(a = flm$coefficients[1], b = flm$coefficients[2],
05        col = "red", lwd = 3)
06  plot(marketing$facebook, marketing$sales,
07      xlab = "facebook", ylab = "sales")
08  abline(a = flm$coefficients[1], b = flm$coefficients[3],
09        col = "blue", lwd = 3)
```

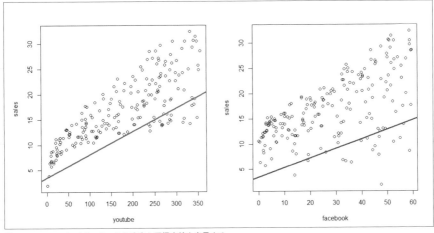

図9-4-1　youtubeとfacebookの分布と回帰直線を表示する

ここではparを使い、2つのグラフを並べて表示させています。1つ目にはyoutubeとsalesのグラフを、2つ目にはfacebookとsalesのグラフをそれぞれまとめました。解析結果で得られた結果から回帰直線がそれぞれ作成されています。

確かに確認はできましたが、単純にablineで回帰直線を引いただけでは今ひとつ正確な感じがしませんね。

youtube/facebook/newspaperの効果を調べる

では、さらにnewspaperも追加して、3つの説明変数で重回帰分析を行ってみましょう。やり方は2つの説明変数のときと同じです。ただ変数が増えるだけです。

リスト9-4-3

```
01  flm <- lm(sales ~ youtube + facebook + newspaper, data = marketing)
02  flm
```

```
> flm

Call:
lm(formula = sales ~ youtube + facebook + newspaper, data = marketing)

Coefficients:
(Intercept)        youtube       facebook      newspaper
   3.526667       0.045765       0.100530      -0.001037
```

結果の出力を見ると、ちゃんとそれぞれの回帰係数が出ています。先ほどの2つの重回帰と比べると、若干値が変わっていることがわかるでしょう。newspaperという新たな説明変数が増えたことで調整がされているのですね。
では、この結果をグラフ化してみましょう。

リスト9-4-4

```
01  par(mfrow = c(1,3))
02  plot(marketing$youtube, marketing$sales,
03      xlab = "youtube", ylab = "sales")
04  abline(a = flm$coefficients[1], b = flm$coefficients[2],
05          col = "red", lwd = 3)
06  plot(marketing$facebook, marketing$sales,
07      xlab = "facebook", ylab = "sales")
08  abline(a = flm$coefficients[1], b = flm$coefficients[3],
09          col = "blue", lwd = 3)
10  plot(marketing$newspaper, marketing$sales,
11      xlab = "newspaper", ylab = "sales")
12  abline(a = flm$coefficients[1], b = flm$coefficients[4],
13          col = "green", lwd = 3)
```

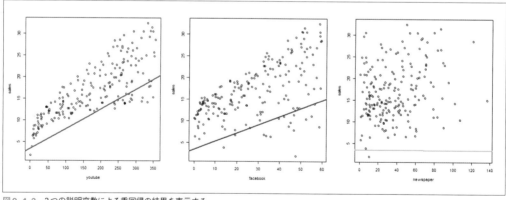

図9-4-2　3つの説明変数による重回帰の結果を表示する

3つのグラフが表示されますが、どうでしょう。やはり、今ひとつ正確さに欠けるような感じがするでしょう。
重回帰は、関連する要素が増えるため、必ずしも「式を渡せば正しい結果が得られる」というわけではありません。データの内容や説明変数の関連性などにより分析に失敗することもあるのです。

3つの説明変数それぞれがもっと納得できるような結果として得たいなら、重回帰分析ではなく、3つの説明変数それぞれについて単回帰分析を行ってみましょう。そうすることで、個々の説明変数と目的変数の関係が見えてくるはずです。

リスト9-4-5

```
01  par(mfrow = c(1,3))
02
03  flm.y <- lm(sales~youtube, data = marketing)
04  flm.y
05  plot(marketing$youtube, marketing$sales,
06      xlab = "youtube", ylab = "sales")
07  abline(flm.y, col = "red", lwd = 3)
08
09  flm.f <- lm(sales~facebook, data = marketing)
10  flm.f
11  plot(marketing$facebook, marketing$sales,
12      xlab = "facebook", ylab = "sales")
13  abline(flm.f, col = "blue", lwd = 3)
14
15  flm.n <- lm(sales ~ newspaper, data = marketing)
16  flm.n
17  plot(marketing$newspaper, marketing$sales,
18      xlab = "newspaper", ylab = "sales")
19  abline(flm.n, col = "green", lwd = 3)
```

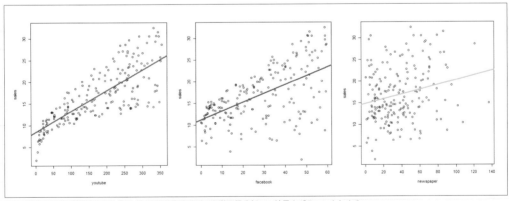

図9-4-3　youtube、facebook、newspaperそれぞれを単回帰分析し、結果をグラフにまとめる

実行するとyoutube、facebook、newspaperそれぞれについて単回帰分析し、結果をグラフにまとめていきます。これを見ると、それなりに納得できるラインが作られているように思えますね。

重回帰は要素が多いため、今ひとつ納得できる結果が得られない、ということは多いものです。そのようなときは、ひとまず説明変数ごとに単回帰してみるとそれぞれの関係を解くヒントが見つかるかもしれません。

Chapter 9-05

effectsパッケージの利用

| 難易度：★★★★☆ |

重回帰は、単回帰のような「AとBがこう関係している」といったシンプルな関連で表せるものばかりではありません。そのため、重要になるのは「結果を元に以下にそれぞれの関連性を探っていくか」でしょう。

その手助けをするものとして「effects」というパッケージを紹介しましょう。これは、特に重回帰の結果をグラフ化する際に役立つものです。以下のようにしてパッケージを使えるようにしておきましょう。

リスト9-5-1

```
01  # パッケージのインストール
02  install.packages('effects')
03  # ライブラリの利用
04  library(effects)
```

このeffecrtsパッケージは、説明変数と目的変数の関係をグラフ化するための関数が用意されています。もっとも簡単に利用できるのは「allEffects」という関数で、以下のように利用します。

書式 説明変数と目的変数の関係をグラフ化する

```
plot(allEffects(分析結果))
```

allEffectsは、plot関数の引数として利用します。allEffectsの引数には、lmやglmで得られた解析結果のオブジェクトをそのまま指定します。こうすることで、各説明変数と目的変数の関係をすべてまとめて自動化してくれます。

では、実際の利用例を見てみましょう。

リスト9-5-2

```
01  flm <- lm(sales~youtube + facebook + newspaper, data = marketing)
02  flm
03  plot(allEffects(flm))
```

これを実行すると、youtube、facebook、newspaperの3つの説明変数と目的変数（sales）の間の関係をまとめてグラフ化します。3つのグラフが作成されているのがわかるでしょう。網掛けで表示されている領域は、95%信頼区間の範囲を示します。youtubeとfacebookはほぼ直線と網掛け表示が等しくなっていますが、newspaperについては幅広い範囲に網掛け表示がされていることでしょう。

このように信頼区間の範囲が広範囲に広がって表示されているということは、回帰係数が不確かな推定結果になっている可能性が高いことを示しています。逆にyoutubeやfacebookのように信頼区間が狭いものは、回帰係数の推定結果がより確実であることを示している、と考えていいでしょう。このようにグラフを見ただけで、分析結果がどの程度信頼できるものかが視覚的に確認できます。

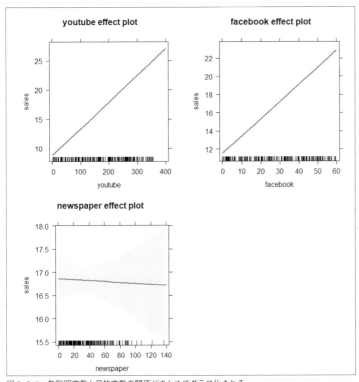

図9-5-1　各説明変数と目的変数の関係がまとめてグラフ化される

各説明変数をグラフ化する

allEffectsは、すべての説明変数と目的変数をグラフ化しますが、説明変数との関係を個別に視覚化したい場合は「effect」という関数が用意されています。これもplotの引数として以下のように利用します。

書式 説明変数と目的変数の関係を個別にグラフ化する

```
plot(effect(説明変数名，分析結果))
```

引数には、視覚化したい説明変数名をテキストで指定します。第2引数には、allEffectsと同様にlm/glmで得られた結果のオブジェクトを指定します。これにより、指定した説明変数のグラフのみが描かれます。

例えば、先ほどのflmから個々の説明変数と目的変数との関係を視覚化するなら、以下のようになるでしょう。

リスト9-5-3

```
01  plot(effect("youtube", flm))
02  plot(effect("facebook ", flm))
03  plot(effect("newspaper", flm))
```

これらは1行ずつ実行してください(まとめて実行すると最後のplotのみが表示されます)。youtube、facebook、newspaperとsalesとの関係がそれぞれ確認できます。

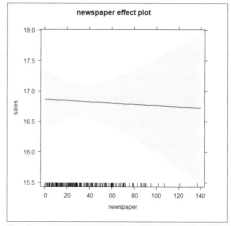

図9-5-2　effectで個々の説明変数を視覚化する。これはnewspaperとsalesをグラフにしたもの

説明変数の交互作用

重回帰の場合、2つの説明変数が関連している場合もあります。例えばmarketingデータセットの場合、youtubeとfacebookの2つの説明変数が相互に作用し合って、目的変数に影響を与えている可能性もあるかもしれません。このような働きを「交互作用」といいます。

交互作用を考慮した分析を行う場合、lm/glmでは「説明変数A:説明変数B」というように変数名をコロンでつなげて記述をします。やってみましょう。

リスト9-5-4

```
01  flm <- lm(sales~youtube + facebook + youtube:facebook, data = marketing)
02  flm
```

出力

```
> flm
……略……
    Coefficients:
    (Intercept)          youtube         facebook  youtube:facebook
      8.1002642        0.0191011        0.0288603         0.0009054
```

これを実行すると、回帰係数としてyoutube、facebookとともにyoutube:facebookという項目が表示されます。これが両者の交互作用の値です。

この交互作用は、両者がどのぐらいの割合で影響しあっているかにより結果も変わってきます。effectを使うと、説明変数の値ごとに視覚化することができます。試しに以下を実行してみてください。

リスト9-5-5

```
01  plot(effect("youtube:facebook", flm) ,multiline = TRUE)
```

これを実行すると、複数の直線がグラフに表示されるのがわかります。これはfacebookの値が異なるいくつかの場合について視覚化をしているのです。ここではfacebookの値が0〜60の範囲内で複数個の直線を表示しています。これにより、facebookの影響の度合いによる違いが視覚的に確認できます。

グラフを見ると、明らかにfacebookの値が変わるとsalesの結果に影響を与えていることがわかるでしょう。これらの直線が、すべて等間隔で並んでいたなら、値の変化がほとんど影響を与えていないことになります。逆に値が変わるにつれ明確に傾きが変わっていたなら、それなりの影響を与えていることがわかります。

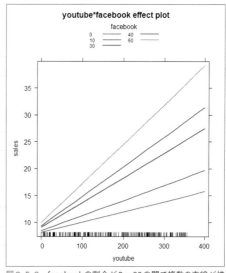

図9-5-3　facebookの割合が0〜60の間で複数の直線が描かれる

この割合は、effectの引数にリストとして値を用意することで指定できます。例えば以下のようにすると、youtubeの値が0、100、200、300の場合のグラフを作成します。

リスト9-5-6

```
01  plot( effect("youtube:facebook", flm, ,
02              list(youtube=c(0, 100, 200, 300)) ),
03      multiline = TRUE)
```

ここでは、effect関数の第4引数（第3ではありません。注意！）にlist関数でリストを指定しています。このリストには、説明変数名のラベルに値をベクトルにまとめたものを指定します。ここではyoutubeに0、100、200、300といった値を指定し、それぞれの値ごとにグラフを作成しています（**図9-5-4**）。

このように重回帰は、単純に「説明変数を足し算した式を指定して1mすればOK」といった単純なものではありません。「説明変数は正しく選択されているか」をよく考えてください。用意されているデータからすべての説明変数を取り出して指定すればいいわけではありません。関連性が高いように思えるものをピックアップして使う必要があるのです。

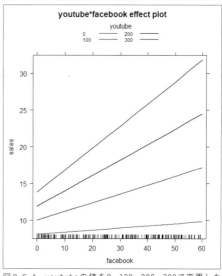

図9-5-4　youtubeの値を0、100、200、300で変更しながらグラフ化する

293

predictで予測する

回帰分析は、説明変数により目的変数の値を予測するものです。一通りの分析が行えるようになったところで、実際に「データの予測」を行ってみましょう。

これには「predict」という関数を使います。この関数は以下のように利用します。

書式 データを予測する

```
predict(分析結果, 調べるデータ)
```

第1引数には、lm/glmなどの関数から得られた分析結果のオブジェクトを指定します。そして第2引数には、説明変数のデータをまとめたものを用意します。これは複数の変数があるならば、list関数を使って値をリストにまとめておけばいいでしょう。

これを実行すると、「調べるデータ」に用意された値を使って目的変数の値を返します。説明変数の値が第2引数に指定した値ならば目的変数の値はいくつか、が実際にわかるわけです。

では、これも試してみましょう。ここでもmarketingデータセットを利用します。

リスト9-5-7

```
01  flm <- lm(sales~youtube + facebook, data = marketing)
02  flm
```

これを実行し、単回帰分析の結果を変数flmに代入します。ここでは、sales~youtube + facebookというようにして説明変数と目的変数の関係を定義しています。

これで得られたflmを使って値の予測をすればいいわけですね。試しに以下のように実行してみましょう。

リスト9-5-8

```
01  result <- predict(flm, list(youtube=180, facebook=50))
02  result
```

出力

```
> result
        1
21.1409
```

第1引数にflmを指定し、第2引数にはlistでyoutubeとfacebookの値を用意しておきました。これを実行すると、youtube=180、facebook=50だった場合にsalesがいくつになるか、その予測が出力されます。おそらく「21.1409」といった値が得られていることでしょう。

この結果が正しいかどうか、marketingのデータで確認してみましょう。以下を実行して、データセットの冒頭の何行かを出力させてください。

リスト9-5-9

```
01  head(marketing)
```

```
> head(marketing)
   youtube facebook newspaper sales
1   276.12    45.36     83.04 26.52
2    53.40    47.16     54.12 12.48
3    20.64    55.08     83.16 11.16
4   181.80    49.56     70.20 22.20
5   216.96    12.96     70.08 15.48
6    10.44    58.68     90.00  8.64
```

この「head」関数は、引数のデータフレームから冒頭の数行を出力するものです。この中から、youtube=180、facebook=50に近いものを探しましょう。youtubeが181.80、facebookが49.56といったデータが見つかることでしょう。これのsalesの値を見ると、「22.20」となっています。多少違いはありますが、だいたい近い値が予測できていることがわかりますね。

機械学習について

ここまで説明してきた回帰分析は、基本的に「数値型の目的変数と説明変数との間の関係をモデル化するための手法」です。回帰係数を得ることで、説明変数から目的変数を予測できるようにするのが目標でした。

しかし、データというのは必ずしも数値のものばかりではありません。「説明変数から目的変数を予測する」ということを考えたとき、最近、特に注目されているのが「カテゴリの予測」です。

先にカイ二乗検定などで「カテゴリを予想した検定」を行いました（P.266参照）。いくつかある値からどれかを選択する、ということはよくあります。例えば「製品の重量や大きさなどからどの製品かを予測する」というようなケースを考えてみましょう。もし、これが可能になれば、配送センターなどでセンサーの値から商品を自動分類したりできるようになりますね。

この「説明変数から、カテゴリの目的変数を予測する」という考え方から生まれたのが「機械学習」です。そう、最近になってAIの報道などでよく目にする、あの機械学習です。

機械学習はデータからパターンを学習し、予測や分類などのタスクを実行する技術です。これまでの検定や回帰分析と違い、「学習」という新たな要素が追加されたことにより、ただデータを元に計算式で結果を予測するのでなく、より複雑な予測が行えるようになります。

けれど、より複雑にはなりますが、基本的に「機械学習」というのは、これまで学んできた回帰分析の仲間なのです。というより、回帰分析は「広義の機械学習の一つ」だ、と言い換えてもよいでしょう。機械学習の中で「回帰式により数値結果を予測するもの」が回帰分析なのですから。

irisデータの準備

では、実際に機械学習による予測を行ってみましょう。機械学習を行うには、まず「データ」を用意する必要があります。このデータは、以下のようなものである必要があります。

- **目的変数となる項目がカテゴリ値である**（複数の選択肢から値を選ぶ方式の目的変数を持つ）
- **一定数以上の量がある**（多いほど学習効果が得られるようになる）
- **説明変数を複数持つ**（多いほど正確に予測できるようになる）

では、こうした条件に合うデータを用意することにしましょう。ここでは、Rに標準で用意されている「iris」データセットを利用します。これはアイリス（菖蒲）の種類と花びら・ガクの大きさのデータを集めたものです。これらの大きさから、そのデータのアイリスの種類を予測できるようにしよう、というわけですね。

このirisデータセットは、機械学習のテスト用に幅広く利用されているもので、機械学習を学ぶと最初に登場するデータセットでしょう。このirisを利用した機械学習の解説は、RだけでなくPythonやJavaScriptの機械学習ライブラリなどでも多数ありますから、この先、機械学習に興味を持った人が学ぶときにもきっと役に立ちます。

では、irisデータセットがどのようなものか見ておきましょう。

```
01  head(iris)
```

```
> head(iris)
  Sepal.Length Sepal.Width Petal.Length Petal.Width Species
1          5.1         3.5          1.4         0.2  setosa
2          4.9         3.0          1.4         0.2  setosa
3          4.7         3.2          1.3         0.2  setosa
4          4.6         3.1          1.5         0.2  setosa
5          5.0         3.6          1.4         0.2  setosa
6          5.4         3.9          1.7         0.4  setosa
```

irisデータセットがどのようなものか、これでわかります。ここでは以下のような列が用意されています。

irisデータセットの列

列名	意味
Sepal.Length	ガクの長さ
Sepal.Width	ガクの幅
Petal.Length	花弁の長さ
Petal.Width	花びらの幅
Species	花の種類

4つの説明変数により目的変数（Species）の値を予測しよう、というわけです。データ数は全部で200あり、理想的なデータセットであることがわかります。

では、4つの説明変数と目的変数の間に何らかの関係は見られるのでしょうか。各項目間の関係を視覚化してみましょう。

```
01  plot(iris, col=c(2, 3, 4)[iris$Species])
```

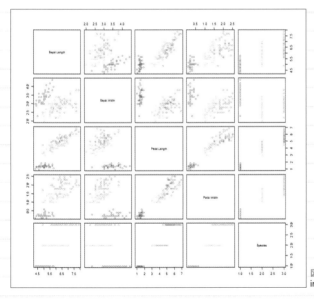

図9-6-1
irisの各変数間の関係を視覚化するする

実行すると、各変数の関係がグラフとして一覧表示されます。全体的にそれぞれの変数間で少しずつ関係があるように見えますね。

このように、それぞれの変数同士で少しずつSpeciesとの関係が見られるのであれば、説明変数を元に目的変数を導くのは難しくはない気がするでしょう。

訓練データとテストデータの用意

では、irisデータセットから「訓練データ」と「テストデータ」を作成しましょう。機械学習は、訓練用のデータを使って学習をし、そこで得られた学習結果に基づいて、テストデータから目的変数の予測を行います。同じデータを使ってしまうと、単に「データを検索して答えを見つけてるだけかもしれない」という疑いを抱いてしまうでしょう。あくまで訓練用とテスト用は別のデータを用意する必要があるのです。

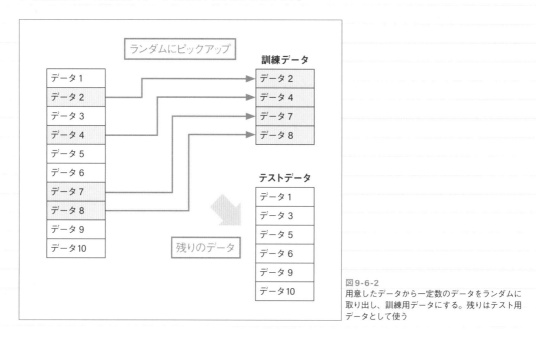

図9-6-2
用意したデータから一定数のデータをランダムに取り出し、訓練用データにする。残りはテスト用データとして使う

では、irisデータを150の訓練用と50のテスト用に分けましょう。

リスト9-6-3

```
01  iris.tr.idx <- sample(1:150, 100)
02  iris.tr.data = iris[iris.tr.idx,] # 訓練データ
03  iris.ts.data = iris[-iris.tr.idx,] # テストデータ
04
05  summary(iris.tr.data)
06  summary(iris.ts.data)
```

出力

```
> summary(iris.tr.data)
  Sepal.Length    Sepal.Width     Petal.Length    Petal.Width          Species
 Min.   :4.40   Min.   :2.000   Min.   :1.200   Min.   :0.100   setosa    :32
 1st Qu.:5.10   1st Qu.:2.800   1st Qu.:1.600   1st Qu.:0.300   versicolor:34
```

```
   Median :5.85    Median :3.000    Median :4.400    Median :1.300    virginica :34
   Mean   :5.92    Mean   :3.080    Mean   :3.851    Mean   :1.232
   3rd Qu.:6.50    3rd Qu.:3.325    3rd Qu.:5.225    3rd Qu.:1.900
   Max.   :7.90    Max.   :4.400    Max.   :6.900    Max.   :2.500
> summary(iris.ts.data)
   Sepal.Length     Sepal.Width      Petal.Length     Petal.Width            Species
   Min.   :4.30    Min.   :2.200    Min.   :1.000    Min.   :0.100    setosa    :18
   1st Qu.:5.10    1st Qu.:2.700    1st Qu.:1.525    1st Qu.:0.300    versicolor:16
   Median :5.60    Median :3.000    Median :4.100    Median :1.300    virginica :16
   Mean   :5.69    Mean   :3.012    Mean   :3.572    Mean   :1.134
   3rd Qu.:6.20    3rd Qu.:3.275    3rd Qu.:5.075    3rd Qu.:1.800
   Max.   :7.70    Max.   :3.900    Max.   :6.100    Max.   :2.300
```

ここでは、iris.tr.idxに訓練用、iris.ts.dataにテスト用のデータを代入しました。summaryで内容をチェックし、それぞれのMedian/Meanの差を確認しましょう。それらがだいたい同じになっていれば、両者の間で極端な偏りはないと考えていいでしょう。

訓練データを回帰分析する

では、実際に予測を行ってみましょう。まずは、すでに使ったことのある「lm」関数を利用します。先ほど「回帰分析も機械学習の仲間だ」といいました。実際、回帰分析を使って機械学習のように予測をすることは可能です。
では、実際に試してみましょう。

リスト9-6-4

```
01 iris.model <- lm(Species~. , data= iris.tr.data)
02 iris.model
```

出力

```
> iris.model

Call:
lm(formula = Species ~ ., data = iris.tr.data)

Coefficients:
 (Intercept)  Sepal.Length   Sepal.Width  Petal.Length   Petal.Width
    1.27379      -0.12505       0.04698       0.23367       0.60941
```

実行時に警告が表示されるでしょうが、これはlm関数の引数内で数値型でない変数が使われているためです。lm関数は数値を処理するものなので、「どの種類のアイリスか」というグループ分けのための値は警告を発し、数値に変換して処理します。実行に問題はないので無視して構いません。

lm関数を使い、訓練用のiris.tr.dataを回帰分析します。第1引数には、Species~. と値を指定しておきました。この「.」(ドット)は、「指定した項目(ここではSpecies)以外の全項目」を示します。これにより、iris.tr.dataからSpecies以外のすべての項目を説明変数として指定した重回帰分析が行われます。それぞれの回帰係数が得られるのを確認しましょう。

テストデータを予測する

分析ができたら、「predict」関数を使って予測をしましょう。以下のように実行をしてください。

リスト9-6-5

```
01  iris.predict <- predict(iris.model, iris.ts.data)
```

第1引数には、lmで得られた分析結果のiris.modelオブジェクトを指定しておきます。第2引数には、テスト用に用意したiris.ts.dataを指定します。

これで、予測結果がiris.predictに得られました。結果がどうなっているか確認しましょう。テスト用のiris.ts.dataと予測結果のiris.predictで、それぞれSpeciesごとに値がどうなっているかを集計してみます。

リスト9-6-6

```
01  table(iris.ts.data$Species, iris.ts.data$Species)
02  table(round(iris.predict), iris.ts.data$Species)
```

出力

```
> table(iris.ts.data$Species, iris.ts.data$Species)

             setosa versicolor virginica
  setosa         19          0         0
  versicolor      0         18         0
  virginica       0          0        13
> table(round(iris.predict), iris.ts.data$Species)

    setosa versicolor virginica
  1     19          0         0
  2      0         17         0
  3      0          1        13
```

ここでは、まずiris.ts.dataについてSpeciesの値で集計をしています。これで、Speciesの値（「setosa」「versicolor」「virginica」の3つのアイリスの種類が値として使われています）ごとにいくつデータがあるか出力されます。

予測結果のiris.predictでは、round(iris.predict)とSpeciesの値で集計を行います。「round」というのは、実数の値を丸める関数でしたね（P.116参照）。

　両者の結果を見ると、iris.ts.dataのSpeciesのデータ数と、予測結果であるiris.predictの集計結果がかなり近いことがわかるでしょう。予測結果は1〜3の整数で表していますが、これらがSpeciesにある「setosa」「versicolor」「virginica」の3つのクラスに対応していることは明らかです（これら予測される種類のことを「クラス」といいます）。重回帰でも、このようにかなり正確な予測が行えることがわかります。

さまざまな学習モデル

| 難易度：★★★★★ |

回帰分析を使って予測することはできましたが、これはあくまで「機械学習の一つ」でしかありません。機械学習では、さまざまな学習モデルが考案されており、Rにも多くの学習モデルが用意されています。それらを使って学習と予測を行うことができるのです。

では、実際に学習モデルを利用してみましょう。

K近傍法について

最初に使ってみるのは「K近傍法（K-Nearest Neighbour）」と呼ばれる学習モデルです。これは予測するデータから一定範囲内にある訓練データを調べ、もっとも数が多いクラスに属すると判断するモデルです。単純に「近くにあるデータの種類を調べる」というだけのものであり、訓練データによって学習して予測するわけではありません。しかし、単純な割には比較的正しく予測ができる方式です。

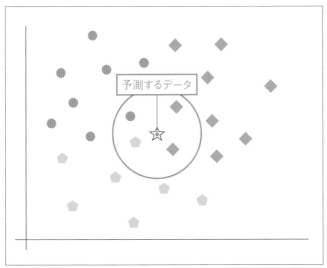

図 9-7-1
K近傍法の考え方。予測から一定範囲内にあるデータを調べ、もっとも多いものを調べる

このK近傍法は、「class」というパッケージに用意されている関数を使います。これはデフォルトですでにインストールされているため install.Packages を実行する必要はありません。ただし利用の際には、事前にclassを使える状態にしておく必要があります。

リスト9-7-1

```
01  # ライブラリの利用
02  library(class)
```

K近傍法は、classパッケージにある「knn」という関数を利用して行います。これは以下のように利用します。

```
knn(訓練データ，テストデータ，ラベルデータ，k=クラス数，prob=真偽値)
```

第1引数に訓練データ、第2引数にテストデータをそれぞれ指定します。ラベルデータというのは、訓練データの正しい結果の値で、これはベクトルで用意します。

その他に、kとprobという引数が用意されます。kは、K近傍法で考慮する近隣データの数です。probは訓練データの各クラスの数をカウントし計算するためのもので、論理値で指定します。

では、実際にK近傍法を使ってirisの予測を行ってみましょう。

リスト9-7-2

```
01  iris.knn.predict <- knn(iris.tr.data[,-5], iris.ts.data[,-5],
02                          iris.tr.data[,5], k=5, prob=TRUE)
03  table(iris.knn.predict , iris.ts.data$Species)
```

出力

```
> table(iris.knn.predict , iris.ts.data$Species)

iris.knn.predict setosa versicolor virginica
     setosa          19         0         0
     versicolor       0        16         1
     virginica        0         2        12
```

これを実行すると、knn関数を使って訓練データを予測し、その結果をtableにまとめて集計します。出力結果を、先に出力したテストデータの集計結果と比較してみてください。多少の誤差はありますが、だいたい正しい結果が予測できていることがわかるでしょう。

ここでは、knn関数を以下のように引数を指定して呼び出しています。

knn関数で指定した引数

引数	意味
iris.tr.data[,-5],	iris.tr.dataの5列目(Species、予測する値)以外を指定
iris.ts.data[,-5],	iris.ts.dataの5列目以外を指定
iris.tr.data[,5],	iris.tr.dataの5列目をラベルに指定
k=5, prob=TRUE	k値を5にし、probをTRUEに設定する

これで結果が得られたら、k値を増減してどのように予測が変化するか確かめてみましょう。K近傍法は、近隣の訓練データをいくつ集めるか(k値)によって予測が変化します。ただし必ずしもk値が大きければ正確というわけでもありません。データごとに最適な値を探し出すようにしましょう。

SVMについて

K近傍法は、機械学習のモデルの一つですが、訓練による学習を行わないため、「学習によって予測精度が上がる」というようなものではありません。そこで訓練データを使って学習することで予測を行うようにするモデルもあげておきましょう。

「SVM(Support Vector Machine)」という学習モデルは、一般的に利用される主要な機械学習のモデルの中は最も高い識別能力を持つものです。SVMでは2つのデータ群を分離する線分を求め、それによりデータをクラス分けしま

す。いかにして分離する線を得るかが重要ですが、これは周辺にあるデータとの距離を調べることで両クラスの境界線を算出しています。

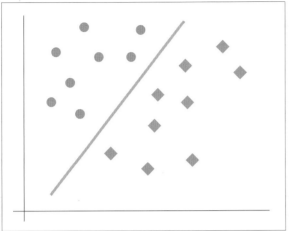

図 9-7-2
SVMは2つのクラスを分離する境界線を算出する

このSVMは、「kernlab」というパッケージに用意されています。これは標準では用意されていないので、パッケージをインストールした後、ライブラリを利用できる状態にしておく必要があります。

リスト9-7-3

```
01  # パッケージのインストール
02  install.packages('kernlab')
03  # ライブラリの利用
04  library(kernlab) #ksvm
```

SVMは、「ksvm」という関数として用意されています。これは以下のような形で呼び出します。

書式 SVMのモデルを作成する

```
ksvm(モデル式, data=訓練データ)
```

モデル式は、回帰分析で使ったのと同じように「目的変数~式」という形で記述をしておきます。では、iris.tr.dataを使ってSVMモデルのオブジェクトを作成しましょう。

リスト9-7-4

```
01  iris.svm.model <- ksvm(Species~., data=iris.tr.data)
```

これでオブジェクトが作成できました。後は、このオブジェクトを使って実際に予測を行うだけです。これは、predict関数を使います。では、作成したオブジェクトを使い、テスト用データの予測を行いましょう。

リスト9-7-5

```
01  iris.svm.predict <- predict(iris.svm.model, iris.ts.data)
02  table(iris.svm.predict, iris.ts.data$Species)
```

```
table(iris.svm.predict, iris.ts.data$Species)

iris.svm.predict setosa versicolor virginica
      setosa        18        0         0
      versicolor     0       16         1
      virginica      0        2        12
```

predictでは、第1引数にksvmで作成したiris.svm.modelを指定し、訓練データであるiris.ts.dataを第2引数に指定しています。これでSVMによる予測が実行されます。結果をテーブルにまとめた出力内容で、どの程度正確に予測ができているか確認しましょう。irisデータは、データ数が200程度なので学習モデルによる違いはあまり感じないかもしれませんが、もっと複雑なデータになるとSVMの精度の高さがよくわかるでしょう。

決定木について

さまざまな予測データの中には「YES/NOで決めるもの」というのもあります。例えば、「○○をするか、しないか」というようなものですね。さまざまな条件があったとき、「AはYESかNOか」「BはYESかNOか」というように1つ1つの条件についてYES/NOの判断をしていくことはけっこうあります。

このようなデータでそれぞれのデータごとにどちらを選ぶかという区分を整理していくと、それぞれの選択に応じて最終的にどのクラスに分類されるかが決まっていきます。このような考え方で分類を行うのが「決定木」という学習モデルです。

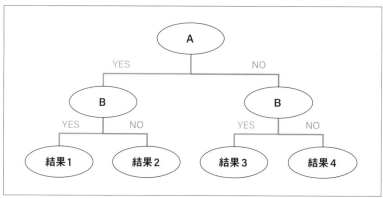

図9-7-3　決定木は、それぞれの項目についてYESかNOかの区分を調べていくことで分類をしていくもの

この決定木は、「rpart」というパッケージに用意されています。これは、デフォルトでインストールされているので、「library(rpart)」でライブラリを利用すればすぐに使うことができます。

この決定木モデルでは、「rpart」という関数でモデルを作成します。

書式 決定木モデルを作成する

```
rpart(モデル式, data=訓練データ)
```

使い方はこれまでの学習モデルと同じですね。引数にモデル式を指定し、dataに訓練データを用意するだけです。

後は、predictで学習モデルをもとに予測を行うだけです。では、試してみましょう。

リスト9-7-6

```
01  library(rpart)
02  iris.rp.model <- rpart(Species~., data=iris.tr.data)
03  iris.rp.predict <- predict(iris.rp.model, iris.ts.data, type="class")
04  table(iris.rp.predict, iris.ts.data$Species)
```

出力

```
> table(iris.rp.predict, iris.ts.data$Species)

iris.rp.predict setosa versicolor virginica
     setosa        19          0          0
     versicolor     0         16          1
     virginica      0          1         13
```

基本的な使い方は同じですから、改めて説明するまでもないでしょう。rpartで決定木の学習モデルを作り、それを使ったpredictで予測を行っています。他の結果と比べてみましょう。

学習モデルがあれば機械学習は簡単？

以上、機械学習の初歩として「回帰分析モデル」「K近傍法」「SVM」「決定木」といったモデルによる予測を行ってみました。どのように感じたでしょうか。「機械学習というと難しそうに思っていたけど、割と簡単にできるんだな」と思ったことでしょう。

なぜこんなに簡単に機械学習を試すことができたのか。それは、もっとも難しい部分である「学習モデル」が最初から用意されていたからです。

機械学習は、「どのように学習するか」がすべてです。K近傍法やSVMといった完成された学習モデルが用意されているからこそ、それらを使って簡単に予測を行えたのです。もし、「自分で学習モデルを設計しなさい」となったなら、おそらく途方に暮れてしまうでしょう。

ここで使った学習モデルの関数は、ただモデル式と訓練データを指定するだけで使うことができます。しかし、それがすべてではありません。学習モデルを設定するための細かなパラメータが用意されており、それらを引数として指定することで、より精密な学習モデルが作れるようになっているのです。

機械学習がどのようなものか体験し、興味が湧いてきたなら、それぞれの学習モデルについて学び直してみてください。機械学習の奥深さをきっと垣間見ることができるでしょう。

また、Rにはこの他にも多数の学習モデルが用意されています。それらを使ってみて、さまざまな学習モデルの違いを学ぶことも重要です。さまざまな学習モデルの考え方を知れば、機械学習というのがどのような仕組みで機能しているのかをより理解できるようになるでしょう。

ただ、そうした学習を始める前に、「機械学習というのは、実はすでに皆さんが学んでいる統計分析の延長上にあるものなのだ」ということを理解しておいてください。機械学習は、コンピュータの中から生まれた全く異次元の技術ではありません。皆さんの身近にある「データを分析し予測する」という数学の仲間なのです。そのことさえわかっていれば、機械学習という、一見すると難しそうな技術の世界にもすんなり入っていけるでしょう。

キーワードIndex

スクリプトIndex

著者プロフィール

掌田 津耶乃（しょうだ つやの）

日本初のMac専門月刊誌『Mac+』の頃から主にMac系雑誌に寄稿する。ハイパーカードの登場により「ビギナーのためのプログラミング」に開眼。以後、Mac、Windows、Web、Android、iOSとあらゆるプラットフォームのプログラミングビギナーに向けた書籍を執筆し続ける。

・近著：「Spring Boot 3 プログラミング入門」「C# フレームワーク ASP.NET Core 入門 .NET 7 対応」「マルチプラットフォーム対応 最新フレームワーク Flutter 3 入門」「見てわかる Unreal Engine 5 超入門」（秀和システム）、「Google AppSheet で作るアプリサンプルブック」「AWS Amplify Studio ではじめるフロントエンド＋バックエンド統合開発」（ラトルズ）、「もっと思い通りに使うための Notion データベース・API 活用入門」（マイナビ出版）

・著書一覧：https://www.amazon.co.jp/-/e/B004L5AED8/

・ご意見／ご感想：syoda@tuyano.com

STAFF

装丁：三宮 暁子（Highcolor）
DTP：AP_Planning
編集：伊佐 知子

R／RStudioでやさしく学ぶ プログラミングとデータ分析

2023年5月24日　初版第1刷発行

著者　　掌田 津耶乃
発行者　角竹 輝紀
発行所　株式会社マイナビ出版
　　　　〒101-0003　東京都千代田区一ツ橋2-6-3　一ツ橋ビル2F
　　　　TEL：0480-38-6872（注文専用ダイヤル）
　　　　TEL：03-3556-2731（販売）
　　　　TEL：03-3556-2736（編集）
　　　　E-Mail：pc-books@mynavi.jp
　　　　URL：https://book.mynavi.jp
印刷・製本　株式会社ルナテック

©2023 掌田津耶乃 , Printed in Japan.
ISBN978-4-8399-8283-6

● 定価はカバーに記載してあります。
● 乱丁・落丁についてのお問い合わせは、TEL：0480-38-6872（注文専用ダイヤル）、
　電子メール：sas@mynavi.jpまでお願いいたします。
● 本書掲載内容の無断転載を禁じます。
● 本書は著作権法上の保護を受けています。本書の無断複写・複製（コピー、スキャン、
　デジタル化など）は、著作権法上の例外を除き、禁じられています。
● 本書についてご質問などございましたら、マイナビ出版の下記URLよりお問い合わせ
　ください。お電話でのご質問は受け付けておりません。また、本書の内容以外のご質
　問についてもご対応できません。
　https://book.mynavi.jp/inquiry_list/